WUXIAN
JIEDIAN
ZUWANG
JISHU

无线节点组网技术

戴 娟　王鲁南　编著

U0227214

化学工业出版社

·北京·

本书针对采用 ZigBee 协议栈的无线节点网络，以 ZigBee 无线传感网络技术为主要对象，在 IAR 软件编程平台的基础上，以射频单片机 CC2530 芯片（TI 公司）为核心硬件，深入剖析了 TI 的 Z-Stack 协议栈架构和编程接口。详细讲述了在网络设置、节点组成、应用系统编程等方面对应的硬件、软件知识与技能，并举例讲解了如何在此基础上开发自己的 ZigBee 项目的方法。

　　本书内容新颖实用、叙述深入浅出，全书主要内容包括无线网络技术基本知识、自组网协议特征与结构、无线组网技术及设计编程技巧，并给出了典型应用及软件实例，对常见问题给出了解决方案。

　　本书可供无线组网技术研究、信息与通信、工程技术人员阅读参考，同时，也可作为高等院校本、专科自动化类、物联网、电子信息、通信、应用电子等专业课程的教材。

图书在版编目（CIP）数据

无线节点组网技术 / 戴娟，王鲁南编著. —北京：
化学工业出版社，2015.11
　ISBN 978-7-122-25287-6

　Ⅰ. ①无…　Ⅱ. ①戴…②王…　Ⅲ. ①无线网
Ⅳ. ①TN92

　　中国版本图书馆 CIP 数据核字（2015）第 233236 号

责任编辑：王昕讲　　　　　　　　　　　　装帧设计：王晓宇
责任校对：宋　玮

出版发行：化学工业出版社（北京市东城区青年湖南街 13 号　邮政编码 100011）
印　　装：三河市万龙印装有限公司
787mm×1092mm　1/16　印张 14¾　字数 392 千字　　2016 年 1 月北京第 1 版第 1 次印刷

购书咨询：010-64518888（传真：010-64519686）　售后服务：010-64518899
网　　址：http://www.cip.com.cn
凡购买本书，如有缺损质量问题，本社销售中心负责调换。

定　　价：39.00 元

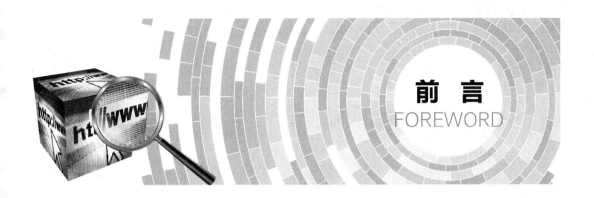

前 言
FOREWORD

　　无线节点组网技术是现代信息技术中的新型核心技术。目前全国许多高校均开设了相关课程，但由于该技术是新技术，相关教材都不配套，各学校教学时通常采用校本教材以满足需求，迫切需要无线节点组网技术方面的教材。

　　本书共六个部分，从无线网络技术、协议特征与结构、无线组网技术等基本概念入手，对无线组网技术、新一代组件及应用设计编程软件、编程技巧、参数设置做了详细介绍，并围绕组网实现过程中需要解决的、典型的具体问题，给出了应用及软件实例，对常见问题给出了解决方案。为便于学习，对于每个具体的知识点，本书均给出切实可行的应用案例。全书主要内容如下：

　　第1章介绍了无线网络技术的发展和基本应用；

　　第2章介绍了无线网络技术结构的基本构成、开发应用软件及基础实验程序；

　　第3章介绍了自组网协议ZigBee的基本构成，并对组网应用给出了典型的案例；

　　第4章通过无线组网技术应用实践，介绍了软件实际应用及编程技术；

　　第5章对软件应用中常见问题给出了具体的解决方案；

　　第6章介绍了无线组网技术应用软件编程环境、安装、配置及故障排除方法。

　　本书旨在为学习者提供丰富的内容、新颖的专业知识及实用案例，以提高学习者无线自组网络技术的设计应用水平。本书叙述深入浅出，普及性强，突出了实用性，既可供无线组网技术研究、信息与通信、工程技术人员阅读参考，也可作为高等院校本、专科自动化类、物联网、电子信息、通信、应用电子等专业课程的教材。

　　本书的编写人员由教学经验丰富的教师、实践经验丰富的企业工程师组成。本书力求反映最新的技术理论、器件研究和实践应用经验，希望能给读者提供帮助。我们还将为使用本书的教师免费提供电子教案等教学资源，需要者可以到化学工业出版社教学资源网站http://www.cipedu.com.cn免费下载使用。

　　本书由南京工业职业技术学院戴娟和南京汇金锦元光电材料有限公司王鲁南编著。具体分工如下：本书的第1章、第6章及附录部分由戴娟编写，第2章～第5章由王鲁南编写，全书由王鲁南负责统稿，戴娟对全书进行审核。

　　南京工业职业技术学院能电分院和化学工业出版社的同志们为本书的内容编写、格式编辑提出了很有价值的修改意见，南京工业职业技术学院何智勇老师对本书的编辑整理付出了卓有成效的努力，在此，表示衷心的感谢。由于编者水平有限，书中不妥之处在所难免，欢迎读者及同行批评指正。

编著者

目 录
CONTENTS

第1章
无线网络技术概述

1.1 无线网络技术介绍

　　无线通信技术是利用空间介质、不依赖物理导线进行信息传递的技术,具有通信方便、灵活的优势,越来越得到现代社会的青睐。无线通信网络由于能够轻易地覆盖有线网络不能覆盖的区域,能够随时随地地提供通信服务。按照传输范围划分,无线通信网络可以分为无线广域网(蜂窝移动通信技术)WWAN、无线城域网(宽带无线接入技术)WMAN、无线局域网 WLAN、无线个人域网(短距离无线网络)。

1.1.1 无线通信技术

　　无线通信方法在目前市场上常采用蓝牙、WiFi、ZigBee、红外、GPRS 等,而蓝牙、WiFi、ZigBee、红外技术适用于无基站、短距离的无线通信。

　　1)蓝牙

　　蓝牙(Bluetooth)工作在 2.4GHz 频段,最早是爱立信公司在 1994 年开始研究的一种能使手机与其附件(如耳机)之间相互通信的无线模块,采用 FHSS 扩频方式,蓝牙信道的带宽为 1MHz,异步非对称连接最高数据速率为 723.2kb/s。连接距离一般小于 l0m。蓝牙被归入了 IEEE 802.15.1,规定了包括 PHY、MAC、网络和应用层等集成协议栈。为对语音和特定网络提供支持,需要协议栈提供 250KB 的系统开销,从而增加了系统成本和集成复杂性。此外,由于蓝牙对每个微微网最多只能配置 7 个节点,因此制约了其在大型传感器网络中的应用。目前,新的蓝牙标准和技术也在加强速率和距离方面的研究,其 z.0 版拟支持 10Mb/s 以上的速率,使用蓝牙技术的无线电收发器的连接距离可达 10m,使用高增益天线可以将有效通信范围扩展到100m。鉴于蓝牙在睡眠状况下消耗的电流及激活延迟,一般电池的使用寿命为 2~4 个月。

　　由于蓝牙的上述特性,使得它可以应用于无线设备、图像处理设备、智能卡、身份识别等安全产品,以及娱乐消费、家用电器、医疗健身和建筑等领域。

2）WiFi

WiFi（Wireless Fidelity）即 IEEE 802.1lx，其最初的规范是在 1997 年提出的。作为目前 WLAN 的主要技术标准，其目的是提供无线局域网的接入，可实现几 MB 至几十 MB 的无线接入。

WLAN 最大的特点是便携性，解决了用户"最后 100m"的通信需求，主要用于解决办公室无线局域网和校园网中用户与用户终端的无线接入。IEEE 802.11 流行的几个版本包括 802.11a，在 5.8GHz 频段最高速率为 54Mb/s；802.11b，2.4GHz 频段速率为 1～11Mb/s；802.11g，在 2.4GHz 频段与 802.1lb 兼容，最高速率也可达到 54Mb/s。WiFi 规定了协议的物理层（PHY）和媒体接入控制层（MAC），并依赖 TCP/IP 作为网络层。由于其优异的带宽是以较高的功耗为代价的，因此大多数便携 WiFi 装置都需要较高的电能储备，这限制了它在工业场合的推广和应用。

3）红外技术

红外通信技术利用红外线来传递数据，是无线通信技术的一种。

红外通信技术不需要实体连线，简单易用且实现成本较低，因而广泛应用于小型移动设备互换数据和电器设备的控制中，例如便携式计算机、PDA、移动电话之间或与计算机之间进行数据交换，电视机、空调器的遥控等。

由于红外线的直射特性，对方向要求高，红外通信技术不适合传输障碍较多的地方，这种场合下一般选用 RF 无线通信技术或蓝牙技术。红外通信技术在多数情况下传输距离短、传输速率不高。

为解决多种设备之间的互连互通问题，1993 年成立了红外数据协会（IrDA, Infrared Data Association）以建立统一的红外数据通信标准。1994 年发表了 IrDA 1.0 规范。

4）ZigBee

ZigBee 是一种新兴的短距离、低速率无线网络技术。它是一种介于无线标识技术和蓝牙之间的技术提案。它此前被称作"HomeRF Lite"或"FireFly"无线技术，主要用于近距离无线连接。ZigBee 有自己的无线电标准，在数千个微小的传感器之间相互协调实现通信。这些传感器只需要很少的能量，以接力的方式通过无线电波将数据从一个传感器传到另一个传感器，所以它们之间的通信效率非常高。最后，这些数据就可以进入计算机用于分析或是被另外一种无线技术（如 WiMax）收集。ZigBee 是一组基于 IEEE 802.15.4 无线标准研制开发的有关组网、安全和应用软件方面的通信技术。IEEE 802.15.4 是 IEEE 确定的低速无线个域网的标准，这个标准定义了物理层（Physical Layer，PHY）和介质访问层（Medium Access Control layer，MAC）。ZigBee 协议栈的网络层和应用层 API 由 ZigBee 联盟进行标准化。ZigBee 被业界认为是最有可能应用在工业监控、传感器网络、家庭监控、安全系统等领域的无线技术。

1.1.2　无线网络技术

相对于常见的无线通信标准，ZigBee 协议套件紧凑而简单，其具体实现的要求很低，以下是 ZigBee 协议套件的需求估计：8 位处理器，如 8051；全协议套件软件需要 32KB 的 ROM；最小协议套件软件大约 4KB；网络主节点需要更多的 RAM，以容纳网路内所有节点的设备信息、数据包转发表、设备关联表及与安全有关的密钥存储等。

ZigBee 技术有以下特点。

① 低功耗。这是 ZigBee 的一个显著特点。由于工作周期短、传输速率低，发射功率仅为 1mW，以及采用了休眠机制，因此 ZigBee 设备的功耗很低，非常省电。据估算，ZigBee 设备仅靠两节 5 号电池就可以维持长达 6 个月到 2 年的使用时间，这是其他无线设备望尘莫及的。

② 低成本。协议简单且所需的存储空间小，这极大降低了 ZigBee 设备的成本，每块芯片的价格仅 2 美元，而且 ZigBee 协议是免专利费的。低成本对于 ZigBee 也是一个关键的因素。

③ 时延短。通信时延和从休眠状态激活的时延都非常短，典型的搜索设备时延为 30ms，休眠激活的时延是 15ms，活动设备信道接入的时延为 15ms。这样，一方面节省了能量消耗，另一方面更适用于对时延敏感的场合，例如一些应用在工业上的传感器就需要以毫秒的速度获取信息，以及安装在厨房内的烟雾探测器也需要在尽量短的时间内获取信息并传输给网络控制者，从而阻止火灾的发生。

④ 传输范围小。在不使用功率放大器的前提下，ZigBee 节点的有效传输范围一般为 10～75m，能覆盖普通的家庭和办公场所。

⑤ 网络容量大。根据 ZigBee 协议的 16 位短地址定义，一个 ZigBee 网络最多可以容纳65535 个节点，而且还可以通过 64 位的 IEEE 地址进行扩展，因此 ZigBee 网络的容量是相当大的。

⑥ 数据传输速率低。2.4GHz 频段为 250kb/s，915MHz 频段为 40kb/s，868MHz 频段只有 20kb/s。

⑦ 可靠性高。采取了免冲撞机制，同时为需要固定带宽的通信业务预留了专用时隙，避开了发送数据的竞争和冲突。媒体接入控制子层采用了完全确认的数据传输模式，每个发送的数据包都必须等待接收方的确认信息。如果在传输过程中出现问题，可以进行重发。

⑧ 安全性高。ZigBee 提供了基于循环冗余校验的数据包完整性检查功能，支持鉴权和认证，采用高级加密标准（Advanced Encryption Standard，AES）进行加密，各个应用可以灵活确定其安全属性。

1）ZigBee 基础知识

（1）ZigBee 信道

IEEE 802.15.4 定义了两个物理层标准，分别是 2.4GHz 物理层和 868/915MHz 物理层。两者均基于直接序列扩频（Direct Sequence Spread Spectrum，DSSS）技术。

ZigBee 使用了 3 个频段，定义了 27 个物理信道，其中 868MHz 频段定义了一个信道；915MHz 频段定义了 10 个信道，信道间隔为 2MHz；2.4GHz 频段定义了 16 个信道，信道间隔为 5MHz。

具体信道分配见表 1-1。

表 1-1　信道分配

信道编号	中心频率/MHz	信道间隔/MHz	频率上限/MHz	频率下限/MHz
k=0	868.3		868.6	868.0
k=1,2,3…10	906+2(k-1)	2	928.0	902.0
k=11,12,13…26	2401+5(k-11)	5	2483.5	2400.0

其中在 2.4GHz 的物理层，数据传输速率为 250kb/s；在 915MHz 物理层，数据传输速率为 40kb/s；在 868MHz 物理层，数据传输速率为 20kb/s。Z-stack（ZigBee 协议栈）中可以在f8wConfig.cfg 里设置信道。

（2）ZigBee 的 PANID

PANID 的全称是 Personal Area Network ID，网络的 ID（即网络标识符），是针对一个或多个应用网络，用于区分不同的 ZigBee 网络，所有节点的 PANID 是唯一的，一个网络只有一个 PANID，它是由协调器生成的，PANID 是可选配置项，用来控制 ZigBee 路由器和终端节点要加入哪个网络。

PANID 是一个 32 位标识，范围为 0x0000～0xFFFF。如果 ZDAPP_CONFIG_PAN_ID 被定义为 0xFFFF（网络广播标识），那么协调器将根据自身的 IEEE 地址建立一个随机的 PANID（0～0x3FFF），如 ZDAPP_CONFIG_PAN_ID 没有被定义为 0xFFFF，那么网络的 PANID 将由 ZDAPP_CONFIG_PAN_ID 确定（一般情况下不选 0x0000 或 0XFFFF）。

ZigBee 有 16 个信道可以选，那么代表相同区域并不是只可以建立 16 个网络，在同一个信道里面用 PANID 来区别不同的网络。理论上一个信道里可以建立 65535 个不同的网络，但实际网络数量要经过测试才可知。

ZigBee 组网过程中，协调器会对周围环境进行扫描，如果发现存在其他的 ZigBee 网络，且默认的 PANID 和信道都一样，那么协调器则选择与环境中存在的 PANID 不一样且没被占用的网络号。即 ZigBee 是通过 PANID 和信道来区分网络的。如果用的是 TI 官方的协议栈，或者是其他比较正式的协议栈，协议栈里会有函数自动进行更改（一般 PANID 会进行加 1 运算）。

2）ZigBee 物理地址

ZigBee 设备有两种类型的地址：物理地址和网络地址。

物理地址是一个 64 位 IEEE 地址，即 MAC 地址，通常也称长地址。64 位地址是全球唯一的地址，设备将在它的生命周期中一直拥有它。物理地址通常由制造商或者被安装时设置。这些地址由 IEEE 来维护和分配。

16 位网络地址是当设备加入网络后分配的，通常也称短地址。它在网络中是唯一的，用来在网络中鉴别设备和发送数据，当然不同的网络 16 位短地址可能相同的。

3）ZigBee 设备类型

ZigBee 设备类型有三种：协调器、路由器和终端节点。

（1）ZigBee 协调器（Coordinator）

ZigBee 协调器是整个网络的核心，是 ZigBee 网络的第一个开始的设备，也是不可缺的设备。它选择一个信道和网络标识符（PANID）建立网络，并且对加入的节点进行管理和访问，对整个无线网络进行维护。在同一个 ZigBee 网络中，只允许一个协调器工作。

（2）ZigBee 路由器（Router）

ZigBee 路由器的作用是提供路由信息。

（3）ZigBee 终端节点（End-Device）

ZigBee 终端节点没有路由功能，完成的是整个网络的终端任务。所有的节点硬件都是一样的，只是代码实现的功能不同。

4）ZigBee 网络的形成

首先，由 ZigBee 协调器建立一个新的 ZigBee 网络。一开始，ZigBee 协调器会在允许的信道内搜索其他的 ZigBee 协调器。并基于每个允许信道中所检测到的信道能量及网络号，选择唯一的 16 位 PANID，建立自己的网络。一旦新网络被建立，ZigBee 路由器与终端设备就可以加入到网络中了。

网络形成后，可能会出现网络重叠及 PANID 冲突的现象。协调器可以初始化 PANID 冲突解决程序，改变一个协调器的 PANID 与信道，同时相应修改其所有的子设备。

通常，ZigBee 设备会将网络中其他节点信息存储在一个非易失性的存储空间——邻居表中。加电后，若子节点曾加入过网络，则该设备会执行"孤儿通知程序"（devState=DEV_NWK_ORPHAN;//孤儿）来锁定先前加入的网络。接收到孤儿通知的设备检查它的邻居表，并确定设备是否是它的子节点，若是，设备会通知子节点它在网络中的位置，否则子节点将作为一个新设备来加入网络。而后，子节点将产生一个潜在双亲表，并尽量以合适的深度加入到现存的网络中。

通常，设备检测信道能量所花费的时间与每个信道可利用的网络可通过 ScanDuration 扫描持续参数来确定，一般设备要花费 1min 的时间来执行一个扫描请求，对于 ZigBee 路由器与终端设备来说，只需要执行一次扫描即可确定加入的网络。而协调器则需要扫描两次，一次采样信道能量，另一次则用于确定存在的网络。

1.2　无线网络技术应用

无线传感器网络有着巨大的应用前景，被认为是将对 21 世纪产生巨大影响力的技术之一。已有和潜在的传感器应用领域包括军事侦察、环境监测、医疗和建筑物监测等。随着传感器技术、无线通信技术和计算机技术的不断发展和完善，各种无线传感器网络将遍布人们的生活环境，从而真正实现"无处不在的计算"。

1.2.1　环境监测

在城市环境监测中，可以监测大气成分的变化，从而对城市空气污染进行监控；在农田管理中，可以监测土壤成分的变化，为农作物的培育提供依据；在河流灾害预警中，可以检测降雨量和河水水位的变化，实现洪水预报；在森林环境中，可以监测空气温度和湿度的变化，实现森林大火的预警；在生物学研究中，可以跟踪候鸟等的迁徙，实现动物栖息地的监控；在空间探索中，可以在星球表面布撒传感器节点，实现对星球表面的长期监测；在交通管理方面，可以监测道路拥堵情况，实现高效的道路交通运输管理。此外，无线传感器网络在智能家居、智能办公环境等方面也可一展身手。

应用于环境监测的无线传感器网络，一般具有部署简单、便宜、长期不需要更换电池、无需派人员现场维护的优点。通过密集的节点布置，可以观察到微观的环境因素，为环境研究和环境监测提供了崭新的途径。

1.2.2　医疗应用

无线传感器网络在医疗领域也有一些成功实例。在 SSIM（Smart Sensors and Integrated Microsystems）项目中，100 个微型传感器被植入病人眼中，帮助盲人获得一定程度的视觉。借助于各种医疗传感器网络，人们可以享受到更方便、更舒适的医疗服务。如远程健康监测，通过在老年人身上佩戴一些血压、脉搏、体温等微型无线传感器，并通过住宅内的传感器网关，医生可以从医院远程了解这些老年人的健康状况。通过这种方法，还可以对一些冠心病、脑溢血等高危病人进行 24h 健康监测，而不妨碍病人的日常起居和生活质量。

1.2.3　军事应用

无线传感器网络的研究起源于军事，因此在军事领域中的应用非常广泛。信息技术正推动着一场新的军事变革。

无线传感器网络可以协助实现有效的战场态势感知，满足作战力量"知己知彼"的要求。典型设想是用飞行器将大量的微传感器节点散布在战场的广阔地域中，这些节点自动组成网络，将战场上的信息边搜集、边传输、边融合，为各参战单位提供"各取所需"的情报服务。

无线传感器网络还可以为火控和制导系统提供准确的目标定位信息。网络嵌入式系统技术（Network Embed System Technology，NEST）战场应用实验是美国国防高级研究计划局主导的一个项目，它应用了大量的微型传感器、先进的传感器融合算法、自定位技术等方面的研究成果。2003 年，该项目成功地验证了能够准确定位敌方狙击手的无线传感器网络技术，它采用多个廉价的音频传感器协同定位敌方射手,并标识在所有参战人员的个人计算机中,三维空间的定位精度可达到 1.5m,定位延迟达到 2s,甚至能显示出敌方射手采用跪姿和站姿射击的差异。

无线传感器网络还可在对付化学武器方面发挥重要的作用。美国 Cyrano Sciences 公司已将化学剂监测和数据解释组合到一种专有的芯片技术中,称为 Cyrano Nose chip。基于这一技术可创建一个低成本的化学传感器系统,因此捕获和解释数据,并提供实时告警。

无线传感器网络的典型应用模式可分为两类,一类是传感器节点监测环境状态的变化或事件的发生,将发生的事件或变化的状态报告给管理中心;另一类是由管理中心向某一区域的传感器节点发布命令,传感器节点执行命令并返回相应的监测数据。与之对应的无线传感器网络中的通信模式也主要有两种,一种是传感器将采集到的数据传输到管理中心,称为多到一道信模另一种是管理中心向区域内的传感器节点发布命令,称为一到多通信模式。前一种通信模式的数据量大,后一种则相对较小。

1.3 无线网络技术发展

IEEE 802.15.4 标准定义了 ZigBee 协议的 PHY 层和 MAC 层。PHY 层规范确定了在 2.4GHz(全球通用的 ISM 频段)以 250kb/s 的基准传输率工作的低功耗展频无线电以及另有一些以更低数据传输率工作的 915MHz(北美的 ISM 频段)和 868MHz(欧洲的 ISM 频段)的实体层规范。MAC 层规范定义了在同一区域工作的多个 IEEE 802.15.4 无线电信号如何共享空中通道。

为了促进 ZigBee 技术的发展,2001 年 8 月成立了 ZigBee 联盟,2002 年下半年,英国 Invensys 公司、日本三菱电子公司、美国摩托罗拉公司以及荷兰飞利浦半导体公司等四大巨头共同宣布,将加入 ZigBee 联盟,目前该联盟已经有 150 多家成员,研发名为 ZigBee 的下一代无线通信标准。

ZigBee 联盟于 2005 年公布了第一份 ZigBee 规范 ZigBee Specification V1.0。ZigBee 协议规范使用了 IEEE 802.15.4 定义的物理层(PHY)和媒体介质访问层(MAC),并在此基础上定义了网络层(NWK)和应用层(APL)架构。

2006 年,推出 ZigBee 2006,比较完善。

2007 年底,ZigBee PRO 推出。

2009 年 3 月,ZigBee RF4CE 推出,具备更强的灵活性和远程控制能力。

2009 年开始,ZigBee 采用了 IETF 的 IPv6 6Lowpan 标准作为新一代智能电网 Smart Energy(SEP 2.0)的标准,致力于形成全球统一的易于与互联网集成的网络,实现端到端的网络通信。随着美国及全球智能电网的建设,ZigBee 将逐渐被 IPv6/6Lowpan 标准所取代。

ZigBee PRO 可以说是 ZigBee 的升级版协议,有很多增强型的功能,比如轮流寻址、多对一路由、更高的安全性能等,另外,实际上能支持的网络节点要远多于老版 ZigBee 协议,更接近于商业应用。从底层来讲,ZigBee 与 RF4CE 协议都是遵循 IEEE 802.15.4 规范的,主要的区别在于应用的目的不同,ZigBee 主要是针对无线传感网的,动态组网是是主要的特点;而 RF4CE 只针对家电的控制,相对来说,网络功能没有 ZigBee 的强,但其需要的资源也会小很多。具体来讲,RF4CE 的网络结构主要是一对一和一对多的结构,相对 ZigBee 要简单得多。

练习与提高

1. 试说明无线通信的方式及其优劣。
2. 解释自组网含义及应用举例。

第2章
无线网络技术

2.1 无线网络结构

2.1.1 网络节点构成

在 ZigBee 网络中存在 3 种逻辑设备类型，即 Coordinator（协调器），Router（路由器）和 End-Device(终端设备)。ZigBee 网络由一个 Coordinator 以及多个 Router 和多个 End_Device 组成，如图 2-1 所示。

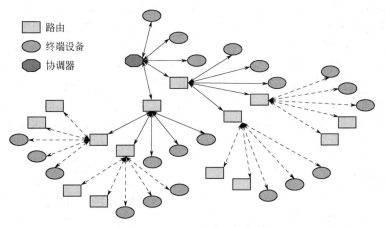

图 2-1　ZigBee 无线网络拓扑

图 2-1 中八边形（红色）为协调器，正方形（黄色）为路由器，圆形（绿色）为终端设备。
1）协调器
协调器负责启动整个网络，其工作任务是网络管理与数据转发。协调器也是网络的第一个启动的设备。协调器选择一个信道和一个网络 ID（也称为 PAN ID，即 Personal Area Network ID），随后启动整个网络。协调器也可以用来协助建立网络中安全层和应用层的绑定（bindings）。

注意，协调器的角色主要涉及网络的启动和配置。一旦这些都完成后，协调器的工作就像一个路由器。由于 ZigBee 网络本身的分布特性，因此接下来整个网络的操作就不再依赖协调器是否存在。

2）路由器

路由器的功能主要是，允许其他设备加入网络，多跳路由和协助它自己的由电池供电的终端设备的通信。通常，路由器一直处于活动状态，因此它必须使用主电源供电。但是当使用树状网络拓扑结构时，允许路由器可以间隔一定的周期操作一次，这样就可以使用电池给其供电。

3）终端节点

终端设备没有特定的维持网络结构的责任，它可以睡眠或者唤醒，因此它可以可以是一个电池供电设备。通常，终端设备对存储空间（特别是 RAM 的需要）比较小。该类节点可以连接传感器或执行设备。

2.1.2　网络节点拓扑

1）星型网

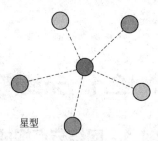

基本的星型网络拓扑结构是一个单跳（single-hop）系统，如图 2-2 所示。网络中所有无线传感器网络节点都与基站和网关进行双向通信。基站可以是一台计算机、PDA、专用控制设备、嵌入式网络服务器，或其他与高数据传输速率设备通信的网关，网络中各节点基本相同。除了向各节点传输数据和命令外，基站还与因特网等更高层系统之间传输数据。各节点将基站作为一个中间点，相互之间并不传输数据或命令。在各种无线传感器网络中，星型网整体功耗最低，但节点与基站间传输距离有限，通常 ISM 频段的传输距离为 10～30m。

图 2-2　ZigBee 星型网络拓扑

2）网状型网

网状型网络拓扑结构是多跳（即多次中继）系统（图 2-3），其中所有无线传感器节点都相同，而且直接相互通信，与基站进行数据传输和相互传输命令。这种多跳系统比星型网的传输距离远得多，但功耗也更大，因为节点必须一直"监听"网络中某些路劲上的信息和变化。

3）簇（树）状型网

簇（树）状型网又称混合网，力求兼具星型网的简洁和低功耗以及网状型网的长传输距离和自愈性等优点，如图 2-4 所示。在混合网中，路由器和中继器组成网状结构，而无线传感器节点则在它们周围呈星形分布。中继器扩展了网络传输距离，同时提供了容故障能力。由于无线传感器节点可与多个路由器或中继器通信，当某个中继器发生故障或某条无线链路出现干扰时，网络可在其他路由器周围进行自组。

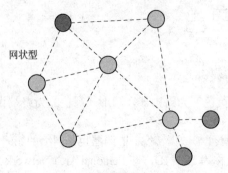

图 2-3　网状型网络拓扑

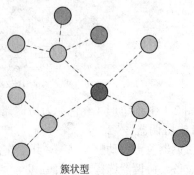

图 2-4　簇状型网络拓扑

2.2　无线网络节点

2.2.1　射频单片机

ZigBee 的技术特性决定它将是无线传感器网络的最好选择，可广泛用于物联网、自动控制和监视等诸多领域。以美国德州仪器 TI 公司 CC2430/CC2530 芯片为代表的 Zigbee SOC 解决方案，在国内高校企业掀起了一股 Zigbee 技术应用的热潮。CC2430/CC2530 集成了 51 单片机内核，相比于众多的 ZigBee 芯片，CC2430/CC2530 颇受青睐。

ZigBee 新一代 SOC 芯片 CC2530 是真正的片上系统解决方案，支持低速率无线局域网的物理层和媒体接入控制协议 IEEE 802.15.4 标准和/ZigBee/ZigBee RF4CE 标准的应用。拥有庞大的快闪记忆体多达 256B，CC2530 是理想的 ZigBee 专业应用。CC2530 结合了一个完全集成的，高性能的 RF 收发器与一个 8051 微处理器，8KB 的 RAM，32/64/128/256KB 闪存，以及其他强大的支持功能和外设。

CC2530（图 2-5）提供了 101dB 的链路质量，优秀的接收器灵敏度和健壮的抗干扰性，四种供电模式，多种闪存尺寸，以及一套广泛的外设集——包括 2 个 USART、12 位 ADC 和 21 个通用 GPIO。除了通过优秀的 RF 性能、选择性和业界标准增强 8051MCU 内核，支持一般的低功耗无线通信外，CC2530 还可以配备 TI 的一个标准兼容或专有的网络协议栈（RemoTI，Z-Stack，或 SimpliciTI）来简化开发，使用户更快地获得市场。CC2530 可以用于的应用包括远程控制、消费型电子、家庭控制、计量和智能能源、楼宇自动化、医疗以及更多领域。

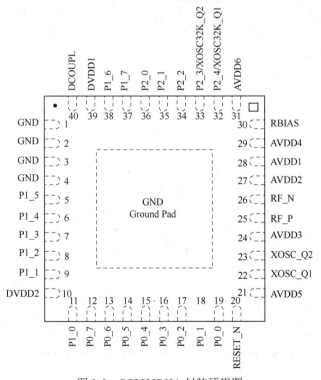

图 2-5　CC2530RHA 封装顶视图

无线节点组网技术

1）引脚介绍

GND 接地衬垫，必须连接到一个坚固的接地面；GND 1、2、3、4 未使用的引脚 连接到 GND。各引脚的类型及说明见表 2-1。

表 2-1　各引脚的类型及说明

引 脚 名 称	引　　脚	引 脚 类 型	说　　明
AVDD1	28	电源（模拟）	2～3.6V 模拟电源连接
AVDD2	27	电源（模拟）	2～3.6V 模拟电源连接
AVDD3	24	电源（模拟）	2～3.6V 模拟电源连接
AVDD4	29	电源（模拟）	2～3.6V 模拟电源连接
AVDD5	21	电源（模拟）	2～3.6V 模拟电源连接
AVDD6	31	电源（模拟）	2～3.6V 模拟电源连接
DCOUPL	40	电源（数字）	1.8V 数字电源去耦。不使用外部电路供应。
DVDD1	39	电源（数字）	2～3.6V 数字电源连接
DVDD2	10	电源（数字）	2～3.6V 数字电源连接
P0_0	19	数字 I/O	端口 0.0
P0_1	18	数字 I/O	端口 0.1
P0_2	17	数字 I/O	端口 0.2
P0_3	16	数字 I/O	端口 0.3
P0_4	15	数字 I/O	端口 0.4
P0_5	14	数字 I/O	端口 0.5
P0_6	13	数字 I/O	端口 0.6
P0_7	12	数字 I/O	端口 0.7
P1_0	11	数字 I/O	端口 1.0 为 20mA 驱动能力
P1_1	9	数字 I/O	端口 1.1 为 20mA 驱动能力
P1_2	8	数字 I/O	端口 1.2
P1_3	7	数字 I/O	端口 1.3
P1_4	6	数字 I/O	端口 1.4
P1_5	5	数字 I/O	端口 1.5
P1_6	38	数字 I/O	端口 1.6
P1_7	37	数字 I/O	端口 1.7
P2_0	36	数字 I/O	端口 2.0
P2_1	35	数字 I/O	端口 2.1
P2_2	34	数字 I/O	端口 2.2
P2_3	33	数字 I/O	模拟端口 2.3/32.768kHz XOSC
P2_4	32	数字 I/O	模拟端口 2.4/32.768kHz XOSC
RBIAS	30	模拟 I/O	参考电流的外部精密偏置电阻
RESET_N	20	数字输入	复位，活动到低电平
RF_N	26	RF I/O RX	期间负 RF 输入信号到 LNA
RF_P	25	RF I/O RX	期间正 RF 输入信号到 LNA
XOSC_Q1	22	模拟 I/O	32MHz 晶振引脚 1 或外部时钟输入
XOSC_Q2	23	模拟 I/O	32MHz 晶振引脚 2

2）模块说明

CC2530 模块的结构如图 2-6 所示。

（1）CPU 和内存

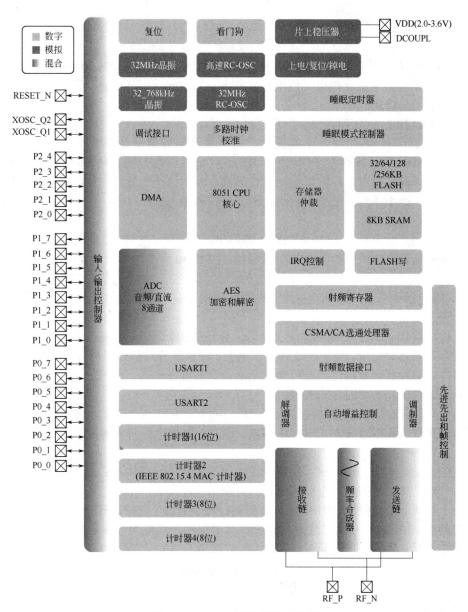

图 2-6　CC2530 模块结构示意图

CC253x 芯片系列中使用的 8051CPU 内核是一个单周期的 8051 兼容内核。它有 3 种不同的内存访问总线（SFR，DATA 和 CODE/XDATA）、单周期访问 SFR、DATA 和主 SRAM。它还包括一个调试接口和一个 18 输入扩展中断单元。

（2）中断控制器

中断控制器总共提供了 18 个中断源，分为 6 个中断组，每个与 4 个中断优先级之一相关。当设备从活动模式回到空闲模式，任一中断服务请求就被激发。一些中断还可以从睡眠模式（供电模式 1-3）唤醒设备。

（3）内存仲裁器

内存仲裁器位于系统中心，因为它通过 SFR 总线把 CPU 和 DMA 控制器和物理存储器以及所有外设连接起来。内存仲裁器有四个内存访问点，每次访问可以映射到 3 个物理存储器（8KB SRAM、闪存存储器和 XREG/SFR 寄存器）之一。它负责执行仲裁，并确定同时访问同一个物理存储器之间的顺序。

（4）8KB SRAM

8KB SRAM 映射到 DATA 存储空间和部分 XDATA 存储空间。8KB SRAM 是一个超低功耗的 SRAM，即使数字部分掉电（供电模式 2 和 3）也能保留其内容。这是对于低功耗应用来说很重要的一个功能。

（5）32/64/128/256KB 闪存块

32/64/128/256KB 闪存块为设备提供了内电路可编程的非易失性程序存储器，映射到 XDATA 存储空间。除了保存程序代码和常量以外，非易失性存储器允许应用程序保存必须保留的数据，这样设备重启之后可以使用这些数据。使用这个功能，例如可以利用已经保存的网络具体数据，就不需要经过完全启动、网络寻找和加入过程。

（6）时钟和电源管理

数字内核和外设由一个 1.8V 低差稳压器供电。它提供了电源管理功能，可以实现使用不同供电模式的延长电池使用寿命的低功耗运行。CC2530 有 5 种不同的复位源来复位设备。

（7）外设

CC2530 包括许多不同的外设，允许应用程序设计者开发先进的应用。

（8）调试接口

调试接口执行一个专有的两线串行接口，用于内电路调试。通过这个调试接口，可以执行整个闪存存储器的擦除、控制使能哪个振荡器、停止和开始执行用户程序、执行 8051 内核提供的指令、设置代码断点，以及内核中全部指令的单步调试。使用这些技术，可以很好地执行内电路的调试和外部闪存的编程。

设备含有闪存存储器以存储程序代码。闪存存储器可通过用户软件和调试接口编程。闪存控制器处理写入和擦除嵌入式闪存存储器。闪存控制器允许页面擦除和 4Byte 编程。

（9）I/O 控制器

I/O 控制器负责所有通用 I/O 引脚。CPU 可以配置外设模块是否控制某个引脚或它们是否受软件控制，如果是控制某个引脚的话，每个引脚配置为一个输入还是输出，是否连接内置的一个上拉或下拉电阻。CPU 中断可以分别在每个引脚上使能。每个连接到 I/O 引脚的外设可以在两个不同的 I/O 引脚位置之间选择，以确保在不同应用程序中的灵活性。

由图 2-6 所示系统可以使用一个多功能的五通道 DMA 控制器 P2-4～P2-0，使用 XDATA 存储空间访问存储器，因此能够访问所有的物理存储器。每个通道（触发器、优先级、传输模式、寻址模式、源和目标指针和传输计数）用 DMA 描述符在存储器任何地方配置。许多硬件外设（AES 内核、闪存控制器、USART、定时器、ADC 接口）通过使用 DMA 控制器在 SFR 或 XREG 地址和闪存/SRAM 之间进行数据传输，获得高效率操作。定时器 1 是一个 16 位定时器，具有定时器/PWM 功能。它有一个可编程的分频器，一个 16 位周期值，和 5 个各自可编程的计数器/捕获通道，每个都有一个 16 位比较值。每个计数器/捕获通道可以用作一个 PWM 输出或捕获输入信号边沿的时序。它还可以配置在 IR 产生模式，计算定时器 3 周期，输出是 ANDed，定时器 3 的输出是用最小的 CPU 互动产生调制的消费型 IR 信号。

（10）MAC 定时器

MAC 定时器（定时器 2）是专门为支持 IEEE 802.15.4MAC 或软件中其他定时时槽的协议设计。定时器有一个可配置的定时器周期和一个 8 位溢出计数器，可以用于保持跟踪已经经过的周期数。一个 16 位捕获寄存器也用于记录收到/发送一个帧开始界定符的精确时间，或传输结束的精确时间，还有一个 16 位输出比较寄存器可以在具体时间产生不同的选通命令（开始 RX，开始 TX 等）到无线模块。定时器 3 和定时器 4 是 8 位定时器，具有定时器/计数器/PWM 功能。它们有一个可编程的分频器，一个 8 位的周期值，一个可编程的计数器通道，具有一个 8 位的比较值。每个计数器通道可以用作一个 PWM 输出。

　　(11) 睡眠定时器

　　睡眠定时器是一个超低功耗的定时器，计算 32kHz 晶振或 32kHz RC 振荡器的周期。睡眠定时器在除了供电模式 3 的所有工作模式下不断运行。这一定时器的典型应用是作为实时计数器，或作为一个唤醒定时器跳出供电模式 1 或 2。

　　(12) ADC

　　ADC 支持 7～12 位的分辨率，分别在 30kHz 或 4kHz 的带宽。DC 和音频转换可以使用高达 8 个输入通道(端口 0)。输入可以选择作为单端或差分。参考电压可以是内部电压、AVDD 或是一个单端或差分外部信号。ADC 还有一个温度传感输入通道。ADC 可以自动执行定期抽样或转换通道序列的程序。

　　(13) 随机数发生器

　　随机数发生器使用一个 16 位 LFSR 来产生伪随机数，这可以被 CPU 读取或由选通命令处理器直接使用。例如随机数可以用作产生随机密钥，用于安全。

　　(14) AES 加密/解密内核

　　AES 加密/解密内核允许用户使用带有 128 位密钥的 AES 算法加密和解密数据。这一内核能够支持 IEEE 802.15.4MAC 安全、ZigBee 网络层和应用层要求的 AES 操作。

　　一个内置的看门狗允许 CC2530 在固件挂起的情况下复位自身。当看门狗定时器由软件使能，它必须定期清除；否则，当它超时就复位它就复位设备。或者它可以配置用作一个通用 32kHz 定时器。

　　(15) USART 0 和 USART 1

　　USART 0 和 USART 1 每个被配置为一个 SPI 主/从或一个 UART。它们为 RX 和 TX 提供了双缓冲，以及硬件流控制，因此非常适合于高吞吐量的全双工应用。每个都有自己的高精度波特率发生器，因此可以使普通定时器空闲出来用作其他用途。

　　(16) 无线设备

　　CC2530 具有一个 IEEE 802.15.4 兼容无线收发器。RF 内核控制模拟无线模块。另外，它提供了 MCU 和无线设备之间的一个接口，这使得可以发出命令，读取状态，自动操作和确定无线设备事件的顺序。无线设备还包括一个数据包过滤和地址识别模块。

　　3) 功能介绍

　　① 适应 2.4GHz IEEE 802.15.4 的 RF 收发器；

　　② 极高的接收灵敏度和抗干扰性能；

　　③ 可编程的输出功率高达 4.5dBm；

　　④ 只需极少的外接元件；

　　⑤ 只需一个晶振，即可满足网状网络系统需要；

　　⑥ 6mm ×6mm 的 QFN40 封装；

　　⑦ 适合系统配置符合世界范围的无线电频率法规包括 ETSI EN 300 328 和 EN 300440 (欧洲)，FCC CFR47 第 15 部分 (美国) 和 ARIB STD-T-66 (日本)。

　　4) 低功耗供电模式

　　① 主动模式 RX (CPU 空闲)：24mA；

　　② 主动模式 TX 在 1dBm (CPU 空闲)：29mA；

　　③ 供电模式 1 (4μs 唤醒)：0.2mA；

　　④ 供电模式 2 (睡眠定时器运行)：1μA；

　　⑤ 供电模式 3 (外部中断)：0.4μA；

　　⑥ 宽电源电压范围 (2～3.6V)。

5）微控制器

① 优良的性能和具有代码预取功能的低功耗 8051 微控制器内核；

② 32、64 或 128KB 的系统内可编程闪存；

③ 8KB RAM，具备在各种供电方式下的数据保持能力；

④ 支持硬件调试。

6）外设

① 强大的 5 通道 DMA；

② IEEE 802.5.4MAC 定时器，通用定时器（一个 16 位定时器，一个 8 位定时器）；

③ IR 发生电路；

④ 具有捕获功能的 32kHz 睡眠定时器；

⑤ 硬件支持 CSMA/CA；

⑥ 支持精确的数字化 RSSI/LQI；

⑦ 电池监视器和温度传感器；

⑧ 具有 8 路输入和可配置分辨率的 12 位 ADC；

⑨ AES 安全协处理器；

⑩ 2 个支持多种串行通信协议的强大 USART；

⑪ 21 个通用 I/O 引脚（19×4mA，2×20mA）；

⑫ 看门狗定时器。

7）CC2530 中断

（1）中断源

CC2530 的 CPU 有 18 个中断源，每个中断源都有它自己的位于一系列 SFR 寄存器中的中断请求标志。每个中断请求都需要中断使能位来使能或禁止，具体定义见表 2-2。

表 2-2　中断源

中断号	描　述	中断名称	中断向量	中断屏蔽	中断标志
0	射频发送队列空和接收队列溢出	RFERR	03h	IEN0.RFERRIE	TCON.RFERRIF (1)
1	ADC 转换完成	ADC	0Bh	IEN0.ADCIE	TCON.ADCIF (1)
2	串口 0 接收完毕	URX0	13h	IEN0.URX0IE	TCON.URX0IF (1)
3	串口 1 接收完毕	URX1	1Bh	IEN0.URX1IE	TCON.URX1IF (1)
4	AES 加/解密完成	ENC	23h	IEN0.ENCIE	S0CON.ENCIF
5	睡眠定时器比较	ST	2Bh	IEN0.STIE	IRCON.STIF
6	端口 2 输入/USB	P2INT	33h	IEN2.P2IE	IRCON2.P2IF (2)
7	串口 0 发送完毕	UTX0	3Bh	IEN2.UTX0IE	IRCON2.UTX0IF
8	DMA 发送完成	DMA	43h	IEN1.DMAIE	IRCON.DMAIF
9	定时器 1（16 位）捕获/比较/溢出	T1	4Bh	IEN1.T1IE	IRCON.T1IF (1) (2)
10	定时器 2（MAC 定时器）	T2	53h	IEN1.T2IE	IRCON.T2IF (1) (2)
11	定时器 3（8 位）比较/溢出	T3	5Bh	IEN1.T3IE	IRCON.T3IF (1) (2)
12	定时器 4（8 位）比较/溢出	T4	63h	IEN1.T4IE	IRCON.T4IF (1) (2)
13	端口 0 输入	P0INT	6Bh	IEN1.P0IE	IRCON.P0IF (2)
14	串口 1 发送完毕	UTX1	73h	IEN2.UTX1IE	IRCON2.UTX1IF
15	端口 1 输入	P1INT	7Bh	IEN2.P1IE	IRCON2.P1IF (2)
16	RF 通用中断	RF	83h	IEN2.RFIE	S1CON.RFIF (2)
17	看门狗计时溢出	WDT	8Bh	IEN2.WDTIE	IRCON2.WDTIF

注：1. 当中断服务例被调用后，硬件清除标志位。
　　2. 附加中断屏蔽和中断标志位存在。

（2）中断屏蔽

每个中断通过 IEN0、IEN1、IEN2 里的相应中断使能位来禁止或启用，具体见表 2-3。

表 2-3　中断使能寄存器

端口	Bit 位	名称	初始化	读/写	描　　述
IEN0	7	EA	0	R/W	禁止所有中断 0：无中断被确认 1：通过设置对应的使能位，将每个中断源分别使能或禁止
	6	–	0	R0	不使用，读取为 0 值
	5	STIE	0	R/W	睡眠定时器中断使能
	4	ENCIE	0	R/W	AES 加解密中断使能
	3	URX1IE	0	R/W	串口 1 接收中断使能
	2	URX0IE	0	R/W	串口 0 接收中断使能
	1	ADCIE	0	R/W	ADC 中断使能
	0	RFERRIE	0	R/W	RF 接收/发送队列中断使能
IEN1	7:6	–	00	R0	不使用，读取为 0 值
	5	P0IE	0	R/W	端口 0 中断使能
	4	T4IE	0	R/W	定时器 4 中断使能
	3	T3IE	0	R/W	定时器 3 中断使能
	2	T2IE	0	R/W	定时器 2 中断使能
	1	T1IE	0	R/W	定时器 1 中断使能
	0	DMAIE	0	R/W	DMA 传输中断使能
IEN2	7:6	–	00	R0	不使用，读取为 0 值
	5	WDTIE	0	R/W	看门狗中断使能
	4	P1IE	0	R/W	端口 1 中断使能
	3	UTX1IE	0	R/W	串口 1 中断使能
	2	UTX0IE	0	R/W	串口 0 中断使能
	1	P2IE	0	R/W	端口 2 中断使能
	0	RFIE	0	R/W	RF 通用中断使能

注：0—中断禁止；1—中断使能。

注意某些外部设备会因为若干事件产生中断请求。这些中断请求可以作用在端口 0、端口 1、端口 2、定时器 1、定时器 2、定时器 3、定时器 4 或者无线上。这些外部设备在相应的寄存器里都有一个内部中断源的中断屏蔽位。

为了启用中断，需要以下步骤。

① 清除中断标志位（Clear interrupt flags）；

② 如果有，则设置 SFR 寄存器中对应的各中断使能位；

③ 设置寄存器 IEN0、IEN1 和 IEN2 中对应的中断使能位为 1；

④ 设置全局中断位 IEN0.EA 为 1；

⑤ 在该中断对应的向量地址上，运行该中断的服务程序。

如图 2-7 所示为给出了所有中断源及其相关的控制和状态寄存器的概述图；当中断服务程序被执行后，阴影框的中断标志位将被硬件自动清除。

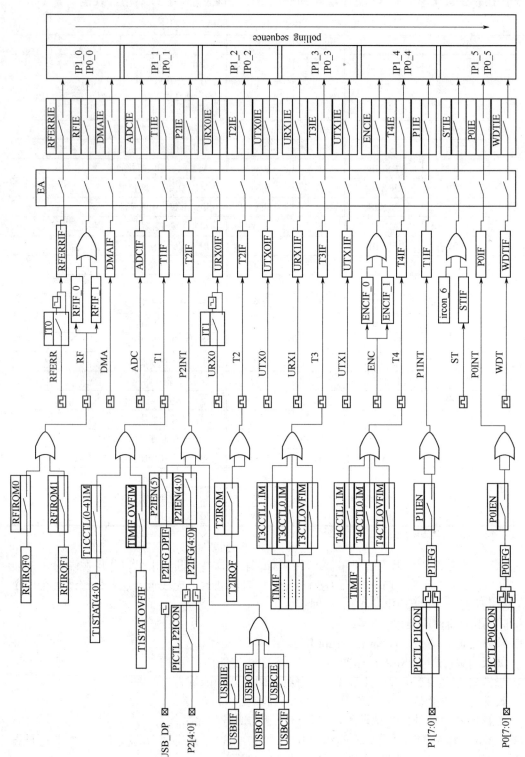

图 2-7 中断源及其相关的控制和状态寄存器的概述图

（3）中断处理

当中断发生时，CPU 就指向表 1 所描述的中断向量地址。一旦中断服务开始，就只能够被更高优先级的中断打断。中断服务程序由指令 RETI 终止，当执行 RETI 后，CPU 将返回到中断发生时的下一条指令。

当中断发生时，不管该中断使能或禁止，CPU 都会在中断标志寄存器中设置中断标志位。当中断使能时，首先设置中断标志，然后在下一个指令周期，由硬件强行产生一个 LCALL 到对应的向量地址，运行中断服务程序。

新中断的响应，取决于该中断发生时 CPU 的状态。当 CPU 正在运行的中断服务程序，其优先级大于或等于新的中断时，新的中断暂不运行，直至新的中断的优先级高于正在运行的中断服务程序。中断响应的时间取决于当前的指令，最快的为 7 个机器指令周期，其中 1 个机器指令周期用于检测中断，其余 6 个用来执行 LCALL，见表 2-4。

表 2-4 中断标志

寄存器	Bit 位	名称	初始化	读/写	描　　述
TCON	7	URX1IF	0	R/W H0	USART 1 RX 中断标志。当中断发生时设 1，当 CPU 向量指向中断服务例时清 0 0：无中断未决 1：中断未决
	6	–	0	R/W	不使用
	5	ADCIF	0	R/W H0	ADC 中断标志。当中断发生时设 1，当 CPU 向量指向中断服务例时清 0 0：无中断未决 1：中断未决
	4	–	0	R/W	不使用
	3	URX0IF	0	R/W H0	USART 0 RX 中断标志。当中断发生时设 1，当 CPU 向量指向中断服务例时清 0 0：无中断未决 1：中断未决
	2	IT1	1	R/W	保留。必须一直设 1
	1	RFERRIF	0	R/W H0	RF TX/RX FIFO 中断标志。当中断发生时设 1，当 CPU 向量指向中断服务例时清 0 0：无中断未决 1：中断未决
	0	IT0	1	R/W	保留。必须一直设 1
S0CON	7:2	–	000000	R/W	不使用
	1	ENCIF_1	0	R/W	AES 中断。ENC 有两个中断标志位，ENCIF_1 和 ENCIF_0。设置其中一个标志就好请求中断服务。当 AES 协处理器请求中断时，两个标志都有设置 0：无中断未决 1：中断未决
	0	ENCIF_0	0	R/W	AES 中断。ENC 有两个中断标志位，ENCIF_1 和 ENCIF_0。设置其中一个标志就好请求中断服务。当 AES 协处理器请求中断时，两个标志都有设置 0：无中断未决 1：中断未决

寄存器	Bit 位	名称	初始化	读/写	描　　述
S1CON	7:2	–	000000	R/W	不使用
	1	RFIF_1	0	R/W	RF 一般中断。RF 有两个中断标志，RFIF_1 和 RFIF_0，设置其中一个标志就会请求中断服务。当无线电请求中断时两个标志都有设置 0：无中断未决 1：中断未决
	0	RFIF_0	0	R/W	RF 一般中断。RF 有两个中断标志，RFIF_1 和 RFIF_0，设置其中一个标志就会请求中断服务。当无线电请求中断时两个标志都有设置 0：无中断未决 1：中断未决
IRCON	7	STIF	0	R/W	睡眠定时器中断标志位 0：无中断未决 1：中断未决
	6	--	0	R/W	必须一直设 0
	5	P0IF	0	R/W	端口 0 中断标志 0：无中断未决 1：中断未决
	4	T4IF	0	R/W H0	定时器 4 中断标志。当中断发生时设 1，当 CPU 向量指向中断服务例时清 0 0：无中断未决 1：中断未决
	3	T3IF	0	R/W H0	定时器 3 中断标志。当中断发生时设 1，当 CPU 向量指向中断服务例时清 0 0：无中断未决 1：中断未决
	2	T2IF	0	R/W H0	定时器 2 中断标志。当中断发生时设 1，当 CPU 向量指向中断服务例时清 0 0：无中断未决 1：中断未决
	1	T1IF	0	R/W H0	定时器 1 中断标志。当中断发生时设 1，当 CPU 向量指向中断服务例时清 0 0：无中断未决 1：中断未决
	0	DMAIF	0	R/W	DMA 完成中断标志 0：无中断未决 1：中断未决
IRCON2	7:5	–	000	R/W	不使用
	4	WDTIF	0	R/W	看门狗定时器中断标志 0：无中断未决 1：中断未决
	3	P1IF	0	R/W	端口 1 中断标志 0：无中断未决 1：中断未决

续表

寄存器	Bit 位	名称	初始化	读/写	描　　述
IRCON2	2	UTX1IF	0	R/W	USART 1 TX 中断标志 0：无中断未决 1：中断未决
	1	UTX0IF	0	R/W	USART 0 TX 中断标志 0：无中断未决 1：中断未决
	0	P2IF	0	R/W	端口 2 中断标志 0：无中断未决 1：中断未决

（4）中断优先级

中断可划分为 6 个中断优先组，每组的优先级通过设置寄存器 IP0 和 IP1 来实现，见表 2-5 所示。为了给中断（也就是它所在的中断优先组）赋值优先级，需要设置 IP0 和 IP1 的对应位，见表 2-6 所示。

表 2-5　中断优先级列表

端口	Bit 位	名称	初始化	读/写	描　　述
IP1	7:6	--	00	R/W	没使用
	5	IP1_IPG5	0	R/W	中断第 5 组，优先级控制位 1，参考表 4-3
	4	IP1_IPG4	0	R/W	中断第 4 组，优先级控制位 1，参考表 4-3
	3	IP1_IPG3	0	R/W	中断第 3 组，优先级控制位 1，参考表 4-3
	2	IP1_IPG2	0	R/W	中断第 2 组，优先级控制位 1，参考表 4-3
	1	IP1_IPG1	0	R/W	中断第 1 组，优先级控制位 1，参考表 4-3
	0	IP1_IPG0	0	R/W	中断第 0 组，优先级控制位 1，参考表 4-3
IP0	7:6	--	00	R/W	没使用
	5	IP0_IPG5	0	R/W	中断第 5 组，优先级控制位 0，参考表 4-3
	4	IP0_IPG4	0	R/W	中断第 4 组，优先级控制位 0，参考表 4-3
	3	IP0_IPG3	0	R/W	中断第 3 组，优先级控制位 0，参考表 4-3
	2	IP0_IPG2	0	R/W	中断第 2 组，优先级控制位 0，参考表 4-3
	1	IP0_IPG1	0	R/W	中断第 1 组，优先级控制位 0，参考表 4-3
	0	IP0_IPG0	0	R/W	中断第 0 组，优先级控制位 0，参考表 4-3

表 2-6　优先级设置

IP1_X	IP0_X	优　先　级
0	0	0 – 最低级别
0	1	1
1	0	2
1	1	3 – 最高级别

中断优先级及其赋值的中断源显示在表 2-7 中，每组赋值为 4 个中断优先级之一由表 2-6 中设置。当进行中断服务请求时，不允许被同级或较低级别的中断打断。

表 2-7　中断优先组

组	中　　断		
IPG0	PEERR	RF	DMA
IPG1	ADC	T1	P2INT
IPG2	URX0	T2	UTX0
IPG3	URX1	T3	UTX1
IPG4	ENC	T4	P1INT
IPG5	ST	P0INT	WDT

当同时收到几个相同优先级的中断请求时，采用表 2-8 所列的轮流检测顺序来判定哪个中断优先响应。

表 2-8　中断轮流检测顺序

中断向量编号	中 断 名 称	
0	RFERR	轮流检测顺序 ↓
16	RF	
8	DMA	
1	ADC	
9	T1	
2	URX0	
10	T2	
3	URX1	
11	T3	
4	ENC	
12	T4	
5	ST	
13	P0INT	
6	P2INT	
7	UTX0	
14	UTX1	
15	P1INT	
17	WDT	

8）定时器

（1）定时器 1

① 概述。定时器 1 是一个独立的 16 位定时器，有 5 个独立的捕获/比较通道，每个通道使用一个 I/O 引脚。

在每个活动时钟边沿递增或递减，活动时钟边沿周期由寄存器 CLKCONCMD.TICKSPD 定义，时钟频率范围为 0.25～32MHz。进一步频率划分可通过 T1CTL.DIV 来设置，其取值有 1、8、32 或 128。因此，用 32MHz 为系统时钟源时，定时器 1 可以使用的最低时钟频率为 1953.125Hz，最高为 32MHz。

② 计数器 SFR。可以通过两个 8 位的 SFR 读取 16 位的计数器值 T1CNTH 和 T1CNTL，分别包含高位和低位字节。

当读取 T1CNTL 时，计数器的高位字节在那时被缓冲到 T1CNTH，以便高位字节可以从 T1CNTH 中读出。因此 T1CNTL 必须总是在读取 T1CNTH 之前首先读取。

③ 计数。对 T1CNTL 寄存器的所有写入访问将复位 16 位计数器。

当达到最终计数值（溢出）时，计数器产生一个中断请求。

可以通过设置 T1CTL 来控制定时器开始或挂起。如果是非 00 值写入 T1CTL.MODE 时，计数器开始运行；如果是 00 写入 T1CTL.MODE，计数器停止在它现在的值上。

④ 操作模式

a．自由运行模式（Free-Running Mode）。计数器从 0x0000 开始，每个活动时钟边沿增加 1，当计数器达到 0XFFFF，计数器重新载入 0X0000，继续递增。

当终端计数器的值达到 0XFFFF 时，设置 IRCON.T1IF 和 T1STAT.OVFIF。如果同时设置了 TIMIF.OVFIM 和 IEN1.T1EN，将产生一个中断请求。

自由运行模式可以用于产生独立的时间间隔，输出信号频率。

b．模模式（Modulo Mode）。16 位计数器从 0X0000 开始，每个活动时钟边沿增加 1，当计数器达到寄存器 T1CC0（T1CC0H:T1CC0L）保存的最终计数值，计数器将复位到 0X0000，并继续递增。

如果计数器以大于 T1CC0 的值开始，当终端计数器达到 0XFFFF 时，将设置 IRCON.T1IF 和 T1STAT.OVFIF。

如果设置了 TIMIF.OVFIM 和 IEN1.T1EN，将产生一个中断请求。

模模式可以用于周期不必是 0XFFFF 的应用程序。

c．正计数/倒计数模式（Up/Down Mode）。计数器反复从 0X0000 开始，正计数直到达 T1CC0 保存的值，然后计数器将倒计数直到 0X0000。

用于周期必须是对称输出脉冲而不是 0XFFFF 的应用程序，因此允许中心对齐的 PWM 是输出应用的实现。

当计数器达到 0X0000 时，设置 IRCON.T1IF 和 T1STAT.OVFIF。如果设置了 TIMIF.OVFIM 和 IEN1.T1EN，将产生一个中断请求。

d．通道模式控制（Channel Mode Control）。通道模式随着每个通道的控制和状态寄存器 T1CCTLn 设置，设置包括输入捕获和输出比较模式。

（a）输入捕获模式（Input Capture Mode）。当一个通道配置位输入捕获通道，和该通道相关的 I/O 引脚必须被配置为输入。

在启动定时器之后，输入引脚的一个上升沿、下降沿或任何边沿都将触发一个捕获，即把 16 位计数器（T1CNTH:T1CNTL）内容捕获到相关的捕获寄存器（T1CCnH:T1CCnL）中，因此定时器可以捕获一个外部事件发生的时间。

在定时器使用 I/O 引脚之前，要求的 I/O 引脚必须被配置为定时器 1 外设引脚。

通道输入引脚同步于系统内部时钟，因此输入引脚上的脉冲的最低持续时间必须大于系统时钟周期。

当捕获发生时，IRCON.T1IF 和 T1STAT.CHnIF 被设置，如果设置了 T1CCTLn.IM 和 IEN1.T1EN，将产生一个中断请求。

（b）输出比较模式（Output Compare Mode）。在输出比较模式，与通道相关的 I/O 引脚设置为输出。

在定时器启动后，将比较计数器（T1CNTH:T1CNTL）和捕获寄存器（T1CCnH:T1CCnL）的内容；如果捕获寄存器和计数器内容相等，则就设置输出引脚（根据比较输出模式 T1CCTLn.CMP 的设置进行复位或切换）。

写入 T1CCnL 的值不起作用，它正在被缓冲，除非其相应的高位寄存器 T1CCnH 已被写入。直到计数器值为 0X00 时，写入比较寄存器（T1CCnH:T1CCnL）才有效。

注意通道 0 的输出比较模式较少，因为 T1CC0H:T1CC0L 在模式 6 和 7 有一个特殊功能，意味着通道 0 不能用于输出比较模式。

当发生一个比较时，将设置 IRCON.T1IF 和 T1STAT.CHnIF；如果设置了 T1CCTLn.IM 和 IEN1.T1EN，将生成一个中断请求。

⑤ 定时器 1 中断。定时器分配了一个中断向量，当下列定时器事件发生时，将产生一个中断请求。

a. 计数器达到最终计数值。

b. 输入捕获事件。

c. 输出捕获事件。

状态寄存器 T1STAT 包含计数到达终点事件和 5 个捕获/比较事件产生的中断标志位。仅当相应的中断使能位 IEN1.T1EN 一起被设置后中断请求才会产生。

⑥ 定时器 1DMA 触发。有 3 种 DMA 触发与定时器 1 有关，分别为 T1_CH0，T1_CH1，T1_CH2，在通道比较事件中触发；通道 3 和 4 没有 DMA 触发。

⑦ 定时器 1 寄存器。与定时器 1 相关的定时器有以下几种。

T1CNTH、T1CNTL：定时器 1 计数器高低字节。

T1CTL：定时器 1 控制器。

T1STAT：定时器 1 状态标志位。

T1CCTLn：定时器 1 捕获/比较控制。

T1CCnH、T1CCnL：定时器 1 捕获寄存器高低字节。

TIMIF：定时器 1/3/4 中断屏蔽/标志见表 2-9～表 2-12。

表 2-9　T1CTL：定时器 1 控制器

端口	Bit 位	名称	初始化	读/写	描　　　述
T1CTL	7:4	---	0000	R0	未使用
	3:2	DIV[1:0]	00	R/W	时钟分频 00：不分频 01：8 分频 10：32 分频 11：128 分频
	1:0	MODE [1:0]	00	R/W	定时器 1 模式选择 00：暂停运行 01：自由模式（从 0X0000 至 0XFFFF 反复计数） 10：模模式（从 0X0000 至 T1CCnH:T1CCnL 反复计数）

表 2-10　T1STAT 定时器 1 状态标志位

端口	Bit 位	名称	初始化	读/写	描　　　述
T1STAT	7:6	---	00	R0	未使用
	5	OVFIF	0	R/W0	定时器 1 计数器溢出中断标志，在自由模式和模模式到达终点计数值，在正/倒计数模式中到达 0。写 1 无效
	4	CH4IF	0	R/W0	定时器 1 通道 4 中断标志位，当通道 4 中断条件发生时设置。写 1 无效
	3	CH3IF	0	R/W0	定时器 1 通道 3 中断标志位，当通道 3 中断条件发生时设置。写 1 无效
	2	CH2IF	0	R/W0	定时器 1 通道 2 中断标志位，当通道 2 中断条件发生时设置。写 1 无效
	1	CH1IF	0	R/W0	定时器 1 通道 1 中断标志位，当通道 1 中断条件发生时设置。写 1 无效
	0	CH0IF	0	R/W0	定时器 1 通道 0 中断标志位，当通道 0 中断条件发生时设置。写 1 无效

表 2-11　T1CCTLn：定时器 1 捕获/比较控制

端口	Bit 位	名称	初始化	读/写	描　述
T1CCTLn	7	RFIRQ	0	R/W	通道 n 捕获选择 0：正常捕获输入 1：RF 捕获中断
	6	IM	1	R/W	通道 n 中断屏蔽 0：禁止通道 n 中断请求 1：使能通道 n 中断请求
	5:3	CMP[2:0]	000	R/W	通道 n 比较模式选择，当定时器的值等于 T1CC0 中的比较值时，选择操作输出 000：发生比较时输出端置 1 001：发生比较时输出端置 0 010：发生比较时输出端翻转 011： 通道 0：上升沿比较输出设置，0 清除 通道 1（或 2 或 3 或 4）：在正/倒计数模式下，上升沿比较设置，下降沿比较输出清除；否则比较输出设置，0 清除 100： 通道 0：上升沿比较输出清除，0 设置 通道 1（或 2 或 3 或 4）：在正/倒计数模式下，上升沿比较清除，下降沿比较输出设置；否则比较输出清除，0 设置 101： 通道 0：没使用 通道 1（或 2 或 3 或 4）：等于 T1CC0 清除，等于 T1CCn 设置。 110： 通道 0：没使用 通道 1（或 2 或 3 或 4）：等于 T1CC0 设置，等于 T1CCn 清除。 111：初始化输出引脚，CMP[2:0] 不改变。
	2	MODE	0	R/W	定时器 1 通道 n 模式选择： 0：捕获模式 1：输出模式
	1:0	CAP[1:0]	00	R/W	通道 n 捕获模式选择 00：无捕获 01：上升边沿捕获 10：下降边沿捕获 11：所有边沿捕获

表 2-12　TIMIF：定时器 1/3/4 中断屏蔽/标志

端口	Bit 位	名称	初始化	读/写	描　述
TIMIF	7	---	0	R0	未使用
	6	OVFIM	1	R/W	定时器 1 溢出中断屏蔽
	5	T4CH1IF	0	R/W0	定时器 4 通道 1 中断标志 0：无中断未决 1：中断未决
	4	T4CH0IF	0	R/W0	定时器 4 通道 0 中断标志 0：无中断未决 1：中断未决

续表

端口	Bit 位	名称	初始化	读/写	描　　述
TIMIF	3	T4OVFIF	0	R/W0	定时器 4 溢出中断标志 0：无中断未决 1：中断未决
	2	T3CH1IF	0	R/W0	定时器 3 通道 1 中断标志 0：无中断未决 1：中断未决
	1	T3CH0IF	0	R/W0	定时器 3 通道 0 中断标志 0：无中断未决 1：中断未决
	0	T3OVFIF	0	R/W0	定时器 3 溢出中断标志 0：无中断未决 1：中断未决

（2）定时器 3 和定时器 4

① 概述。定时器 3 和定时器 4 是两个 8 位定时器，每个定时器有两个独立的捕获/比较通道，每一通道使用一个 I/O 引脚。

定时器 3/4 有以下特点。

a．两个捕获/比较通道；

b．设置，清除或切换输出比较；

c．每时钟可以被以下分频：1、2、4、8、16、32、64、128；

d．在每次捕获/比较和最终计数事件发生时产生中断请求；

e．DMA 触发功能。

② 8 位定时器的计数器。定时器 3/4 的所有定时器功能都是基于主要的 8 位计数器基础上的。计数器在每一个活动时钟边沿递增或递减。活动时钟边沿的周期由寄存器 CLKCONCMD.TICKSPD[2:0]来定义，且通过设置 TxCTL.DIV[2:0]来进一步划分（x 为 3 或 4）。计数器操作模式有自由运行模式、倒计数器模式、模计数器模式和正/倒计数器模式。

可以通过读 SFR 寄存器 TxCNT（x 为 3 或 4）来取得 8 位定时器的值。

通过设置 TxCTL 来清除和终止计数器。设置 TxCTL.START 为 1 启动计数器，设置 TxCTL.START 为 0 时，计数器停留在它的当前值。

③ 定时器 3/4 模式控制。一般上，控制寄存器 TxCTL 被用来控制定时器模式。

a．自由运行模式。计数器从 0X00 开始，在每一个活动时钟边沿递增，当计数器到达 0XFF 时，计数器重置为 0X00 并继续递增。当最终计数器值到达 0XFF 时（如发生溢出），中断标志位 TIMIF.TxOVFIF 将被置 1。如已设置相应中断屏蔽位 TxCTL.OVFIM，产生中断请求。自由模式可以用于产生独立的时间间隔和输出信号频率。

b．倒模式。在倒模式中，定时器启动后，计数器读取 TxCC0 中的值，并开始递减，当到达 0X00，标志位 TIMIF.TxOVFIF 置 1。如已设置相应中断屏蔽位 TxCTL.OVFIM，产生中断请求。倒模式一般用于需要事件超时间隔的应用程序。

c．在正/倒定时器模式。在此模式中，计数器重复操作。从 0X00 递增到 TxCC0 里设置的值，然后递减到 0X00。这个定时器模式用于需要对称输出脉冲，且周期不是 0XFF 的应用程序。因此它允许中心对齐的 PWM 输出应用程序的实现。

通过写入 TxCTL.CLR 清除计数器也会复位计数方向，即从 0X00 模式正计数。

④ 通道模式控制。对于通道 0 和 1，每个通道的模式是由控制和状态寄存器 TxCCTLn（n 为 0 或 1）设置的。设置包括捕获和比较模式。

a．输入捕获模式。当通道配置为输入捕获通道时，与该通道相关的 I/O 引脚必须配置为输入。定时器启动后，输入引脚上的上升沿，下降沿或任何边沿都会触发一个捕获事件，即捕获 8 位计数器内容到相关的捕获寄存器中。因此定时器可以捕获一个外部事件发生的时间。

注意：一个引脚被用于定时器之前，要求相应 I/O 引脚必须被配置位定时器 3/定时器 4 的外设引脚。

通道输入脚同步于内部系统时钟，因此，输入脚的脉冲最小持续时间要大于系统时钟周期。

通道 n 的 8 位捕获寄存器的内容可以从寄存器 T3CCn/T4CCn 里读取。

当发生捕获时，活动通道的相应中断标志位 TIMIF.TxCHnIF 被设置。如已设置中断掩码位 TxCCTLn.IM，将会产生中断请求。

b．输出比较模式。在输出比较模式中，与通道相关的 I/O 引脚要设置为输出。在定时器启动后，计数器的内容与此通道的比较寄存器 TxCC0n 中的内容比较；如相等，根据 TxCCTL.CMP[1:0] 的设置，输出引脚被设置、复位或转换。注意当运行在一个给定的比较输出模式下，输出引脚上的所有边沿都是无故障运行的。

对于使用简单 PWM，最好使用输出比较模式 4 和 5。

写入比较寄存器 TxCC0 或 TxCC1 的输出比较值无效，除非计数寄存器的值为 0X00。

当发生比较时，活动通道的相应中断标志位 TIMIF.TxCHnIF 被设置。如已设置中断掩码位 TxCCTLn.IM，将会产生中断请求。

⑤ 定时器 3/定时器 4 中断。每一个定时器都分配了一个中断向量，分别为 T3 和 T4。当有以下定时器事件发生时便产生中断请求。

a．计数器到达最终计数值；

b．比较事件；

c．捕获事件。

SFR 寄存器 TIMIF 包含定时器 3 和定时器 4 的所有中断标志。寄存器 TIMIF.TxOVFIF 和 TIMIF.TxCHnIF 包含 2 个最终计数值事件和 4 个通道比较事件。只有相应中断掩码位设置了，中断请求才会产生。如果有其他正在等待的中断，新中断产生之前相应的中断标志位必须被清除，同样，如果要产生新的中断请求，相应的中断掩码位要设置。

⑥ 定时器 3 和定时器 4 的 DMA 触发。定时器 3 和定时器 4 都分别有 2 个 DMA 触发器如下所示。

T3_CH0：定时器 3 通道 0 捕获/比较；

T3_CH1：定时器 3 通道 1 捕获/比较；

T4_CH0：定时器 4 通道 0 捕获/比较；

T4_CH1：定时器 4 通道 1 捕获/比较。

⑦ 定时器 3 和定时器 4 寄存器，见表 2-13～表 2-17。

表 2-13　TnCNT 定时器 3/4 计数器

端口	Bit 位	名称	初始化	读/写	描　　述
T3CNT	7:0	CNT[7:0]	0X00	R	定时计数器字节
T4CNT	7:0	CNT[7:0]	0X00	R	定时计数器字节

表 2-14　T3CTL 定时器 3 控制

端口	Bit 位	名称	初始化	读/写	描　述
T3CTL	7:5	DIV[2:0]	000	R/W	预分频器值。产生有效时钟沿用于来自 CLKCON.TICKSPD 的定时器时钟如下： 000：振荡频率/1 001：振荡频率/2 010：振荡频率/4 011：振荡频率/8 100：振荡频率/16 101：振荡频率/32 110：振荡频率/64 111：振荡频率/128
	4	START	0	R/W	启动定时器。正常运行时设置，暂停时清除
	3	OVFIM	1	R/W0	溢出中断屏蔽 0：禁止中断 1：使能中断
	2	CLR	0	R0/W1	清除计数器。写 1 清除并重置计数器为 0X00 并初始化相关通道的所有输出引脚。只能读 0
	1:0	MODE[1:0]	00	R/W	定时器 3 模式， 00：自由运行模式，从 0X00 到 0XFF 重复计数。 01：倒模式，从 T3CC0 到 0X00 计数。 10：模模式，从 0X00 到 T3CC0 重复计数。 11：正/倒模式，从 0X00 到 T3CC0 再到 0X00 重复计数
T4CTL	7:5	DIV[2:0]	000	R/W	预分频器值。产生有效时钟沿用于来自 CLKCON.TICKSPD 的定时器时钟如下： 000：振荡频率/1 001：振荡频率/2 010：振荡频率/4 011：振荡频率/8 100：振荡频率/16 101：振荡频率/32 110：振荡频率/64 111：振荡频率/128
	4	START	0	R/W	启动定时器。正常运行时设置，暂停时清除
	3	OVFIM	1	R/W0	溢出中断屏蔽 0：禁止中断 1：使能中断
	2	CLR	0	R0/W1	清除计数器。写 1 清除并重置计数器为 0X00 并初始化相关通道的所有输出引脚。只能读 0
	1:0	MODE[1:0]	00	R/W	定时器 4 模式， 00：自由运行模式，从 0X00 到 0XFF 重复计数。 01：倒模式，从 T4CC0 到 0X00 计数。 10：模模式，从 0X00 到 T4CC0 重复计数。 11：正/倒模式，从 0X00 到 T4CC0 再到 0X00 重复计数

表 2-15　**T3CCTLn/ T4CCTLn 定时器 3/4 通道 0/1 捕获/比较控制**

端口	Bit 位	名称	初始化	读/写	描　述
T3CCTL0	7	--	0	R0	没使用
	6	IM	1	R/W	通道 0 中断掩码 0：禁止中断 1：使能中断
	5:3	CMP[2:0]	000	R/W	通道 0 比较输出模式选择,当定时器值等于 T3CC0 中的比较值时输出脚的操作： 000：发生比较时输出端置 1 001：发生比较时输出端置 0 010：发生比较时输出端翻转 011：上升沿比较输出设置,0 清除 100：上升沿比较输出清除,0 设置 101：发生比较时输出端置 1,0XFF 清除 110：发生比较时输出端置 0,0X00 设置 111：初始化输出引脚,CMP[2:0]不改变
	2	MODE	0	R/W	定时器 3 通道 0 模式选择 0：捕获模式 1：比较模式
	1:0	CAP[1:0]	00	R/W	捕获模式选择 00：无捕获 01：上升沿捕获 10：下降边沿捕获 11：所有边沿捕获
T3CCTL1	7	--	0	R0	没使用
	6	IM	1	R/W	通道 1 中断掩码 0：禁止中断 1：使能中断
	5:3	CMP[2:0]	000	R/W	通道 1 比较输出模式选择,当定时器值等于 T3CC1 中的比较值时输出脚的操作： 000：发生比较时输出端置 1 001：发生比较时输出端置 0 010：发生比较时输出端翻转 011：上升沿比较输出设置,0 清除 100：上升沿比较输出清除,0 设置 101：发生比较时输出端置 1,0XFF 清除 110：发生比较时输出端置 0,0X00 设置 111：初始化输出引脚,CMP[2:0]不改变
	2	MODE	0	R/W	定时器 3 通道 1 模式选择 0：捕获模式 1：比较模式
	1:0	CAP[1:0]	00	R/W	捕获模式选择 00：无捕获 01：上升边沿捕获 10：下降边沿捕获 11：所有边沿捕获

端口	Bit 位	名称	初始化	读/写	描　　述
T4CCTL0	7	--	0	R0	没使用
	6	IM	1	R/W	通道 0 中断掩码 0：禁止中断 1：使能中断
	5:3	CMP[2:0]	000	R/W	通道 0 比较输出模式选择,当定时器值等于 T4CC0 中的比较值时输出脚的操作: 000：发生比较时输出端置 1 001：发生比较时输出端置 0 010：发生比较时输出端翻转 011：上升沿比较输出设置,0 清除 100：上升沿比较输出清除,0 设置 101：发生比较时输出端置 1,0XFF 清除 110：发生比较时输出端置 0,0X00 设置 111：初始化输出引脚,CMP[2:0]不改变
	2	MODE	0	R/W	定时器 4 通道 0 模式选择 0：捕获模式 1：比较模式
	1:0	CAP[1:0]	00	R/W	捕获模式选择 00：无捕获 01：上升边沿捕获 10：下降边沿捕获 11：所有边沿捕获
T4CCTL1	7	--	0	R0	没使用
	6	IM	1	R/W	通道 1 中断掩码 0：禁止中断 1：使能中断
	5:3	CMP[2:0]	000	R/W	通道 1 比较输出模式选择,当定时器值等于 T4CC1 中的比较值时输出脚的操作: 000：发生比较时输出端置 1 001：发生比较时输出端置 0 010：发生比较时输出端翻转 011：上升沿比较输出设置,0 清除 100：上升沿比较输出清除,0 设置 101：发生比较时输出端置 1,0XFF 清除 110：发生比较时输出端置 0,0X00 设置 111：初始化输出引脚,CMP[2:0]不改变
	2	MODE	0	R/W	定时器 4 通道 1 模式选择 0：捕获模式 1：比较模式
	1:0	CAP[1:0]	00	R/W	捕获模式选择 00：无捕获 01：上升边沿捕获 10：下降边沿捕获 11：所有边沿捕获

表 2-16　TmCCn 定时器 3/4 通道 0/1 捕获/比较值

端口	Bit 位	名称	初始化	读/写	描述
T3CC0	7:0	VAL[7:0]	0X00	R/W	定时器 3 通道 0 捕获/比较值
T3CC1	7:0	VAL[7:0]	0X00	R/W	定时器 3 通道 1 捕获/比较值
T4CC0	7:0	VAL[7:0]	0X00	R/W	定时器 4 通道 0 捕获/比较值
T4CC1	7:0	VAL[7:0]	0X00	R/W	定时器 4 通道 1 捕获/比较值

表 2-17　TIMIF：定时器 1/3/4 中断屏蔽/标志

端口	Bit 位	名称	初始化	读/写	描述
TIMIF	7	---	0	R0	未使用
	6	OVFIM	1	R/W	定时器 1 溢出中断屏蔽
	5	T4CH1IF	0	R/W0	定时器 4 通道 1 中断标志 0：无中断未决 1：中断未决
	4	T4CH0IF	0	R/W0	定时器 4 通道 0 中断标志 0：无中断未决 1：中断未决
	3	T4OVFIF	0	R/W0	定时器 4 溢出中断标志 0：无中断未决 1：中断未决
	2	T3CH1IF	0	R/W0	定时器 3 通道 1 中断标志 0：无中断未决 1：中断未决
	1	T3CH0IF	0	R/W0	定时器 3 通道 0 中断标志 0：无中断未决 1：中断未决
	0	T3OVFIF	0	R/W0	定时器 3 溢出中断标志 0：无中断未决 1：中断未决

9）USART

（1）概述

USART 0 和 USART 1 串行通信接口，它们能够分别运行于异步 UART 模式和同步 SPI 模式。两个 USART 具有相同的功能，并分配了各自的引脚。

（2）UART 模式

UART 模式提供异步串行接口。在 UART 模式中，接口使用 2 线或者含有 RXD、TXD、RTS 和 CTS 的 4 线。UART 模式具有以下特点。

① 8 位或 9 位有效载荷；

② 奇校验、偶校验或者无奇偶校验；

③ 配置起始位和停止位电平；

④ 配置 LSB 或者 MSB 首先传送；

⑤ 独立收发中断；

⑥ 独立收发 DMA 触发；

⑦ 奇偶校验和帧校验出错状态。

UART 模式提供全双工异步传输，而且接收端的位同步不会干扰发送功能。发送的一个 UART 字节含有 1 个开始位、8 个数据位、1 个作为可选项的第 9 位数据或者奇偶校验位、1 个或 2 个停止位。注意被发送的数据看做 1 个字节，虽然数据经常包含 8 位或者 9 位。

UART 操作由 USART 控制状态寄存器（UxCSR）和 UART 控制寄存器（UxUCR）来控制的，其中 x 是 USART 编号，0 或 1；

当 UxCSR.MODE 设 1 时，USART 选择的是 UART 模式。

① UART 发送。当 USART 收发数据缓存器（UxDBUF）写入数据，该字节传送到 TXDx 输出引脚上，UART 开始发送。UxDBUF 寄存器是双缓存的。

当传送开始时 UxCSR.ACTIVE 位置高，当传送结束时 UxCSR.ACTIVE 位置低。当传送结束后，UxCSR.TX_BYTE 位置 1。当 UxDBUF 寄存器准备接收新的发送数据时，将产生一个中断请求。该中断在开始传送后就立即发生；因此，当字节正在发送时，新的字节能够装入数据缓存器。

② UART 接收。当 UxCSR.RE 位置 1 时，UART 启动接收数据。然后 UART 搜索 RXDx 输入脚的有效起始位，并设置 UxCSR.ACTIVE 为高位。当检测到一个有效起始位，接收到的字节被转移到接收寄存器。当接收完毕时，UxCSR.RX_BYTE 位置 1 并产生一个接收中断请求。与此同时，UxCSR.ACTIVE 变低位。

UxDBUF 寄存器里接收到的数据是有效的，当 UxDBUF 数据被读取后，硬件将清除 UxCSR.RX_BYTE 位。

注意：当应用读取 UxDBUF 时，它不会马上清除 UxCSR.RX_BYTE 位，这是非常重要的。清除 UxCSR.RX_BYTE 位会使 UART 认为 UART RX 转移寄存器是空的，甚至认为它可能正在等待数据（通常由于连续传输）。

③ UART 硬件流控制。当 UxUCR.FLOW 位设 1 后，硬件流控制功能被启用。当接收寄存器是空的并接收使能后，RTS 输出器设低电平。在 CTS 输入脚变低电平之前，不会发生字节传输。

④ UART 特征格式。如果寄存器 UxUCR 中的 BIT9 和 PARITY 都被设置为 1，那么奇偶校验产生而且检测使能。奇偶校验计算出来，作为第 9 位来传送。在接收期间，奇偶校验位计算出来而且与收到的第 9 位进行比较。如果奇偶校验出错，则 UxCSR.ERR 位置 1。当 UxCSR 读取时，UxCSR.ERR 位清 0。

被传送的停止位数量可设为 1 位或 2 位，由寄存器 UxUCR.SPB 来设置。接收器总是检查 1 个停止位。如果接收到的第 1 个停止位不是期望的停止位电平，通过设置 UxCSR.FE 为高电平来标记出现帧错误。当 UxCSR 被读取后，UxCSR.FE 被清除。当 UxUCR.SPB 被设置后，接收器将检查 2 位停止位。

注意，当第 1 个停止位被检查为 OK 时，接收中断被设置。如果第 2 位不是 OK，将有一个设置帧出错位（UxCSR.FE）的延迟，这个延迟取决于波特率。

（3）USART 寄存器

每一个 USART 都有 5 个寄存器，具体如下所示。

① UxCSR：USART 0/1 控制和状态器。

② UxUCR：USART 0/1 UART 控制器。

③ UxGCR：USART 0/1 一般控制器。

④ UxDBUF：USART 0/1 收发数据缓存器。

⑤ UxBAUD：USART 0/1 波特率控制器。

USART 寄存器的具体参数见表 2-18～表 2-22。

表 2-18 U0CSR/U1CSR：控制和状态器

端口	Bit 位	名称	初始化	读/写	描　　述
U0CSR\ U1CSR	7	MODE	0	R/W	USART 模式选择 0：SPI 模式 1：UART 模式
	6	RE	0	R/W	UART 接收使能，注意在接收器全配置之前不能够使能 0：接收禁止 1：接收使能
	5	SLAVE	0	R/W	SPI 主从模式选择 0：SPI 主要模式 1：SPI 次要模式
	4	PE	0	R/W0	UART 帧校验出错状态 0：没有检测到帧校验出错 1：接收到不正确停止位电平的字节
	3	ERR	0	R/W0	UART 奇偶校验出错状态 0：没有检测到奇偶校验出错 1：接收到奇偶校验出错的字节
	2	RX_BYTE	0	R/W0	接收字节状态，UART 模式和 SPI 从模式 当读取 U0DBUF/U1DBUF 时，该位自动被清除。 当写入 0 清除时，将丢弃 U0DBUF/U1DBUF 中的数据。 0：字节没有接收到 1：收到的字节已准备好
	1	TX_BYTE	0	R/W0	发送字节状态，UART 模式和 SPI 主模式 0：字节没有被发送 1：写入数据缓存寄存器的最后字节被发送
	0	ACTIVE	0	R	USART 收发器活动状态。在 SPI 从模式中，此位等同于从选择（slave select） 0：USART 空闲 1：USART 在收发模式忙

表 2-19 U0UCR/U1UCR：USART 0/1UART 控制器

端口	Bit 位	名称	初始化	读/写	描　　述
U0UCR/ U1UCR	7	FLUSH	0	R0/W1	刷新单元。当设置的时候，该事件会立即停止当前操作，并使此单元恢复到空闲状态
	6	FLOW	0	R/W	UART 硬件流使能。选用 RTS 和 CTS 引脚的硬件流 0：流控制禁止 1：流控制使能
	5	D9	0	R/W	UART 奇偶位。当 PARITY 使能后，D9 的值决定第 9 位发送的值；并在接收端，如果第 9 接收位不匹配接收到字节的奇偶校验位，则在 ERR 中报告出来 如 PARITY 已使能，则本位设置如下： 0：奇数校验 1：偶数校验
	4	BIT9	0	R/W	UART 9 位使能。设 1 使能校验位传输（作为第 9 位）。如果 PARITY 使能，第 9 位的内容在 D9 中给出 0：8 位传输 1：9 位传输

续表

端口	Bit 位	名称	初始化	读/写	描　述
U0UCR/ U1UCR	3	PARITY	0	R/W	UART 奇偶校验使能。除了设置本位用来计算校验为，还必须使能 9 位模式 0：奇偶校验禁止 1：奇偶校验使能
	2	SPB	0	R/W	UART 停止位个数。选择传送的停止位个数 0：1 个停止位 1：2 个停止位
	1	STOP	1	R/W	UART 停止位电平，必须和起始位电平不同 0：停止位低电平 1：停止位高电平
	0	START	0	R/W	UART 起始位电平。 0：起始位低电平 1：起始位高电平

表 2-20　U0GCR/U1GCR：USART 0/1 一般控制器

端口	Bit 位	名称	初始化	读/写	描　述
U0GCR/ U1GCR	7	CPOL	0	R/W	SPI 时钟极性 0：负时钟极性 1：正时钟极性
	6	CPHA	0	R/W	SPI 时钟相位 0：当 SCK 从倒置 CPOL 到 CPOL 时数据输出到 MOSI，当 SCK 从 CPOL 到倒置 CPOL 时数据输入抽样到 MISO 1：当 SCK 从 CPOL 到倒置 CPOL 时数据输出到 MOSI，当 SCK 从倒置 CPOL 到 CPOL 时数据输入抽样到 MISO
	5	ORDER	0	R/W	传送位顺序 0：LSB 先传送 1：MSB 先传送
	4:0	BAUD_E[4:0]	00000	R/W	波特率指数值。BAUD_E 和 BAUD_M 决定了 UART 波特率和 SPI 的主 SCK 时钟频率.

表 2-21　U0DBUF/U1DBUF：USART 0/1 收发数据缓存器

端口	Bit 位	名称	初始化	读/写	描　述
U0DBUF/ U1DBUF	7:0	DATA[7:0]	0X00	R/W	USART 接收到的和要发送的数据 当写该寄存器的时候，数据写到内部发送数据寄存器。当读该数据寄存器的时候，数据来自内部读取数据寄存器

表 2-22　U0BAUD/U1BAUD：USART 0/1 波特率控制器

端口	Bit 位	名称	初始化	读/写	描　述
U0BAUD/ U1BAUD	7:0	BAUD_M[7:0]	0X00	R/W	波特率小数部分的值。BAUD_E 和 BAUD_M 决定了 UART 的波特率和 SPI 的主 SCK 时钟频率

2.2.2　开发软件

1）安装 IAR751A

安装 IAR751A 所需的源文件在资料的软件工具 IAR751 下。该文件夹下有个压缩文件

IAR751，将其解压，进入如图 2-8 所示的安装界面。

图 2-8　IAR 安装（1）

单击最上面一行的 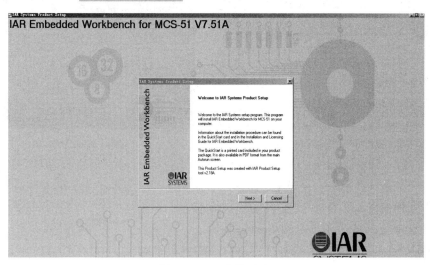，进入如图 2-9 所示的界面。

图 2-9　IAR 安装（2）

单击 Next 按钮，进入如图 2-10 所示的界面。

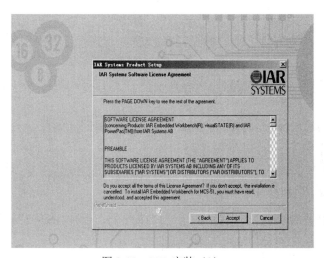

图 2-10　IAR 安装（3）

单击 Accept 按钮，进入如图 2-11 所示的界面。

License 文本框中是空白的。进入和 CD-EW8051-751A 在同一目录下的 IAR750keygen 文件夹，双击里面的 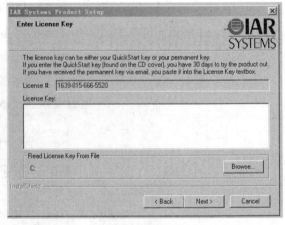 文件，出现如图 2-12 所示的界面。

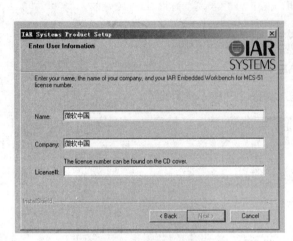

图 2-11　IAR 安装（4）

图 2-12　授权（1）

第一行的选择如图 2-12 所示。

然后单击下第二行最右边的 按钮，在下面的两行里会生成相应的文件，请将第三行的 4 位数字复制到如图 2-11 所示的 License 文本框中。

然后单击如图 2-13 所示界面的 Next 按钮。

进入如图 2-14 所示的界面。

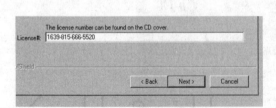

图 2-13　授权（2）

图 2-14　授权（3）

然后再把解密程序中的最后一行里的内容（图 2-15、图 2-16）复制到如图 2-17 所示的 License Key 文本框中。

图 2-15 授权（4）

图 2-16 授权（5）

然后单击如图 2-18 所示界面中的 Next 按钮。

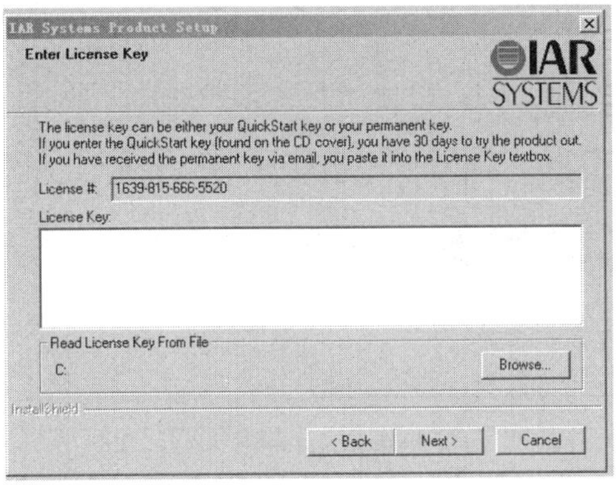

图 2-17 授权（6）

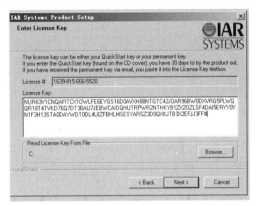

图 2-18 授权（7）

单击如图 2-19 所示界面中的 Next 按钮。
单击如图 2-20 所示界面中的 Next 按钮。

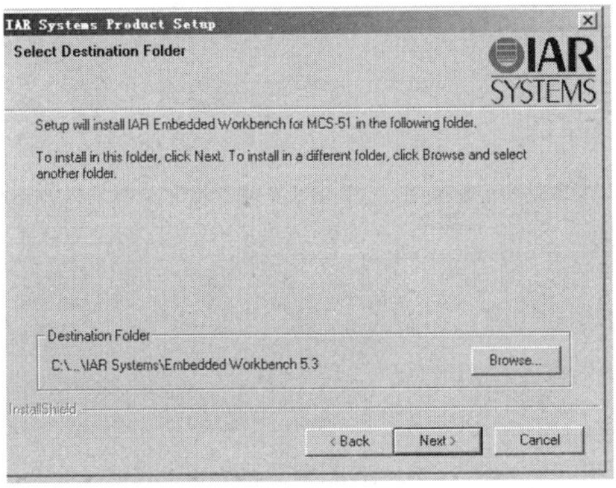

图 2-19 安装 IAR（1）

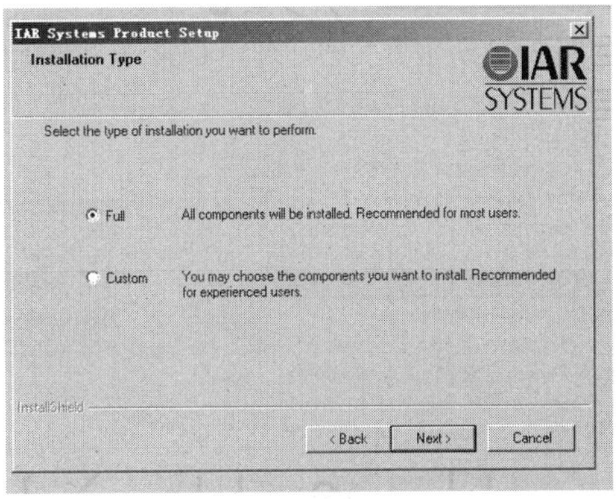

图 2-20 安装 IAR（2）

单击如图 2-21 所示界面中的 Next 按钮。

单击如图 2-22 所示界面中的 Next 按钮。

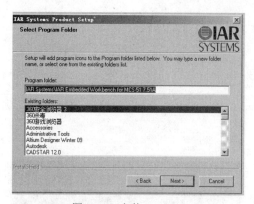 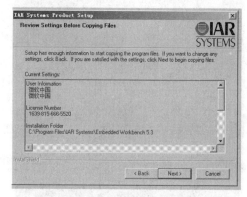

图 2-21　安装 IAR（3）　　　　　　　　图 2-22　安装 IAR（4）

安装进程如图 2-23 所示。

在如图 2-24 所示的界面中，单击 Finish 按钮完成安装。

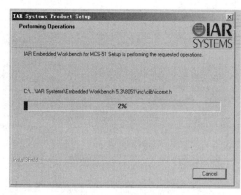 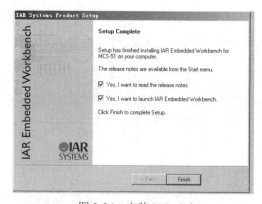

图 2-23　安装 IAR（5）　　　　　　　　图 2-24　安装 IAR（6）

进行到这里，可以直接进入"官方协议栈实验"文件夹进行协议实验，也可进入基础实验文件夹的各个文件夹内做基础实验。

2）IAR751A 建立 2530 工程

（1）打开 IAR751

如图 2-25 所示界面中，选择 IAR Embedded Workbench Example 项进入如图 2-26 所示的界面。

 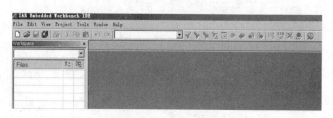

图 2-25　打开 IAR　　　　　　　　图 2-26　IAR 主界面

然后在图 2-27 目录中选择 Project 项，在下拉菜单中选择 Create New Project。

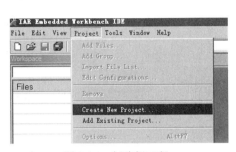

图 2-27　创建新工程

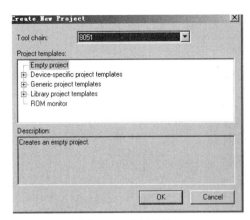

图 2-28　选择芯片

在如图 2-28 所示的界面中，单击 Tool chain 进行芯片选择。芯片选择完毕后单击 OK 按钮。

在如图 2-29 所示的界面中设置文件名命名为 LED1。

然后单击"保存"按钮。此时出现如图 2-30 所示的界面。光标移至 LED1-Debug 栏，右击。

图 2-29　保存工程

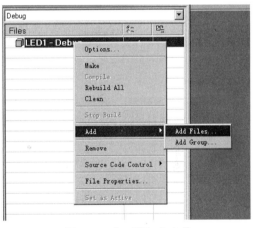

图 2-30　向工程加入文件

在图 2-30 中，选 Add Files。

在如图 2-31 所示的界面中选择 LED1.c 文件。

单击图 2-32 中的 Save All 按钮。

图 2-31　选择加入的文件

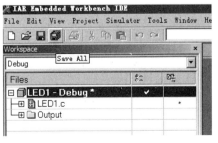

图 2-32　保存文件

保存文件，文件名为 LED1，如图 2-33 所示。

（2）Options 设置

文件名设置并保存好，需要对 Options 参数进行设置。设置选项如图 2-34 和图 2-35 所示。

图 2-33　文件名设置与保存示意图

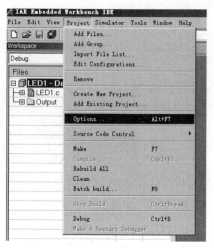

图 2-34　Options 设置示意图

如图 2-35 所示，工程选项页面中有很多必要的参数需要设置。下面针对 CC2530 一起来配置这些参数。

在图 2-35 中的 ▢ 部分，单击右边有两个点的按钮，进入如图 2-36 所示的界面。

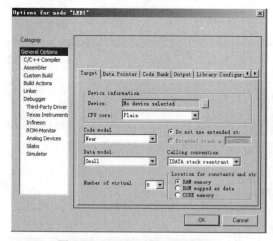

图 2-35　Options 设置选项图示

图 2-36　厂家选择

选择其中的 CC2530.i51，如图 2-37 所示。

在图 2-37 中，打开 Texas Instruuments 文件夹。进入如图 2-38 所示的界面。

在图 2-38 中选择 CC2530.i51。

（3）General Options 设置

如图 2-39 所示，在 General Options 的 Target 标签中，Data model 选择为 Large。在 Derivative 选择需要的芯片，如 CC2530。

图 2-37　TI 厂家选择　　　　　　　　图 2-38　芯片选择

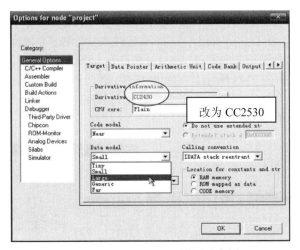

图 2-39　General Options 设置示意图 1

如图 2-40 所示，在 General Options 的 Target 标签中，Calling cinvention 选择为 XDATA。在 General Options 的 Stack/Heap 中的堆栈大小做适当修改，如图 2-41 所示。

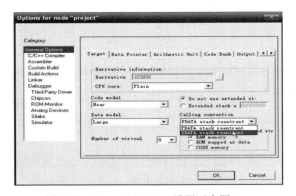
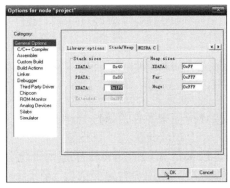

图 2-40　General Options 设置示意图 2　　　　图 2-41　堆栈修改示意图

（4）C/C++Compiler 设置

在 C/C++Compiler->Preprocessor 选项中有两个很重要的选项，即 Include paths 和 Defined symbols。Include paths 表示在工程中包含文件的路径，Defined symbols 表示在工程中的宏定义，如图 2-42 所示。

① 在定义包含文件路径的文本框中，定义包含文件的路径有两种很重要的语法。

a. $TOOLKIT_DIR$，这个语法表示包含文件的路径在 IAR 安装路径的 8051 文件夹下，也就是说如果 IAR 安装在 C 盘中，则表示 C:\Program Files\IAR Systems\Embedded Workbench 4.05 Evaluation version\8051 这个路径。

b. $PROJ_DIR$，这个语法表示包含文件的路径在工程文件中，也就是和 eww 文件和 ewp 文件相同的目录。刚此建 立 的 project 项目中，如果使用了这个语言，那么就表示现在这个文件指向了 C:\Documents and Settings\Administrator\桌面\project 这个文件夹。 这两个语言配合使用的还有两个很重要的符号，即 "\.." 和 "\文件夹名"。 \..表示返回上一级文件夹 "\文件夹名" 表示进入名为 "文件夹名" 的文件夹。下面具体看两个例子。

$TOOLKIT_DIR$\inc\：这句话的意思是包含文件指 C:\Program Files\IARSystems\Embedded Workbench 4.05 Evaluation version\8051\inc。

$PROJ_DIR$\..\Source：这句话的意思是包含文件指向工程目录的上一级目录中的 Source 文件夹。

例如：假设的工程放在 D:\project\IAR 中，那么$PROJ_DIR$\..就将路径指向了 D:\project，再执行\Source，就表示将路径指向了 D:\project\Source。继续回到的工程，用前面介绍的方法设定一些必要的路径。如图 2-43 所示，在图 2-43 中，有一个包含在工程中的 include 文件夹，这个文件夹需要在工程文件中创建，里面放置的是工程的 h 文件，inc 中存放了 CC2530 的 h 文件 clib 中有很多常用的 H 文件。

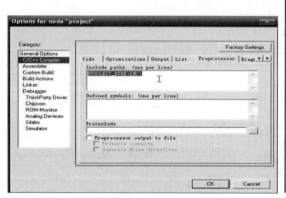

图 2-42　C/C++Compiler 设置示意图

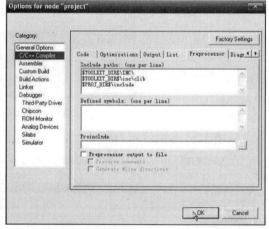

图 2-43　C/C++Compiler 中 Preprocessor 设置示意图

② 在宏定义文件的文本框中，是用于用户自定义的一些宏定义，其功能和#define 相似，在具体应用中多作为条件编译使用，在后面的应用中，会根据具体的使用给出使用方法。

（5）Linker 配置项目设置

Linker->Extra Options 中是用于包含一些必要的外部选项的，这里定义了各个设备的特殊功能选项，是用户自定义选项。在后面的应用中，会根据具体的使用给出使用方法。

在 Linker->Config 中 linker command file 选择 lnk51 配置文件，设置配置项目结果如图 2-44 所示。

Linker 的 output 设置如图 2-45 所示。

Linker 的 Config 设置如图 2-46 所示。

图 2-44　Linker->Config 设置示意图

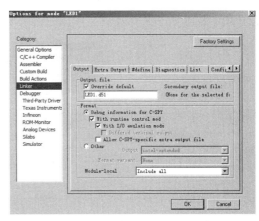

图 2-45　Linker 的 output 设置示意图

（6）Debugger 设置

Debugger 的 Setup 设置如图 2-47 所示。在 Setup 标签的 Driver 中选择 Texas Instruments。

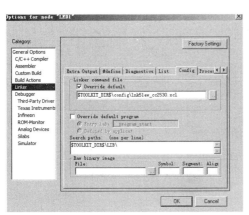

图 2-46　Linker 的 Config 设置示意图

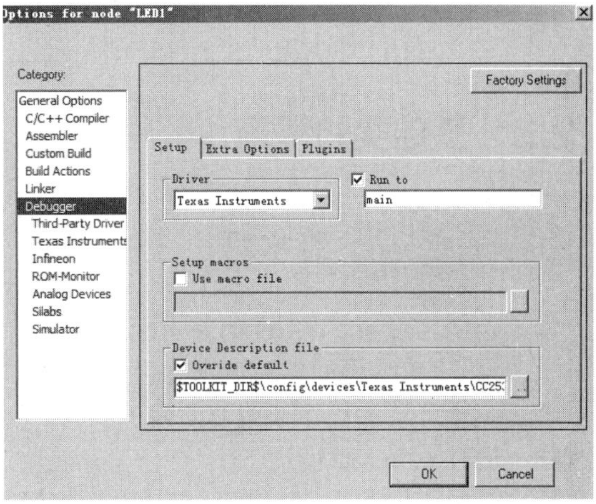

图 2-47　Debugger 的 Setup 设置示意图

设置后，就可以对模块进行 debug（调试）了，前提是要把模块通过仿真器连接到计算机上。

图 2-48　仿真界面的按钮说明

如图 2-48 所示是仿真界面的按钮的说明。如图 2-49 所示是模块调试（debug）示意图。

图 2-49　模块调试（debug）示意图

2.2.3　基础实验程序

1）实验一　流水灯

学习目的：了解芯片 IO 的基本配置方法以及相关应用。

学习过 51 单片机的人对流水灯肯定不陌生，学习 ZigBee 也不例外，通过点亮 LED 能让初学者对编译环境和程序架构有一定的认识，为以后的学习以及编制更大型的程序打下基础。

例：循环点亮 LED 灯

描述：4 只 LED 灯循环点亮，其电路图如图 2-50 所示。

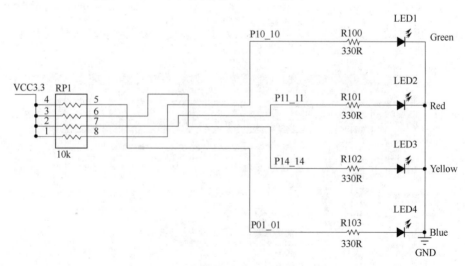

图 2-50　LED 灯电路图

其中 P10_10 P11_11 P14_14 P01_01 分别接 P1_0 P1_1 P1_4 和 P0_1 引脚。

实验中需要的相关寄存器有 P0SEL，P0INP，P0，P0DIR，P1，P1DIR，见表 2-23。

表 2-23　相关寄存器

P0SEL(0XF3)	P0 [7:0]功能设置寄存器，默认设置为普通I/O 口
P0INP(0X8F)	P0[7: 0]作输入口时的电路模式寄存器
P0(0X80)	P0[7: 0]位寻址 I/O 寄存器
P0DIR(0XFD)	P0 口输入输出设置寄存器，0：输入，1：输出
P1(0x90)	可位寻址的 IO 寄存器
P1DIR(0xFE)	P1 端口输入输出方向设置寄存器

按照表寄存器内容，对 P0_1　P1_0　P1_1　P1_4 进行了设置，配合延时函数，这四个灯将会依次点亮。

由于 CC2530 寄存器初始化时默认为

```
P0SEL =0x00;
P0DIR |= 0xff;
P0INP =0x00;
```

所以 IO 口初始化可以简化初始化指令 P0DIR |= 0x02;　//P0_1 定义为输出

💻 程序源代码

```
#incluede "ioCC2530.h"          //声明该文件中用到的头文件

void delay(void)    //延时
{
  unsigned int i;
  for (i=0;i<500;i++);
}
void main(void)
{
  P0DIR |=0x02;    //设置 P0_1 为输出
  P1DIR |= 0x13;    //设置 P1_0, P1_1, P1_4 为输出
  P1_0=0;          //LED 灯熄灭
  P1_1=0;
  P1_4=0;
  P0_1=0;

  while(1)
  {
    P1_0=0;          //LED 灯熄灭
    delay( );
    P1_1=0;
    delay( );
    P1_4=0;
    delay( );
    P0_1=0;
    delay( );
```

```
    P1_0=0;              //点亮 LED 灯
    delay( );
    P1_1=0;
    delay( );
    P1_4=0;
    delay( );
    P0_1=0;
    delay( );
  }
}
```

实验效果：4 个 LED 依次亮起，依次熄灭。

 硬件与软件分析

（1）硬件分析

LED 负端接到地、正端通过限流电阻（330Ω）到单片机的 IO 口 P1 和 P0 端，而单片机的端口分别接上拉电阻 10K 到电源 3.3V。P1_0、P1_1、P1_4、P0_1 是处理器 IO 口，作为输出用，当 IO 口的输出为 0 时由于没有电压差，所以 LED 没有电流流过，不发光。当输出为 1 时，二极管和限流电阻有 3.3V 电压，那么电流流过LED，LED 发光。

（2）软件分析

程序从 Main()函数开始执行，并调用了延时函数 delay()。

在 main()函数中。

`P1DIR|= 0x13;`

0x13 是 B0001 0011，对应的是第 0 位和第 1 位，以及第 4 位为 1，而 P1DIR |= 0x13; 即 P1DIR =P1DIR|0x13；该条语句执行完成后，P1DIR 的第 0 1 4 位变成了 1，而其他位没有变化，这就是常见的写 1 操作。该操作不改变其他位的值，因为任何数执行与"0"或逻辑都是它本身。

`P1_0= 1;`

就是 P1_0 写 1，那么，IO 口就会输出 3.3V，相同，如果 P1_0=0; P1_0 就写了 0，那么程序执行这条语句后会输出 0V，这时根据对电路图的分析可知，LED 要发光了。

同样，P0_1。

delay()函数无输入参数（void）。

`for(i = 0;  i<500;  i++);`

由于 i 是定义的无符号整性类型，其取值范围可以从 0 开始，一直到 65536。本程序让 i 从 0 开始一直加到 499，然后结束，起到延时的作用，这样让LED 的亮灭有个间隙，才能够分辨出 LED 的状态是改变了的。

 **2）实验二** **按键**

实验目的：学会按键应用

经过上述点亮 LED 实验后，对 CC2530 的编程以及 IAR 的编译方法有了一定的了解。下面讲解 ZigBee 模块中的按键实验。按键是实现人机交互必不可少的东西，实验就用按键来实现控制 LED。

例 ： 按键

描述： 依次按下按键 S1 控制 LED1 的亮和灭按键接线，如图 2-51 所示。

其中 P05_05 接 P0_5 引脚。

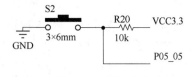

图 2-51 按键电路

实验中所用到的相关寄存器 P1，P1DIR，P0SEL，P0INP，P0，P0DIR。已在表 2-23 中进行了说明。

按照表 2-23 的内容，对 LED1 和按键 S2，也就是 P1_0 和 P0_5 口进行配置，当 P1_0 输出高电平时 LED1 被点亮，S1 按下时 P0_5 被拉低，所以 IO 口初始化指令为

```
//LED1
P1DIR |= 0x01; //P1_0 定义为输出
//Key2
P0DIR &= ～0X20; //按键在 P0_5 口，设置为输入模式
```

 程序源代码

```
#incluede "ioCC2530.h"          //声明该文件中用到的头文件

void delay(void)
{
  unsigned int i;
  for (i=0;i<100;i++);
}
void main(void)
{
  P1DIR |=0x01;    //设置 P1_0 为输出
  P0DIR &= ～0x20;   //设置 P0_5 为输入

  while(1)
  {
    if (P0_5==0)      //判断 S2 是否被按下
    {
      delay();        //消抖
      if (P0_5==0)   //再次判断
        {
          P1_0 = ～P1_0;   //S2 被按下，LED1 状态发生改变
        }
    }
  }
}
```

实验效果： 每按一次 S2，LED1 的状态都会发生改变。

硬件与软件分析

（1）硬件分析

当 S2 没有按下时，P0_5 这个点的电压应该是 3.3V，因为它通过 R20 接到了电源 3.3V，当 S2 被按下后，R20 的左端电压变成了 0V，那么 P0_5 这个点的电压就变成了 0V 了，这样

按键与不按键就可以让P0_5得到2个不同的电平，然后让处理器检测这个端口就可以实现按键的功能了。

（2）软件分析

程序从 Main()函数开始执行，调用了延时函数 delay()。delay()函数在前面的实验一中已讲解过。

Main()函数中初始化了按键和 LED。

P1DIR |=0x01;　　即 B0000 0001，将位 0 置 1，设置 P1.0 为输出。

P0DIR &= ~0x20；即 B 1101 1111，将位 5 置 0，设置 P0.5 为输入。

然后，就进入了死循环，不断地检测 P0.5 引脚。如果有按键被按下，那么 if 语句为真，就会进入操作。延时消抖，再判 P0.5 是否为低，若仍为低，让 P1.0 的电平翻转一次，假如以前是低电平，那么就改为输出 3.3V，这样以前亮的 LED 会灭掉，灭的 LED 执行这条语句后会亮起来。

3）实验三　中断应用

实验目的：初步学会使用外部中断。

中断在 51 单片机里的应用是非常广泛的，因为例如用中断方式来代替传统的扫描方式，能节省 CPU 资源，也就是具有良好的实时性，本例将讲述 CC2530 的中断应用。

例：外部中断。

描述：按键 S1 外部中断方式改变 LED1 状态。

本例使用的原理图和实验二使用的没有区别，只不过这次按键是采用中断的方式来控制LED 状态的变化。

实验中需要的相关寄存器有 P1，P1DIR，P0IEN，PICTL，P0IFG，IEN1，见表 2-24。

表 2-24　P0 口中断寄存器

P0IEN(0XAB)	P0[7:0]中断掩码寄存器. 0:关中断 1：开中断
PICTL(0X8C)	P0 口的中断触发控制寄存器 Bit0 为 P0[0:7]的中断触发配置：　0：上升沿触发 1：下降沿触发
P0IFG(0X89)	P0[7:0]中断标志位，在中断发生时，相应位置 1
IEN1(0XB8)	Bit5 为 P0[7:0]中断使能位 0:关中断，1：开中断

对于 LED 的初始化不再讲述，这里着重讲述按键中断方式的初始化。

```
P0IEN |= 0X20;   //P0_5 设置为中断方式
PICTL |= 0X20;   // 下降沿触发
IEN1 |= 0X20;    // 允许 P0 口中断；
P0IFG = 0x00;    // 初始化中断标志位
EA = 1;
```

接下来看，当中断发生所执行的处理函数：

```
#pragma vector = P0INT_VECTOR   //格式：#pragma vector = 中断向量
__interrupt void P0_ISR(void)
```

```
{
delay(); //去除抖动
P0_5 = ~P0_5; //改变 LED1 状态
P0IFG = 0;   //清中断标志
P0IF = 0;    //清中断标志
}
```
最重要的两个部分在上面已讲述过，下面是完整的程序。

程序源代码

```
#include "ioCC2530.h"     // 声明该文件中用到的头文件

void delay(void)
{
   unsigned int i;
   for  (i=0;i<100;i++);
}
#pagama vector = POINT_VECTOR    // 格式：#prgama vector =中断向量
__interrupt void P0_ISR(void)
{
  delay();               //去除抖动
  P1_0 =  ~P1_0;          //改变 LED 的状态
  P0IFG = 0;             //清中断标志
  P0IF = 0;              //清中断标志
}


void main ( void )
{
   P1DIR |=0x01;     //设置 P1_0 为输出

   P0IEN |=0x20;          //P0_5 设置为中断方式
   PICTL |=0x20;          //下降沿触发
   IEN1 |=0x20;           //允许 P0 口中断
   P0IFG = 0x00;          //初始化中断标志位
   EA = 1;

   while (1)
   {;
   }
}
```
实验效果：每按一次 S2，LED1 的状态都会发生改变（本次采用的是外部中断方式）。

硬件与软件分析

（1）硬件分析

硬件部分用到了按键 S2 和 LED1 指示灯 。S2 对应的处理器 IO 口 P0_5，LED1 指示灯对应的 IO 口是 P1_0。

（2）程序分析

程序从 Main () 函数开始执行，调用了延时函数 delay()。delay() 函数在前面的实验一中已讲解。

P0_ISR 中断函数

```
#pra gma vector = POINT_VECTOR  //格式：#pra gma vector =   中断向量，紧接着是中断
处理程序
___interrupt void P0_ISR(voi d)
{
delay();
```

去除抖动，单片机中用的按键通常是普通的按键开关，这种按键开关多为弹簧铁片。当按下某个按键后，由于可能存在的氧化、杂物、人体颤抖等使电路产生振荡，即按下某个键后，不是一个电平变化，而是产生一系列断开闭合的方法。单片机的处理速度是微秒级的，因此会把这个变化当作若干个信号输入并上电容对它有改善作用，但是，加了电容后，这个口就不能作为高速输出的普通 I/O 口了，因为高速变化的信号会通过电容到 VCC，就等于没有信号了。

```
P1_0 =  ~P1_0;
```
改变 LED1 状态，实现 LED 亮灭的变化。
```
P0IFG = 0;
```
清中断标志
```
P0IF = 0;
```
清中断标志
```
}
```
Main() 函数

在初始化
```
P1DIR |=0x01;
```
设置 P1_0 为输出
```
P0IEN |=0x20;
```
P0_5 设置为中断方式
```
PICTL |= 0X20;
```
设置中断发生方式，这里设置下降沿触发
```
IEN1 |= 0X20;
```
允许P0 口中断；
```
P0IFG = 0x00;
```
初始化中断标志位，刚开始是没有中断发生
```
EA = 1;
```
开启总中断

完成后，程序就进入了死循环了，唯一进行的操作就是中断处理函数了。

4）实验四 定时器 1_1（查询方式）

实验目的：初步学会使用定时器 T1

CC2530 的 Timer1 是一个独立的 16 位定时/计数器，支持 5 条独立捕获/比较通道，每个通道独立使用一个通用 I/O 口。可用于输入捕获、输出比较和 PWM 功能。

例：定时器控制 LED 闪烁。

描述：通过定时器 T1 查询方式控制 LED1 周期性闪烁。

实验中需要的相关寄存器有 P1、P1DIR、P1SEL、T1CTL、T1STAT、IRCON 等部分寄存器，见表 2-25 部分寄存器。

表 2-25 定时器相关寄存器

型 号	说 明
T1CTL(0XE4)	Timer1 控制寄存器：
	Bit3:Bit2: 定时器时钟分频倍数选择
	00:: 不分频 01:8 分频 10:32 分频 11:128 分频
	Bit1:Bit0:定时器模式选择
	00：暂停
	01：自动重装
	10：比较计数 0x0000-T1CC0
	11：PWM 方式
T1STAT(0XAF)	Timer1 状态寄存器：
	Bit5:OVFIF 定时器溢出中断标志，在计数器达到计数终值时置位 1.
	Bit4:定时器 1 通道4 中断标志位
	Bit3:定时器 1 通道3 中断标志位
	Bit2:定时器 1 通道2 中断标志位
	Bit1:定时器 1 通道1 中断标志位
	Bit0:定时器 1 通道0 中断标志位
IRCON(0XC0)	中断标志位寄存器

按照表 2-25 中的寄存器内容，对 LED1 和定时器 1 寄存器进行配置。通过定时器 T1 查询方式控制 LED1 以 1S 的周期闪烁。具体配置如下所示。

T1CTL = 0x0d; //128 分频，自动重装 0X0000-0XFFFF

T1STAT = 0x21; //通道 0，中断有效

注意：系统在配置工作频率时默认为 2 分频，即 32M/2=16M，所以定时器每次溢出时，T=1/(16M/128) × 65536=0.5s，所以总时间 Ta=T × count=0.5 × 2=1s。

程序源代码

定时器（查询方式）：

```
    #include <ioCC2530.h>
void delay(void)
{
unsigned int i;
for  (i=0;i<100;i++);
}


void main(void)
{
    unsigned char count;
    P1DIR |= 0x01;              //P1_0 定义为输出
```

```
            LED1 = 1;                    //LED1 灯初始化熄灭
            T1CTL = 0x0d;                //128 分频，自动重装 0X0000-0XFFFF
            T1STAT= 0x21;                //通道 0，中断有效
        while(1)
        {
            if(IRCON>0)      //系统计数器到
                { IRCON=0;               //计数器清 0
                    if(++count>=1)       //约 0.5s 改变一次，1s 周期性闪烁
                {
                count=0; //计数器清 0
                P1_0 = !P1_0;            //LED1 闪烁
                }
                }
            }
        }
```

实验效果：LED1 每秒改变一次状态。

 硬件与软件分析

（1）硬件分析

根据要求只用到了 LED1 指示灯，对应的 IO 口是 P1_0。

（2）软件分析

程序从 main()函数开始执行。初始化定时器，初始化 LED 指示灯控制。

然后系统查询定时计数器是否到 1，每一次进行一下操作。

main()函数

`P1DIR |= 0x01;`

P1_0 定义为输出，没有设置 P1SEL，那么默认P1 都是 IO 口。

`LED1 = 1;`

初始化状态时，让LED1 灯熄灭。

`T1CTL = 0x0d;`

系统不配置工作时钟时默认是 2 分频，即 16MHz。

0X0D 则 BIT3 BIT2 均为 1，即设置 128 分频，自动重装 0X0000-0XFFFF。

`T1STAT= 0x21;`

通道 0，中断有效 T=1/(16000000/128)*65535=0.5s。

初始化后，系统进入无限循环，查询系统计数器到(IRCON>0)，清除计数器标记，取反 LED 灯状态。

/通道0，中断有效 T=1/(16000000/128)*65535=0.5s

系统不配置工作时钟时默认是 2 分频，即 16MHz,设置 128 分频，自动重装 0X0000-0XFFFF。

`T1STAT= 0x21;`

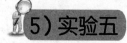 **实验五 定时器 Timer3（中断方式）**

实验目的：初步了解定时器 Timer3 中断

CC2530 的 Timer3 和 Timer4 都是独立的 8 位定时/计数器，分别支持 2 条独立捕获/ 比较

通道，每个通道独立使用一个通用 I/O 口。

例：定时器 Timer3 中断方式周期性控制 LED1。

描述：利用定时器 Timer3 中断方式控制 LED1 的状态每秒发生改变。

实验中需要的相关寄存器有 P1、P1DIR、P1SEL、T3CTL、T3CCTL0、T3CC0、T3CCTL1、T3CC1 等，部分寄存器见表 2-26。

表 2-26　定时器 3 相关寄存器

型　号	说　明
T3CTL(0XCB)	Timer3 控制寄存器
	Bit7:Bit5:定时器时钟分频倍数选择： 000：0 分频 001：2 分频 010：4 分频 011：8 分频 100：16 分频 101：32 分频 110：64 分频 111：128 分频
	Bit4:T3 起止控制位
	Bit3:溢出中断掩码 0：关溢出中断 1：开溢出中断
	Bit2:清计数值高电平有效
	Bit1:Bit0:T3 模式选择 00：自动重装 0X00-0XFF 01：DOWN(从 T3CC0 到 0X00 计数一次)
T3CCTL0(0XCC)	Timer3 通道0 捕获/比较控制寄存器：
	Bit6：T3 通道0 中断掩码 0：关中断 1：开中断 Bit5:Bit3：T3 通道0 比较输出模式选择， Bit2：T3 通道0 模式选择：0：捕获1：比较
	Bit1:Bit0:T3 通道0 捕获模式选择 00 没有捕获　01 上升沿捕获 10 下降沿捕获　11 边沿捕获
T3CC0(0XCD)	Timer3 通道0 捕获/比较值寄存器
T3CCTL1(0XCE)	Timer3 通道1 捕获/比较控制寄存器：
	Bit6：T3 通道1 中断掩码 0：关中断 1：开中断
	Bit5:Bit3：T3 通道1 比较输出模式选择
	Bit2：T3 通道1 模式选择：0：捕获1：比较
	Bit1:Bit0：T3 通道1 捕获模式选择 00 没有捕获　01 上升沿捕获 10 下降沿捕获　11 边沿捕获
T3CC1(0XCF)	Timer3 通道1 捕获/比较值寄存器

按照表 2-26 中的寄存器内容，对 LED1 和定时器 3 寄存器进行配置。通过定时器 T3 中断方式控制 LED1 以 1S 的周期闪烁。具体配置如下所示。

```
T3CTL |= 0x08 ; //开溢出中断
T3IE = 1; //开总中断和 T3 中断
T3CTL |=0XE0; //128 分频,128/16000000*N=0.5S,N=65200
T3CTL &= ～0X03; //自动重装 00—>0xff 65200/256=254(次)
T3CTL |=0X10; //启动
EA = 1; //开总中断
```

💻 **程序源代码**

```
#include "ioCC2530.h"        //声明该文件中用到的头文件

unsigned char count;
#pragma vector = T3_VECTOR       //定时器T3
__interrupt void T3_ISR(void)
{
    IRCON = 0x00;              //清中断标志，也可由硬件自动完成
    if (++count>254)            //254次中断后LED取反，闪烁一轮（约为0.5s）
    {
        count = 0;
        P1_0 = ~P1_0;
    }
}
void main/(void)
{
    P1DIR  |=0x01;            //设置P1_0为输出

    T3CTL  |=0x08;            //开溢出中断
    T3IE = 1;                //开总中断和T3中断
    T3CTL |=0XE0;            //128分频，128/16000000*N=0.5S，N=65200
    T3CTL &= ~0X03;          //自动重装00-->0xff  65200/256=254(次)
    T3CTL |=0X10;            //启动
    EA =1;                   //开总中断

    while(1)
    {;
    }
}
```

实验现象：LED1每秒改变一次状态。

 硬件与软件分析

（1）硬件分析

硬件部分用到了LED1指示灯，对应的IO口为P1_0。

（2）软件分析

程序从main()函数开始执行。初始化定时器，初始化LED指示灯控制。

然后系统自动响应定时器中断，完成LED灯闪烁。

main()函数

在函数中使用了寄存器

T3CTL（Timer3控制寄存器）

Bit 7:5 DIV[2:0] 定时器时钟再分频数（对CLKCON.TICKSPD分频后再次分频）

000   不再分频

001   2分频

010   4分频

011   8分频

100　16　分频
101　32　分频
110　64　分频
111　128　分频
Bit4　START T　3　启停位
0　暂停计数,1　正常运行
Bit 3 OVFIM　溢出中断掩码
0　关溢出中断,1　开溢出中断
Bi t2 CLR　清计数值,写 1　使 T3CNT=0x00
Bit 1:0 MODE[1:0] Timer3　模式选择
00　自动重装
01　DOWN　（从 T3CC0 到 0x00　计数一次）
10　模计数　（反复从 0x00 到 T3CC0　计数）
11　UP/DOWN（反复从 0x00　到 T3CC0　再到 0x00）

本程序将 Timer3 设置成 B 1111 1100，即 128 分频、启动、自动重装，同时清计数初值。开启 Timer3 中断，开启总中断。等待定时器 Timer3 中断。

```
void T3_ISR(void) 中断服务程序

 IRCON = 0x00;                    //清中断标志,也可由硬件自动完成
 IRCON 寄存器是
 if(++count>254)                  //254 次中断后 LED 取反,闪烁一轮（约为 0.5s）
{
count = 0;                        //计数清零
 P1_0 = ~P1_0;                    //闪烁反转
}
```

每 254 次中断翻转一次 LEDF 标志位。

6）实验六　串口通信

实验目的：初步学会使用串口。

无论学习哪款单片机，用串口对实验进行调试都是非常方便实用的，可以把程序中涉及的某些中间量或者其他程序状态信息打印出来显示在计算机上进行调试，许多单片机和计算机通信都是通过串口来进行的。

例：串口自动发送字符串

描述：在串口调试助手上可以看到不停地收到 CC2530 发过来的：HELLO WORLD。

波特率：115200bit/s。

实验中需要的相关寄存器有 P1、P1DIR、P1SEL、CLKCONCMD、CLKCONSTA、U0CSR、U0GCR、U0BAUD 等，部分寄存器见表 2-27。

表 2-27　串口相关寄存器

型　号	说　明
CLKCONCMD(0XC6)	时钟频率控制寄存器
	Bit7:32kHz 时钟源选择 0: 32kHz 晶体 1: 32kHz RC 振荡
	Bit6:系统主时钟源选择 0: 32MHz 晶振 1: 16MHzRC 振荡

型 号	说 明
CLKCONCMD(0XC6)	Bit5:Bit3 定时计数器时钟选择[2:0]001：16M010:8MHz 011:4MHz 100:2MHz 101:1MHz
	Bit2:Bit0 系统主时钟频率选择[2:0] 000:32MHz 001:16MHz 010:8MHz 011:4MHz 100: 2MHz 101: 1MHz 110:500kHz 111:250kHz
CLKCONSTA(0X9E)	UART0 状态和控制寄存器
	Bit7:串口模式选择： 0 为 UART，1 为 SPI
	Bit6:UART 接收使能：0 为关,1 为开
U0BAUD(0XC2)	UART0 波特率控制寄存器：
UTX0IF(0XEF)	UART0 TX 中断标志位

UART 波特率设定参数见表 2-28。

表 2-28 UART 波特率设定参数表

波特率/(bit/s)	小数值 UxBAUD.BAUD_M	指数值 UxGCR.BAUD_E	误差（%）
2400	59	6	0.14
4800	59	7	0.14
9600	59	8	0.14
14400	216	8	0.03
19200	59	9	0.14
28800	216	9	0.03
38400	59	10	0.14
57600	216	10	0.03
76800	59	11	0.14
115200	216	11	0.03
230400	216	12	0.03

串口的波特率设置可以从 CC2530 的 datasheet 中查得可由下式求得

$$波特率 = \frac{(256 + BAUD\_M) \times 2^{BAUD\_E}}{2^{28}} \times f$$

按照表 2-27 寄存器内容，与串口相关的寄存器进行配置。具体配置如下所示。

```
PERCFG = 0x00;           //位置1 P0 口
P0SEL = 0x0c;            //P0_2,P0_3 用作串口（外部设备功能）
P2DIR &= ~0XC0;          //P0 优先作为
UART0 U0CSR |= 0x80;     //设置为 UART 方式
U0GCR |= 11;
U0BAUD |= 216;           //波特率设为 115200
UTX0IF = 0;              //UART0 TX 中断标志初始置位 0
```

程序源代码

```c
#include <ioCC2530.h>
#include <string.h>

#define  uint  unsigned int
#define  uchar unsigned char

//定义 LED 的端口
#define LED1 P1_0
#define LED2 P1_1

//函数声明
void Delay_ms(uint);
void initUART(void);
void UartSend_String(char *Data,int len);

char Txdata[14];  //存放"HELLO WORLD    "共 14 个字符

/*************************************************************
    延时函数
*************************************************************/
void Delay_ms(uint n)
{
    uint i,j;
    for(i=0;i<n;i++)
    {
    for(j=0;j<1774;j++);
    }
}


void IO_Init()
{
    P1DIR = 0x01;                   //P1_0,P1_1 IO 方向输出
    LED1 = 1;
}


/*************************************************************
    串口初始化函数
*************************************************************/
void InitUART(void)
{
    PERCFG = 0x00;              //位置 1 P0 口
    P0SEL = 0x0c;              //P0_2 和 P0_3 用作串口（外部设备功能）
```

```
    P2DIR &= ~0XC0;                    //P0 优先作为 UART0

    U0CSR |= 0x80;           //设置为 UART 方式
    U0GCR |= 11;
    U0BAUD |= 216;           //波特率设为 115200
    UTX0IF = 0;                         //UART0 TX 中断标志初始置位 0
}
/***********************************************************
串口发送字符串函数
***********************************************************/
void UartSend_String(char *Data,int len)
{
  int j;
  for(j=0;j<len;j++)
  {
  U0DBUF = *Data++;
  while(UTX0IF == 0);
  UTX0IF = 0;
  }
}
/***********************************************************
主函数
***********************************************************/
void main(void)
{
    CLKCONCMD &= ~0x40;              //设置系统时钟源为 32MHz 晶振
    while(CLKCONSTA & 0x40);         //等待晶振稳定为 32MHz
    CLKCONCMD &= ~0x47;              //设置系统主时钟频率为 32MHz
    IO_Init();
    InitUART();
    strcpy(Txdata,"HELLO WORLD  ");      //将发送内容复制到 Txdata;
    while(1)
    {
        UartSend_String(Txdata,sizeof("HELLO WORLD  ")); //串口发送数据
        Delay_ms(500);                  //延时
        LED1=!LED1;                     //标志发送状态
    }
}
```

　　实验效果：CC2530 每 500ms 通过串口，不断向计算机发送字符串"HELLO WORD"。实验使用 UART0，波特率为 115200，串口软件采用 SSCOM3.2。注意界面相应设置，如图 2-52 所示。

图 2-52 串行通信界面设置

 硬件与软件分析

（1）硬件分析

该实验用到了串口模块，要实现 CC2530 与 PC 通信，可以使用各种连接方式。这里使用的是用 USB 转串口方式，使用到的芯片是 PL2303，芯片资料可以在网上查看到。如图 2-53 所示是 CC2530 的串口部分电路原理图。

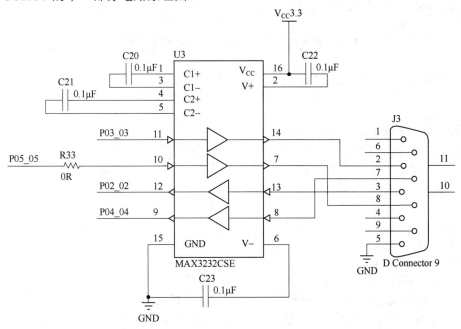

图 2-53 CC2530 的串口部分电路原理图

查看 CC2530 的数据手册可知，UART0 对应的外部设备 I/O 引脚关系为

```
P02_02---P0_2---RX
P03_03---P0_3---TX
```

UART1 对应的外部设备 I/O 引脚关系为

```
P05_05---P0_5---RX
P04_04---P0_4---TX
```

在 CC2530 中，USART0 和 USART1 是串行通信接口，能够分别运行于异步 USART 模式或者同步 SPI 模式中。两个 USART 的功能是一样的，可以通过设置在单独的 I/O 引脚上。

（1）USART 模式的操作具有下列特点。

① 8 位或者 9 位负载数据。

② 奇校验、偶校验或者无奇偶校验。

③ 配置起始位和停止位电平。

④ 配置 LSB 或者 MSB 首先传送。

⑤ 独立收发中断。

⑥ 独立收发 DMA 触发。

注意：在本次实验中，用到的是 UART0。

（2）软件分析

程序从 main()函数开始执行，在其中分别调用 I/O_Init()I/O 端口初始化、InitUART()初始化串口、UartSend_String()串口发送字符串、Delay_ms()延时函数。

Delay_ms 延时函数前面已经详细介绍过了。

① I/O_Init() I/O 端口初始化。

```
P1DIR = 0x01;
```

设置 P1_0，I/O 方向为输出，其他为输入。1 为输出，0 为输入。

```
    LED1 = 1;
```

将 LED1 关闭。

② InitUART 串口初始化函数。

```
PERCFG = 0x00;
```

位置 1 P0 口。PERCFG 寄存器是外设控制寄存器 0 位置 1；1 位置 2。

```
P0SEL = 0x0c;
```

功能选择寄存器（0：通用 I/O　1：外设功能）：

B 0000 1100 将 P0_2,P0_3 设为非普通 IO 口，用作串口（外部设备功能）。

```
P2DIR &= ~0XC0;
```

B 0011 1111 将 P0 优先作为 UART0。

BIT7：6 端口 0 外设优先级控制，当 PERCFG 分配给一些外设相同引脚时，这些位将确定优先级。优先级从前到后如下所示。

```
00: USART 0, USART 1, Timer 1
01: USART 1, USART 0, Timer 1
10: Timer 1 channels 0-1,
    U0CSR |= 0x80;
```

设置为 UART 方式。

U0CSR：USART0 控制与状态。

D7 为工作模式选择，0 为 SPI 模式，1 为 USART 模式。

D6 为 UART 接收器使能，0 为禁用接收器，1 为接收器使能。

D5 为 SPI 主/从模式选择，0 为 SPI 主模式，1 为 SPI 从模式。

D4 为帧错误检测状态，0 为无错误,1 为出现出错。

D3 为奇偶错误检测，0 为无错误出现，1 为出现奇偶校验错误。

D2 为字节接收状态，0 为没有收到字节，1 为准备好接收字节。

D1 为字节传送状态，0 为字节没有被传送，1 为写到数据缓冲区的字节已经被发送。

D0 为 USART 接收/传送主动状态，0 为 USART 空闲，1 为 USART 忙碌。

```
U0GCR |= 11; U0BAUD |= 216;
```

设置波特率设为 115200。

U0GCR:（USART0 通用控制寄存器）

D7 为 SPI 时钟极性：0 为负时钟极性，1 为正时钟极性。

D6 为 SPI 时钟相位。

D5 为传送为顺序：0 为最低有效位先传送，1 为最高有效位先传送。

D4～D0 为波特率设置指数值：

U0BAUD：波特率控制小数。

```
UTX0IF = 0;
```

UART0 TX 中断标志初始置位 0。

③ UartSend_String 串口发送字符串函数。

```
U0DBUF = *Data++;
```

利用寄存器 U0DBUF 串行发送由 Data 指定单元的字符数据。

```
while(UTX0IF == 0);
```

等待一个字符发送结束,UTX0IF 是发送完的标记，由硬件置位，需软件清零。

```
UTX0IF = 0;
```

清除发送完成标记位，便于下个字符的正确发送。

```
main()
```

```
CLKCONCMD &= ～0x40;    清 BIT 6 位，设置系统时钟源为 32MHz 晶振
```

CLKCONCMD：时钟频率控制寄存器。

D7 位为 32kHz 时间振荡器选择，0 为 32KRC 振荡，1 为 32kHz 晶振。默认为 1。

D6 位为系统时钟选择。0 为 32MHz 晶振，1 为 16MHz RC 振荡。当 D7 位为 0 时 D6 必须为 1。

D5～D3 为定时器输出标记。000 为 32MHz，001 为 16MHz，010 为 8MHz，011 为 4MHz，100 为 2MHz，101 为 1MHz，110 为 500kHz，111 为 250kHz。默认为 001。需要注意的是：当 D6 为 1 时，定时器频率最高可采用频率为 16MHz。

D2～D0：系统主时钟选择：000 为 32MHz，001 为 16MHz，010 为 8MHz，011 为 4MHz，100 为 2MHz，101 为 1MHz，110 为 500kHz，111 为 250kHz。当 D6 为 1 时，系统主时钟最高可采用频率为 16MHz。

```
while(CLKCONSTA & 0x40);
```

等待晶振稳定为 32MHz，CLKCONSTA 时钟控制状态。具体值可以参考 CC2530 数据手册。

```
CLKCONCMD &= ～0x47;
```

设置系统主时钟频率为 32MHz，CLKCONCMD 时钟控制命令，本指令清 BIT6、BIT2、BIT1、BIT0。具体值可以参考 CC2530 数据手册。

```
IO_Init();
```

调用 IO 端口初始化。

```
InitUART();
```

调用串口初始化。

```
strcpy(Txdata,"HELLO WORLD   ");
```

将发送内容复制到 Txdata 指定的单元中。

```
UartSend_String(Txdata,sizeof("HELLO WORLD   "));
```

需要发送函数的指针 Txdata，或者理解发送字符串存放数组的名称。

串口发送数据，无限循环发送，每发送一次延时一次。用 LED 灯指示。

串口寄存器见表 2-29，C2530 配置串口的一般步骤如下所示。

① 配置 IO，使用外部设备功能。此处配置 P0_2 和 P0_3 用作串口 UART0。

② 配置相应串口的控制和状态寄存器。此处配置 UART0 的工作寄存器。

③ 配置串口工作的波特率。此处配置为波特率为 115200bit/s。

表 2-29 串口寄存器

寄 存 器	型 号	说 明
UOCSR（UARTO 控制和状态寄存器）	Bit7:MODE	0:SPI 模式
		1：UART 模式
	Bit6:RE	0：接收器禁止
		1：接收器使能
	Bit5:SLAVE	0：SPI 主模式
		1：SPI 从模式
	Bit4:FE	0：没有检测出帧错误
		1：收到字节停止位电平出错
	Bit3:ERR	0：没有检测出奇偶检验出错
		1：收到字节奇偶检验出错
	Bit2:RX_BYTE	0：没有收到字节
		1：收到字节就绪
	Bit1:TX_BYTE	0：没有发送字节
		1：写到数据缓冲区寄存器的最后字节已经发送
	Bit0:ACTIVE	0：USART 空闲
		1：USART 忙
UOGCR（UARTO 通用控制寄存器）	Bit7:CPOL	0：SPI 负时钟极性
		1：SPI 正时钟极性
	Bit6:CPHA	0：当来自 CPOL 的 SCK 反相之后又返回 CPOL 时，数据输出到 MOSI；当来自 CPOL 的 SCK 返回 CPOL 反相时，输入数据采样到 MISO
		1：当来自 CPOL 的 SCK 返回 CPOL 反相时，数据输出到 MOSI；当来自 CPOL 的 SCK 反相之后又返回 CPOL 时，输入数据采样到 MISO
	Bit5:ORDER	0：LSB 先传送
		1：MSB 先传送
	Bit[4-0]:BAUD_E	波特率指数值　BAUD_E 连同 BAUD_M 一起决定了 UART 的波特率
UOBAUD（UARTO 波特率控制寄存器）	Bit[7-0]:BAUD_M	波特率尾数值　BAUD_M 连同 BAUD_E 一起决定了 UART 的波特率
UODBUF（UARTO 收发数据缓冲区）		串口发送/接收数据缓冲区
UTXOIF（发送中断标志）	中断标志 5 IRCON2 的 Bit1	0:中断未挂起
		1：中断挂起

7）实验七　**串口接收**

实验目的： 计算机通过串口发送指令控制目标板 LED 开关。可以分别控制每个开关。

例： 串口控制 LED。

描述： 计算机依次发送 "L1#" 或 "L2#" 指令，分别控制 LED1、LED2 的亮灭，波特率为 115200bit/s 实验中需要的相关寄存器有 P1、P1DIR、P1SEL、CLKCONCMD、SLEEPSTA、U0CSR、U0GCR、U0BAUD、U0DBUF（前面已介绍过的，这里不再重复介绍）。

本例增加了串口接收功能，故寄存器配置有所改变，具体配置如下所示。

```
CLKCONCMD &= ~0x40;          // 设置系统时钟源为 32MHz 晶振
while(CLKCONSTA & 0x40);     // 等待晶振稳定
CLKCONCMD &= ~0x47;          // 设置系统主时钟频率为 32MHz
PERCFG = 0x00;               //位置 1 P0 口
P0SEL = 0x3c;                //P0_2，P0_3，P0_4，P0_5 用作串口，第二功能
P2DIR &= ~0XC0;              //P0 优先作为 UART0，优先级
U0CSR |= 0x80;               //UART 方式
U0GCR |= 11;                 //U0GCR 与 U0BAUD 配合
U0BAUD |= 216;               // 波特率设为 115200bit/s
UTX0IF = 0;                  //UART0 TX 中断标志初始置位 1 （收发时）
U0CSR |= 0X40;               //允许接收
IEN0 |= 0x84;                // 开总中断，接收中断
```

📺 **程序源代码**

```
#include<ioCC2530.h>
#include <string.h>
#define uint unsigned int
#definr uchar unsigned char
//定义控制 LED 灯的端口
#define LED1 P1_0                //定义 LED1 为 P10 口控制
#define LED2 P1_1                //函数声明
void Delayms(uint xms);         //延时函数
void InitLed(void);             //初始化 P1 口
void Inituart();                //初始化串口
void Uart_Send_String(char *Data,int len);
char Rxdata[3];
uchar RXTXflag = 1;
char temp;
uchar datanumber =0;
void Delayms(uint xms)
{
   uint i,j;
   for(i=xms;i>0;i--)
     for(j=587;j>0;j--);
}

//初始化程序
void InitLed(void)
{
     P1DIR  |=0x03;       //P1_0、P1_1 定义为输出
     LED1 = 1;            //LED1、2 灯熄灭
     LED2 = 1;
```

```
}
//串口初始化函数
void InitUart()
{
    CLKCONCMD &= ~0x40;   //设置系统时钟源为32MHz晶振
    while (CLKCONSTA & 0x40);    //等待晶振稳定
    CLKCONCMD &= ~0x47;          //设置系统主时钟频率为32MHz

    PERCFG =0x00;          //位置1 P0口
    POSEL =0x3c;           //P0_2，P0_3，P0_4，P0_5用作单口，第二功能
    P2DIR &= ~0XC0;        //P0优先作为UART0，优先级
    U0CSR |=0x80;          //UART方式
    U0GCR |=11;            //U0GCR与U0BAUD配合
    U0BAUD |=216;          //波特率设置为115200bit/s
    UTX0IF |=1;            //UART0 TX中断标志初始置位1（收发时）
    U0CSR |=0X40;          //允许接收
    IEN0 |=0x84;           //开总中断，接收中断
}

//串口发送字符串函数

void Uart_Send_String(char *Data,int len)
{
    {
      int j;
      for(j=0;j<len;j++)
      {
        U0DBUF =*Data++;
        while (UTX0IF ==0);
        UTX0IF = 0;
      }
    }
}

void main(void)
{
    InitLed();      //调用初始化函数
    InitUart();
    while(1);
    {
      if(RXTXflag == 1)    //接收状态
      {
        if (temp!=0)
        {
          if((temp!='#') && (datanumber<3)) //'#'被定义为结束字符，最多能接收50个字符
          Rxdata[datanumber++] = temp;
```

```
        else
         {
            RXTXflag = 3;        //进入发送状态
         }
          temp = 0;
       }
    }
    if (RXTXflag == 3)       //检测接收到的数据
     {
       if(Rxdata[0]=='L')
          switch(Rxdata[1]-48) //很重要，ASICC 码转成数字，判断 L 后面第一个数
          {
       case 1:
          {
          LED1=～LED1;  //低电平点亮
          break;
          }
       case 2:
          {
            LED2=～LED2;
            break;
          }
        }
        RXTXflag = 1;
        datanumber = 0;        //指针归 0
       }
     }
}
```

//串口接收一个字符：一旦有数据从串口传至 CC2530，则进入中断，将接收到的数据赋值给变量 temp。

```
#pragma vector = URX0_VECTOR
  __interrupt void UART0_ISR(void)
{
   URX0IF = 0;    //清中断标志
   temp = U0DBUF;
}
```

实验现象：当串口输入 L1#时，LED1 熄灭；当串口输入 L2#时，LED2 熄灭。

硬件与软件分析

（1）硬件分析

该实验用到了串口模块，那么 CC2530 要与计算机通信，有几种连接方式。这里介绍 USB 转串口方式，使用到的芯片是 PL2303。串口对应的 I/O 口是 P0_2 和 P0_3，LED 指示灯对应的 CC2530 是 P1_0 和 P1_1。

（2）软件分析

程序从 main()函数开始，包含延时函数 Delayms()、I/O 端口初始化函数 InitLed()、串口初始

化函数 InitUart()、串口发送函数 Uart_Send_String()和中断函数 UART0_ISR()。

① Delayms 延时函数。

传入参数 xms，该参数确定 i 的循环次数，其取值范围为 0~65536。

```
for(i=xms;i>0;i--)
for(j=587;j>0;j--);
```

循环次数为 587*xms。显然 xms 的大小确定延时的多少。

② InitLed 初始化函数。

```
P1DIR |=0x03;
```

B 0000 0011 将方向控制设为 P1_0、P1_1 输出，其他端口方向保持不变。

```
LED1 = 1;    LED2 = 1;
```

LED1、2 灯熄灭，高电平熄灭。

③ InitUart 串口初始化函数。

```
CLKCONCMD &= ~0x40;
```

设置系统时钟源为 32MHz 晶振，可以参考实验七的程序分析。

```
while (CLKCONSTA & 0x40);
```

等待晶振稳定，可以参考实验七的程序分析。

```
CLKCONCMD &= ~0x47;
```

设置系统主时钟频率为 32MHz，可以参考实验七的程序分析。

```
PERCFG =0x00;
```

位置 1 P0 口，可以参考实验七的程序分析。

```
P0SEL =0x3c;
```

B 0011 1100 即 P0_2，P0_3，P0_4，P0_5 用作非普通 IO 口，用在串口，第二功能。可以参考 CC2530 数据手册。

```
P2DIR &= ~0XC0;
```

P0 优先作为 UART0，优先级可以参考实验七的程序分析。

```
U0CSR |=0x80;
```

UART 方式，可以参考实验七的程序分析。

```
U0GCR |=11;
U0BAUD |=216;
```

U0GCR 与 U0BAUD 配合，设置波特率为 115200bit/s。可以参考实验七的程序分析。

```
UTX0IF |=1;
```

UART0 TX 中断标志初始置位 1，可以进行下次发送（一般需收发时）。

```
U0CSR |=0X40;
```

奇偶校验，可以参考实验七的程序分析。

```
IEN0 |=0x84;
```

BIT 7 总控位 0 为禁止，1 为允许。

BIT 6 不使用。

BIT 5 睡眠定时器中断使能。

BIT 4 　AES 加解密使能。

BIT 3 　串口 1 接收中断使能。

BIT 2 　串口 0 接收中断使能。

BIT 1 　ADC 中断使能。

BIT 0 　RF 接收/发送队列中断使能。

B 1000 0100 开总中断，串口 1 接收中断使能。

Uart_Send_String 串口发送字符串函数同前。

main()主函数

```
InitLed();    InitUart();
```

初始化 IO 端口，初始化串口后，因为该程序需要用指示灯和串口模块，main()函数首先对 LEDIO 口进行初始化，然后对串口进行初始化。然后查询有没有字符接收，最后判断字符串做出相应的控制。

无限循环处理：

```
if(RXTXflag == 1)    //接收状态
```
判断是否接收到信息。

```
if (temp!=0)
```
接收到的数据不为 0。

```
if((temp!='#') && (datanumber<3))
```
接收的数据不是'#'，且数据个数不超过 3 个。'#'被定义为结束字符。

```
Rxdata[datanumber++] = temp;
```
将接收到的数据存入 Rxdata 数组中，存放的位置由 datanumber 指定，每存一个后，datanumber 自动加 1，指向下个位置。

```
RXTXflag = 3;
```
设成进入接收一组数据完成标记，需要对端口 LED 进行处理。

```
temp = 0;
```
将 temp 清零，保证处于没有接收数据状态。

```
if (RXTXflag == 3)
```
检测是否处于接收一组数据完成状态。

```
if(Rxdata[0]=='L')
```
接收到的第 1 个字符是 'L'。

```
switch(Rxdata[1]-48)
```
将接收的第 2 个字符 ASICC 码转成数字，判断 L 后面第一个数。是 1 则 LED1 变化，是 2 则 LED2 变化。

```
RXTXflag = 1;
```
指令处理完，置接收标记，允许下组数据指令的接收。

```
datanumber = 0;
```
存放接收数据的地址归 0。

④ UART0_ISR()中断函数。

```
URX0IF = 0;
```
清中断标志。

```
temp = U0DBUF;
```
串口接收一个字符：一旦有数据从串口传至 CC2530,则进入中断，将接收到的数据赋值给变量 temp。

8) 实验八　AD 转换

实验目的：让用户了解芯片自带的 AD 口的基本配置方法以及相关应用。温度传感器是学习单片机时经常使用的传感器，在 CC2530 里就集成为片内的温度传感器，通过本案例对片内的温度传感器的数值进行读取。

例：AD 转换并串口通信。

描述：通过内部 AD 控制把温度信息通过串口发送给上位机，由于部分芯片的误差较大，因此需要校准。手摸着芯片时，温度的变化应明显。

实验中需要的相关寄存器有 LKCONCMD、PERCFG、U0CSR、U0GSR、U0BAUD、CLKCONSTA、IEN0、U0DUB、ADCCON1、ADCCON3、ADCH、ADCL，见表 2-30。

表 2-30　CC2530 芯片 AD 控制寄存器

型　号	说　明
ADCCON1(0XB4)	ADC 控制寄存器 1
	Bit7:EOCADC 结束标志位 0 为 AD 转换进行中，1 为 AD 转换完成
	Bit6: ST 手动启动 AD 转换 0 为关，1 为启动 AD 转换（需要 Bit5:Bit4=11）
	Bit5:Bit4 AD 转换启动方式的选择 00 为外部触发，01 为全速转换，不需要触发 10 为 T1 通道0 比较触发，11 为手动触发
	Bit3:Bit2 16 位随机数发生器控制位
	00 为普通模式 （12X 打开） 01 为开启 LFSR 时钟一次（13X 打开） 10 为保留位 11：关
ADCCON2(0XB5)	序列 AD 转换控制寄存器 2
	Bit7:Bit6 SREF 选择 AD 转换参考电压 00 为内部参考电压 1.25V 01 为外部参考电压 AIN7 输入 10 为模拟电源电压 11 为外部参考电压 AIN6-AIN7 差分输入
	Bit5:Bit4 设置 AD 的转换分辨率 00：64dec，7 位有效，01：128dec，9 位有效 10：256dec，10 位有效，11：512dec，12 位有效
	Bit3:Bit0 设置序列 AD 转换最末通道，如果置位时 ADC 正在运行。则在完成序列 AD 转换完成立刻开始，否则置位后立即开始进行 AD 转换，转换完成后清零 0000：AIN0 0001：AIN1 0010：AIN2 0011：AIN3 0100：AIN4 0101：AIN5 0110：AIN6 0111：AIN7 1000：AIN0-AIN1 差分 1001：AIN2-AIN3 差分 1010：AIN4-AIN5 差分 1011：AIN6-AIN7 差分
ADCCON3（0XB6）	单通道 AD 转换控制器 2
	Bit7:Bit6 SREF 选择单通道 AD 转换参考电压 00：内部参考电压 1.25V 01：外部参考电压 AIN7 输入 10：模拟电源电压 11：外部参考电压 AIN6-AIN7 差分输入
	Bit5:Bit4 设置单通道 AD 转换分辨率 00:64dec，7 位有效 01:128dec，9 位有效 10:256dec，10 位有效 11:512dec，12 位有效

续表

型　号	说　明
TR0(0x624B)	Bit3: Bit 0 设置序列 AD 转换最末通道, 如果置位时 ADC 正在运行, 则在完成序列 AD 转换后立刻开始, 否则置位后立即 开始 AD 转换, 转换完成后自动清零 0000:AIN0　　　0001:AIN1 0010:AIN2　　　0011:AIN3 0100:AIN4　　　0101:AIN5 0110:AIN6　　　0111:AIN7 1000:AIN0 -AIN1 差分；10 01:AIN2-AIN3　　差分 1010:AIN4 -AIN5 差分；10 11:AIN6-AIN7　　差分 1100:GND；1101:保留
TEST(0x61BD)	Bit0:置 0。表示将温度传感器与 ADC 连接起来 Bit0:置 1。表示将温度传感器启用程序功能

按照表 2-30 寄存器内容, 对温度传感器和 AD 的寄存器进行配置。具体配置如下所示。
温度传感器的配置如下所示。

TR0 = 0X01；//设置 '1'温度传感器 连接 SOC_ADC
ATEST= 0X01； // 使能温度传感器

AD 传感器的配置如下所示。

ADCCON3 = (0x3E)；//选择 1.25V 为参考电压；14 位分辨率；片内采样
ADCCON1 |= 0x30；//选择 ADC 的启动模式为手动
ADCCON1 |= 0x40；//启动 AD 转换

程序源代码

Main.c 完整的实验代码如下所示。

```
**********************************************/
#include <ioCC2530.h>
#include "ADC.h"
#include "stdio.h"


/***********************************************
                温度传感器初始化函数
***********************************************/
void initTempSensor(void)
{
    DISABLE_ALL_INTERUPTS();        //关闭所有中断
    InitClock();                    //设置系统主时钟为 32MHz
    TR0=0X01;               //设为 1, 即温度传感器连到芯片的 ADC 输入
    ATEST=0X01;         //使能温度传感器
}
/*********************************************
读取温度传感器 AD 值函数
*********************************************/
float getTemperature(void)
{
uint value;
```

```
    ADCCON3 = (0x3E); //选择1.25V为参考电压，14位分辨率，对片内温度传感器采样
    ADCCON1 |=0x30; //选择ADC的启动模式为手动
    ADCCON1 |=0x40;//启动AD转化
    while(!(ADCCON1&0x80)); //等待AD转换完成
    value = ADCL>>4;    //ADCL寄存器低2位无效
    value |=(((UINT16)ADCH) << 4);
    return (value-1367.5)/4.5-5;    //根据AD值，计算出实际的温度，芯片手册有错，温度
                                      系数应该是4.5/℃
                    //进行温度校正，这里减去5℃（不同芯片根据具体情况校正）
}
/*********************************************************
主函数
*********************************************************/
void main(void)
{
    char i;
    char TempValue[6];
    float AvgTemp;
    InitUART0();        //初始化串口
    initTempSensor();        //初始化ADC
    while(1)
    {
      AvgTemp=0;
      for(i=0;i<64;i++)
      {
        AvgTemp += getTemperature();
        AvgTemp=AvgTemp/2;        //每次累加后除2
      }
      /****温度转换成ascii码发送****/
      TempValue[0] = (unsigned char)(AvgTemp)/10+48;    //十位
      TempValue[1] = (unsigned char)(AvgTemp)%10+48;    //个位
      TempValue[2] ='.';        //小数点
      TempValue[3] = (unsigned char)(AvgTemp*10)%10+48;    //十分位
      TempValue[4] = (unsigned char)(AvgTemp*100)%10+48;    //百分位
      TempValue[5] ='\0';        //字符串结束符
      UartTX_Send_String(TempValue,6);
      Delayms(2000);    //使用32MHz晶振，故这里2000约等于1s
    }
}
```

ADC.h 的完整代码如下：

```
#include <ioCC2530.h>
#define uint unsigned int
#define uchar unsigned char
#define LED1    P1_0        //定义LED1为P10口控制
#define LED2    P1_1        //定义LED2为P11口控制
#define LED3    P1_4        //定义LED3为P14口控制
```

```
//Data
typedef unsigned char        BYTE;

//Unsigned numbers
typedef unsigned char        UINT8;
typedef unsigned char        INT8U;
typedef unsigned short       UINT16;
typedef unsigned short       INT16U;
typedef unsigned long        UINT32;
typedef unsigned long        INT32U;

//Signed numbers
typedef signed char        INT8;
typedef signed short       INT16;
typedef signed long        INT32;


#define DISABLE_ALL_INTERUPTS()  (IEN0 = IEN1 = IEN2 = 0x00)   //三个
```

```
/********************************************
系统时钟：不分频
计数时钟：32 分频
********************************************/
void InitClock(void)
{
    CLKCONCMD & =~0x40;    //设置系统时钟源为 32MHz 晶振
    while (CLKCONSTA& 0x40);      //等待晶振稳定
    CLKCONCMD &=~0x47;        //设置系统主时钟频率为 32MHz
}
/************************************
//初始化函数
************************************/
void InitLed(void)
{
    P1DIR |=0x13;   //P1_0、P1_1 定义为输出
    LED1 = 0;       //LED1 灯熄灭
LED2 = 0;
LED3 = 0;
}
/***************************
T3 初始化
***************************/
void InitT3(void)
{
   T3CCTL0 = 0X44;      //T3CCTL0(0Xcc),CH0 中断使能，CH0 比较模式
   T3CC0=0xFA;          //T3CC0 设置为 250
   T3CTL |=0x9A;              //启动 T3 计数器，技术时钟为 16 分频，使用 MODULO 模式
```

```
    IEN1 |=0X08;
    IEN0 |=0X80;          //开总中断，开 T3 中断
}
/*************************************************
串口初始化函数：初始化串口 UART0
*************************************************/
void InitUART0(void)
{
    PERCFG = 0x00;            //位置 1P0 口
    P0SEL = 0x3c;             //P0 用作串口

    P2DIR&= ~0XC0;            //P0 优先作为 UART0
    U0CSR |=0x80;             //串口设置为 UART 方式
    U0GCR |=11;
    U0BAUD |=216;             //波特率设为 115200bit/s

    UTX0IF = 1;               //UART0  TX 中断标志初始置位 1
    U0CSR |=0X40;             //允许接收
    IEN0 |=0x84;              //开总中断，接收中断
}


/***************************************
串口发送字符串函数
***************************************/
void UartTX_Send_String(char *Data,int len)
{
   int j;
   for(j=0;j<len;j++)
   {
    U0DBUF = *Data++;
    while(UTX0IF == 0);
    UTX0IF = 0;
}
    U0DBUF=0x0A;          //换行
  while (UTX0IF == 0);
    UTX0IF = 0;
}



/***************************************************
长延时函数
***************************************************/
void Delay(uint n)
{
    uint i;
    for(i=0;i<n;i++);
```

```
    for(i=0;i<n;i++);
    for(i=0;i<n;i++);
    for(i=0;i<n;i++);
    for(i=0;i<n;i++);
}


/**********************************
//延时函数
**********************************/
    void Delayms(uint xms)     //i=xms 即超时 i 毫秒（16MHz 晶振时候大约数，32MHz 需要修改，
系统不修改默认使用内部 16MHz）
    {
        uint i,j;
        for(i=xms;i>0;i--)
            for (j=587;j>0;j--);
    }
```

程序效果：通过内部 AD 控制把温度信息通过串口发送给上位机，如图 2-54 所示。

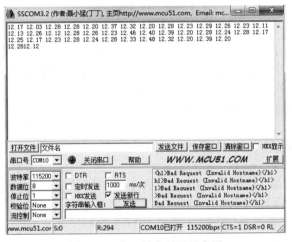

图 2-54　串口温度显示示意图

 硬件与软件分析

（1）硬件分析

利用 CC2530 内部自带的温度感应功能，能够通过 ADC 的温度传感输入通道，测出温度后通过串口发送给计算机。

（2）软件分析

程序从主函数 main()开始，包含温度传感器初始化函数 initTempSensor、读取温度传感器 AD 值函数 getTemperature、时钟初始化 InitClock 函数、LED 初始化函数 InitLed、定时器 T3 初始化 InitT3 函数、串口初始化 InitUART0、串口发送字符串函数。UartTX_Send_String、长延时函数 Delay、延时函数 Delayms。

initTempSensor 温度传感器初始化函数如下所示。

```
DISABLE_ALL_INTERUPTS();
```

关闭所有中断，不使能相应标记位。

```
    InitClock();
```
调用设置系统主时钟函数。
```
    TR0=0X01;
```
设置温度传感器 SOC_ADC。
```
    ATEST=0X01;
```
使能温度传感器。

getTemperature 读取温度传感器 AD 值函数如下所示。
```
 ADCCON3 = 0x3E;
```
即 0011 1110，选择 1.25V 为参考电压，14 位分辨率，对片内温度传感器采样。
```
ADCCON1 |=0x30;
```
置位 5、4，选择 ADC 的启动模式为手动。
```
ADCCON1 |=0x40;
```
置位 6，启动 AD 转化。
```
while(!(ADCCON1&0x80));
```
等待 ADCCON1 位 7 为 1， AD 转换完成。
```
value = ADCL>>4;
```
ADCL 右移 4 位，取高 4 位用，ADCL 寄存器低 2 位无效。
```
value |=(((UINT16)ADCH)<<4);
```
用 ADCH 的低 4 位，并和 ADCL 的低 4 位组合。
```
return (value-1367.5)/4.5-5;
```
根据 AD 值，计算出实际的温度，芯片手册有错，温度系数应该是 4.5/℃。进行温度校正，这里减去 5℃（不同芯片根据具体情况校正）。

InitClock 系统时钟初始化如下所示。
```
CLKCONCMD & =~0x40;
```
即将位 6 清零 ，设置系统时钟源为 32MHz 晶振。
```
while (CLKCONSTA& 0x40);
```
等待系统状态寄存器 CLKCONSTA 位 6 为 1，晶振稳定。
```
CLKCONCMD &=~0x47;
```
清位 6、2、1、0，设置系统主时钟频率为 32MHz。

InitT3 T3 初始化函数如下所示。
```
T3CCTL0 = 0X44;
```
送 0100 0100， CH0 中断使能，CH0 比较模式。
```
T3CC0=0xFA;
```
T3CC0 设置为 250。
```
T3CTL |=0x9A;
```
置位 7、4、3、1，启动 T3 计数器，技术时钟为 16 分频，使用 MODULO 模式。

InitT3 T3 初始化函数如下所示。
```
T3CCTL0 = 0X44;
```
送 0100 0100，CH0 中断使能，CH0 比较模式。
```
T3CC0=0xFA;
```
T3CC0 设置为 250。
```
T3CTL |=0x9A;
```
置位 7、4、3、1，启动 T3 计数器，技术时钟为 16 分频，使用 MODULO 模式。

InitUART0 串口初始化函数如下所示。

```
PERCFG = 0x00;
```
位置 1P0 口。
```
P0SEL = 0x3c;
```
P0 用作串口。
```
P2DIR&= ～0XC0;
```
清位 7、6，设 P0 优先作为 UART0。
```
U0CSR |=0x80;
```
置位 7，串口设置为 UART 方式。
```
U0GCR |=11 与 U0BAUD |=216;
```
设置波特率设为 115200bit/s
```
UTX0IF = 1;
```
UART0 TX 中断标志初始置位 1。
```
U0CSR |=0X40;
```
允许接收。
```
IEN0 |=0x84;
```
开总中断，接收中断。
UartTX_Send_String 串口发送字符串函数如下所示。
```
U0DBUF = *Data++;
```
将需发送的字符数据给寄存器 U0DBUF，Data 是一个指向待发送的字符串的指针。
```
while(UTX0IF == 0);
```
等待发送标记位置 1，一个字符以二进制方式发送完成后，硬件自动置该标记位。
```
UTX0IF = 0;
```
软件清除该标记位，准备下个字符的发送。串口接收、发送的标记位均需软件清除。
```
U0DBUF=0x0A;
```
发送换行符号。
main() 主函数如下所示。
```
InitUART0();
```
初始化串口。
```
initTempSensor();
```
初始化 ADC。
无限循环做：
```
AvgTemp += getTemperature();
```
读取温度
```
AvgTemp=AvgTemp/2;
```
处理得到的值，每次累加后除 2。
温度转换成 ASCII 码发送。

9）实验九　睡眠唤醒（中断方式唤醒）

实验目的：了解睡眠定时器的使用。睡眠定时器用于设置系统进入和退出低功耗睡眠模式之间的周期。还用于当系统进入低功耗模式后，维持 MAC 定时器（T2）的定时。其特性是，长达 24 位定时计数器，运行在 32.768kHz 的工作频率。24 位的比较器具有中断和 DMA 触发功能在 PM2 低功耗模式下运行。

ZigBee 的特点就是远距低功耗的无线传输设备，节点模块闲时可以进入睡眠模式，在需要传输数据时候进行唤醒，能进一步节省电量。利用 CC2530 作 ZigBee 控制核心的节点具有在睡眠模式下的 2 种唤醒方法，即外部中断唤醒和定时器中断唤醒。

本实验还需了解几种系统电源模式的基本设置及切换。以 CC2530 为核心的系统电源有以下几种管理模式。

（1）全功能模式，高频晶振（16MHz 或者 32MHz）和低频晶振（32.768kHz RCOSC/XOSC）全部工作，数字处理模块正常工作，但功耗最大。

（2）PM1：高频晶振（16MHz 或者 32MHz）关闭，低频晶振（32.768kHz RCOSC/XOSC）工作，数字核心模块正常工作。功耗次之。

（3）PM2：低频晶振（32.768kHz RCOSC/XOSC ）工作，数字核心模块关闭，系统通过 RESET,外部中断或者睡眠计数器溢出唤醒。功耗再次之。

（4）PM3：晶振全部关闭，数字处理核心模块关闭，系统只能通过 RESET 或外部中断唤醒。此模式下功耗最低。

例：睡眠唤醒—外部中断方式唤醒。

描述：LED2 闪烁 5 次后进入睡眠状态，通过按 S1 键产生外部中断进行唤醒，重新进入工作模式。

实验中需要的相关寄存器有 P1、P1DIR、P1SEL、P1IEN、P1CTL、EN2、IEN0、P1IFG、P1INP、P2INP、CLKCONCMD、PCON、SLEEPCMD、ST0、ST1、ST2，具体设置见表 2-31 和表 2-32。

表 2-31　功耗设置寄存器

型　　号	说　　明
PCON(0x87)	Bit0.系统电源模式控制寄存器，置 1 将强制系统进入 SLEEPCMD 所指定的电源模式，所有中断信号都可以清除此置位
SLEEPCMD(0xBE)	Bit1:Bit0 系统电源模式设定 00：全功能模式 01：PM1 10：　PM2 11：　PM3

表 2-32　定时器睡眠相关寄存器

型　　号	说　　明
ST0(0x95)	睡眠计数器数据 Bit7：Bit0
ST1(0x96)	睡眠计数器数据 Bit15：Bit8
ST2（0x97）	睡眠计数器数据 Bit23：Bit16

按照表 2-31、表 2-32 寄存器内容，对相关的寄存器进行配置。具体配置如下所示。

```
SLEEPCMD |= I;  // 设置系统睡眠模式，I=0, 1, 2, 3
PCON = 0x01;    // 进入睡眠模式，通过中断打断
PCON = 0x00;    // 系统唤醒，通过中断打断

UINT32 sleepTimer = 0;
sleepTimer |= ST0;
sleepTimer |= (UINT32)ST1 << 8;
sleepTimer |= (UINT32)ST2 << 16;
```

```
sleepTimer += ((UINT32)sec * (UINT32)32768) //低速晶振
ST2 = (UINT8)(sleepTimer >> 16);
ST1 = (UINT8)(sleepTimer >> 8);
ST0 = (UINT8) sleepTimer;
```

配置完毕后，sleepTimer 与 ST2<<16|ST1<<8|ST0 相差 sec 秒时间（低速晶振）。

程序源代码

```
#include <ioCC2530.h>

#define uint unsigned int
#define uchar unsigned char

//定义控制 LED 灯和按键的端口
#define LED2 P1_1        //定义 LED2 为 P11 口控制
#define KEY2 P0_5

void Delayms(uint);         //延时函数
void InitLed(void);          //初始化 P1 口
void SysPowerMode(uchar sel);   //系统工作模式

void Delayms(uint xms)
{
   uint i,j;
   for(i=xms;i>0;i--)
     for(j=587;j>0;j--);
}

//初始化程序
void InitLed(void)
{
   P1DIR |=0x02;        //P1_1 定义为输出
   LED2 = 1;            //LED2 灯熄灭

   P0INP&=~0x20;         //设置 P0 口输入电路模式为上拉/下拉
   P0IEN |=0X20;        //P01 设置为中断方式
   PICTL |=0X20;        //下降沿触发
}

/***********************************************
系统工作模式选择函数
*para 1 0   1   2   3
*mode  PM0 PM1 PM2 PM3
*************************************************/
void SysPowerMode (uchar mode)
{
```

```
uchar i,j;
i = mode;
if (mode<4)
  {
   SLEEPCMD |=i;        //设置系统睡眠模式
   for(j=0;j<4;j++);
   PCON = 0x01;         //进入睡眠模式，通过中断打断
  }
  else
{
   PCON = 0x00;         //系统唤醒，通过中断打断
}
}
/*******************************
        主函数
*******************************/
void main (void)
{
   uchar count = 0;
   InitLed();              //调用初始化函数
   IEN1  |=0X20;        //开 P0 口中断
   P0IFG  |= 0x00;      //清中断标志
   EA = 1;
   while(1)
    {
    LED2=~LED2;
    if(++count>=10)
    {
       count=0;
       SysPowerMode (3);     //5 次闪烁后进入睡眠状态 PM3，等待 S1 键中断唤醒
    }
    Delayms(500);
    }
}
/*******************************
      中断处理函数-系统唤醒
*******************************/
*pragma vector = P0INT_VECTOR
    interrupt void P0 ISR(void)
  __interrupt void P0_ISR(void)
{
    if(P0IFG>0)
    {
        P0IFG = 0;    //清标志位
    }
        P0IF= 0;
```

```
        SysPowerMode(4);       //正常工作模式
}
```

实验现象：LED2（P1_1）闪烁 5 次后进入睡眠状态，通过按 S2 键（P0_5），产生外部中断进行唤醒，重新进入工作模式。

例：睡眠唤醒—定时器中断方式唤醒。

描述：通过设置定时器在特定时间内进行唤醒，重新进入工作模式，每次唤醒 LED2 闪烁 3 下。

实验中需要的相关寄存器同上。

程序源代码

```c
#include <ioCC2530.h>

#define uint unsigned int
#define uchar unsigned char

#define UINT8 unsigned char
#define UINT16 unsigned int
#define UINT32 unsigned long

//定义控制 LED 灯的端口

#define LED2 P1_1               //定义 LED2 为 P1.1 口控制

//函数声明
void Delayms(uint);        //延时函数
void InitLed(void);        //初始化 P1 口
void SysPowerMode(uchar sel);     //系统工作模式

/**************************
//延时函数
**************************/
void Delayms(uint xms)    //i=xms 即延时 i 毫秒
{
 uint i,j;
 for(i=xms;i>0;i--)
   for(j=587;j>0;j--);
}
/**************************
//初始化程序
**************************/
void InitLed(void)
{
    P1DIR |= 0x02; //P1_0、P1_1 定义为输出
    LED2 = 1;    //LED2 灯熄灭
}


/*********************************************************
```

系统工作模式选择函数
```
* para1  0  1 2 3
* mode   PM0 PM1 PM2 PM3
*******************************************************************/
void SysPowerMode(uchar mode)
{
 uchar i,j;
 i = mode;
 if(mode<4)
 {
    SLEEPCMD |= i;            // 设置系统睡眠模式
  for(j=0;j<4;j++);
    PCON = 0x01;             // 进入睡眠模式，通过中断打断
  }
 else
 {
    PCON = 0x00;             // 系统唤醒，通过中断打断
  }
}


/**************************************
//初始化 Sleep Timer （设定后经过指定时间自行唤醒）
**************************************/
void Init_SLEEP_TIMER(void)
{
  ST2 = 0X00;
  ST1 = 0X0F;
  ST0 = 0X0F;
  EA = 1;  //开中断
  STIE = 1; //SleepTimerinterrupt enable
  STIF = 0; //SleepTimerinterrupt flag 还没处理的
}


/*********************************************************************
//设置睡眠时间
*********************************************************************/
void Set_ST_Period(uint sec)
{
   UINT32 sleepTimer = 0;
   sleepTimer |= ST0;
   sleepTimer |= (UINT32)ST1 <<  8;
   sleepTimer |= (UINT32)ST2 << 16;
   sleepTimer += ((UINT32)sec * (UINT32)32768);
   ST2 = (UINT8)(sleepTimer >> 16);
   ST1 = (UINT8)(sleepTimer >> 8);
   ST0 = (UINT8) sleepTimer;
}


/***************************
```

```
//主函数
**************************/
void main(void)
{
     uchar i;
    InitLed();        //调用初始化函数
     Init_SLEEP_TIMER();      //初始化 SLEEPTIMER
     while(1)
     {

         for(i=0;i<6;i++)  //闪烁 3 下
           {
             LED2=～LED2;
             Delayms(200);
           }
         Set_ST_Period(3);  //重新进入睡眠模式
          SysPowerMode(2);     //进入 PM2 低频晶振模式


     }
}
//中断唤醒
#pragma vector = ST_VECTOR
 __interrupt void ST_ISR(void)
 {
   STIF = 0;            //清标志位
   SysPowerMode(4);    //进入正常工作模式
 }
```

实验效果：通过设置定时器在特定时间内进行唤醒，重新进入工作模式，每次唤醒 LED2（P1_1）闪烁 3 下。

 硬件与软件分析

（1）硬件分析

硬件上只用到了 LED 指示灯，用按键唤醒的则加一个按键，对应的 IO 口是 LED2 对应 P1_1，按键 KEY2 对应的是 P0_5，使用系统内部的资源。

（2）软件分析

在外部中断唤醒程序中，从 main()函数开始，包含了延时函数 Delayms、初始化函数 InitLed、系统工作模式选择函数 SysPowerMode、和中断处理函数 P0 ISR。

延时函数 Delayms、初始化函数 InitLed、系统工作模式选择函数 SysPowerMode，有的比较简单，有的前面已经介绍了。

main()函数如下所示。

```
InitLed();
```
调用初始化函数，处理控制 LED 的 IO 端口。
```
IEN1  |=0X20;
```
BIT 7 与 BIT 6 不使用。

BIT 5　P0IE 端口 0 中断使能。

BIT 4 T4IE 定时器 4 中断使能。

BIT 3 T3IE 定时器 3 中断使能。

BIT 2 T2IE 定时器 2 中断使能。

BIT 1 T1IE 定时器 1 中断使能。

BIT 0 DMAIE DMA 传输中断使能。

0X20 即 B 0010 0000，将 BIT5 置高，开 P0 口中断。

```
P0IFG |= 0x00;
```

端口 0，位 7 至位 0 输入中断状态标记。当某引脚上有中断请求未决信号时，其相应标志位硬件置 1。

本处全部送 0，清中断标志。

EA = 1；中断总控位打开。IEN0.7 位。

无限循环，每次间隔 500ms,5 次闪烁后进入睡眠状态 PM3，等待 S1 键中断唤醒。

```
SysPowerMode (3);
```

进入睡眠状态 PM3。

P0_ISR 中断处理函数—系统唤醒如下所示。

```
if(P0IFG>0)
```

外部中断标记为 1，即出现了按键按下事件。

```
P0IFG = 0;
```

清中断标志位，免得在处理过后没有按按键会再次进入。

```
SysPowerMode(4);
```

设置进入系统正常工作模式。

在定时器中断唤醒程序中，从 main()函数开始，包含了延时函数 Delayms、初始化函数 InitLed、系统工作模式选择函数 SysPowerMode、初始化睡眠定时器（设定后经过指定时间自行唤醒）函数 Init_SLEEP_TIMER、设置睡眠时间函数 Set_ST_Period 和中断处理函数 ST_ISR。

延时函数 Delayms、初始化函数 InitLed，有的比较简单，有的前面已经介绍了。

SysPowerMode 系统工作模式选择函数如下所示。

```
PCON = 0x01;
```

进入睡眠模式，通过中断打断。

```
PCON = 0x00;
```

系统唤醒，通过中断打断。

Init_SLEEP_TIMER 初始化睡眠定时器（设定后经过指定时间自行唤醒）如下所示。

```
ST2 = 0X00;   ST1 = 0X0F;   ST0 = 0X0F;
```

睡眠时间组成 ST2（高 8 位） ST1（中 8 位） ST0（低 8 位）。

```
EA = 1;
```

开中断总控位，IEN0.7 位。

```
STIE = 1;
```

睡眠定时器中断使能，IEN0.5 位。

```
STIF = 0;
```

睡眠定时器中断标记初始化，IRCON.7 位。

Set_ST_Period 设置睡眠时间如下所示。

```
sleepTimer |= ST0;
   sleepTimer |= (UINT32)ST1 << 8;
   sleepTimer |= (UINT32)ST2 << 16;
   sleepTimer += ((UINT32)sec * (UINT32)32768);
```

设定睡眠时间：ST2（高 8 位）ST1（中 8 位）ST0（低 8 位），存于 sleepTimer 中。
再加 sec*32768。

```
ST2 = (UINT8)(sleepTimer >> 16);
ST1 = (UINT8)(sleepTimer >> 8);
ST0 = (UINT8) sleepTimer;
```

重新将定时时间存入 ST2、ST1、ST0 中。

main()函数如下所示。

```
InitLed();
```

调用初始化 LED 端口函数。

```
Init_SLEEP_TIMER();
```

初始化睡眠定时器，后无限循环执行。

每次 LED2 灯变化 6 次，时间间隔为 200ms。

```
Set_ST_Period(3);
```

重新进入睡眠模式。

```
SysPowerMode(2);
```

进入 PM2 低频晶振模式。等待被唤醒。

void ST_ISR 中断唤醒如下所示。

```
 STIF = 0;
```

清标志位。

```
SysPowerMode(4);
```

进入正常工作模式，主函数再次执行 LED2 灯变化 6 次，时间间隔为 200ms，重新进入睡眠模式，进入 PM2 低频晶振模式。

10）实验十　看门狗

实验目的：了解几种看门狗定时器的使用。

看门狗是在软件出错的情况下 CPU 自动恢复的一个方式，当软件在选定的时间间隔内不能置位看门狗定时器（WDT）时，WDT 就复位系统。看门狗可用于电噪声、电源故障或静电放电等恶劣工作环境或高可靠性要求的环境。如果系统不需要应用看门狗，则 WDT 可配置成间隔定时器，在选定时间间隔内产生中断。

WDT 的特性是，4 个可选择的时间间隔看门狗定时器模式下产生中断请求时钟独立于系统时钟，WDT 包括一个 15 位定时/计数器，它的频率由 32.768kHz 的晶振决定。用户不能查看计数器的值工作于各个电源模式。

例：看门狗。

描述：打开看门狗后，需要定时访问看门狗寄存器俗称"喂狗"，不然系统就会不停地复位。

实验中需要的相关寄存器有 P1、P1DIR、P1SEL、CLKCONCMD、WDCTL 具体设置见表 2-33。

表 2-33　WDCTL（0XC9）看门狗定时器控制寄存器设置

项　目	设　置　说　明
Bit7:Bit4	清除计数器值。在看门狗模式下，如果此四位在一个看门狗周期内先后写入 0XA，0X5 则清除 WDT 的值
Bit3:Bit2	WDT 工作模式选择寄存器 00 IDL；01 IDLE（未使用） 10 看门狗模式；11 定时器模式

项　　目	设　置　说　明
Bit1:Bit0	看门狗周期选择寄存器 00　　1s　；　　01　　0.25s 10　　15.625ms；　11　　1.9ms

按照表 2-33 中寄存器的内容，对 WDCTL 可进行如下配置。

```
Init_Watchdog:
WDCTL = 0x00;    //这是必需的，打开 IDLE 才能设置看门狗
WDCTL |= 0x08;   //时间间隔 1s，看门狗模式
FeedDog:
WDCTL = 0xa0;    //按寄存器描述来喂狗
WDCTL = 0x50;
```

程序源代码

```c
#include <ioCC2530.h>

#define uint unsigned int
#define uchar unsigned char

//控制 LED 灯的端口 LED1 P1_0    LED2 P1_1

//函数声明
void Delayms(uint xms);       //延时函数
void InitLed(void);           //初始化 P1 口

/***************************
//延时函数
***************************/
void Delayms(uint xms)    //i=xms 即延时 i 毫秒
{
 uint i,j;
 for(i=xms;i>0;i--)
   for(j=587;j>0;j--);
}



/***************************
//初始化程序
***************************/
void InitLed(void)
{
    P1DIR |= 0x03; //P1_0、P1_1 定义为输出
    P1_0 = 1;        //LED1 灯熄灭
    P1_1 = 1;    //LED2 灯熄灭
}
```

```
void Init_Watchdog(void)
{
  WDCTL = 0x00;  //这是必需的，打开 IDLE 才能设置看门狗
  WDCTL |= 0x08;  //时间间隔 1s，看门狗模式
}
void FeetDog(void)
{
  WDCTL = 0xa0;
  WDCTL = 0x50;
}

/**************************
//主函数
**************************/
void main(void)
{
        InitLed();            //调用初始化函数
        Init_Watchdog();
        P1_0 = 1;
    while(1)
    {
        P1_1 = ~P1_1;                //仅指示作用。
         Delayms(300);
         P1_0 = 0;                   //通过注释测试，观察 LED1，系统在不停复位。
        FeetDog();                   //防止程序跑飞（程序不能执行规定的任务）
    }
}
```

实验效果：看门狗周期为 1s，每个主循环喂狗一次。如果去除喂狗指令函数 FeetDog()，系统将不断复位，指示灯闪烁。加上喂狗指令函数 FeetDog()，系统将不再主动复位，指示灯不再闪烁。

硬件与软件分析

（1）硬件分析

利用 LED1 和 LED2 的闪烁来指示系统运转状态和复位情况。IO 口 P1_0 接 LED1 用来指示是否复位，若正常没有复位则不闪烁；P1_1 接 LED2 用来显示系统运转，正常情况下间隔 300ms 变化一次。

（2）软件分析

程序从 main()主函数开始，包含延时函数 Delayms、初始化 LED 驱动端口程序 InitLed、初始化看门狗函数 Init_Watchdog、喂狗函数 FeetDog()。

Init_Watchdog 初始化看门狗函数如下所示。

 WDCTL = 0x00;

必须先这样处理，打开 IDLE 才能设置看门狗。

WDCTL |= 0x08;

根据表 2.55 WDCTL 看门狗定时控制寄存器得知，BIT 3 为 1 其余位为 0，得知将看门狗定时控制寄存器设为时间间隔 1s，看门狗模式。

注意其处理过程。

void FeetDog 喂狗函数如下所示。

```
 WDCTL = 0xa0;
WDCTL = 0x50;
```

同样根据 WDCTL 看门狗定时控制寄存器得知，清除 WDT 的值。

main()主函数如下所示。

```
InitLed();
Init_Watchdog();
```

调用初始化 LED 驱动端口函数、看门狗初始化函数。

P1_0 = 1; 熄灭 LED1

```
P1_1 = ~P1_1;
```

用 LED2 指示系统正常运转作用。

```
P1_0 = 0;
```

通过注释测试，观察 LED1 若闪烁，则系统在不停复位。

```
FeetDog();
```

调用喂狗函数，防止程序跑飞。

11) 实验十一　RF 数据发送与接收

实验目的： 掌握 CC2530 射频发送与接收方法与编程

CC2530 是射频单片机，其本身具备高频载波无限发送和接收功能。CC2530 是符合 802.15.4 标准的无线收发芯片。 802.15.4 协议规则，在发送过程中均有网络 ID、源地址和目标地址等参数，在接收的过程中包含帧过滤，本实验不遵守该协议，通过最少的代码说明无线射频发送和接收过程。

串口数据属于"流"型数据包，RF 部分属于"帧"型数据包。在串口数据处理与分析中，一般采用特定的串口头和长度的方式解析数据。本实验采用通过串口时间间隔的方式解析数据，通过这种检测字节数据时间间隔的方法使得 CC2530 的串口部分可以接收无特殊格式要求的数据，真正实现无线串口功能。

例： 无线通信。

描述： CC2530 从串口接收计算机数据，并把数据通过 RF 部分原封不动地发送出去，或把从 RF 部分接收到的数据原封不动的通过串口发送给计算机,通过这样的方式展示实现无线串口。

实验中需要的相关寄存器有 FRMFILT0、TXPOWER、FREQCTRL、CCACTRL0、FSCAL1、TXFILTCFG、AGCCTRL1、AGCCTRL2、RFIRQM0、IEN2、RFST、FRMCTRL0。具体见表 2-34～表 2-36。

表 2-34　FRMFILT0 (0x6180)帧过滤控制寄存器

位号	名　　称	复位	描　　述
7		0	保留。总是写 0
6:4	FCF_RESERVED_MASK[2:0]	000	用于过滤帧控制域（FCF）的保留部分。FCF_RESERVED_MASK[2:0]是与 FCF[9:7]AND。如果结果非零，且帧过滤使能，该帧被拒绝
3:2	MAX_FRAME_VERSION[1:0]	11	用于过滤帧控制域（FCF）的帧版本域。如果 FCF[13:12]（帧版本子域）高于 MAX_FRAME_VERSION[1:0]且帧过滤使能，该帧被拒绝

续表

位号	名　　称	复位	描　　述
1	PAN_COORDINATOR	0	当设备是一个 PAN 协调器，必须设置为高，以接受没有目标地址的帧 0：设备不是 PAN 协调器 1：设备是 PAN 协调器
0	FRAME_FILTER_EN	1	使能帧过滤，当该位设置，无线电执行 802.15.4(b)中 7.5.6.2 节所述的帧过滤，第三过滤级别。FRMFILT0[6:1] 和 FRMFILT1[7:1]，以及本地地址信息定义了过滤算法的行为

表 2-35　TXPOWER (0x6190)控制输出功率

位号	名　　称	复位	描　　述
7：0	PA_POWER [7:0]	0xf5	PA 功率控制 注意：转到 TX 之前，必须更新该值。推荐值请参考 CC2530 数据手册，或见附录

表 2-36　FREQCTRL (0x618F)控制 RF 频率

位号	名　　称	复位	描　　述
7		0	读作 0
6：0	FREQ[6:0]	0x0B (2405 MHz)	频率控制字 $f_{RF} = f_{LO} = (2394 + FREQ[6:0])$ MHz FREQ[6:0]中的频率字是 2394 的一个偏移值。设备支持的频率范围是 2394～2507MHz。FREQ[6:0]可用的设置从 0 到 113。这一范围之外的设置(114 - 127)给出的频率是 2507MHz IEEE 802.15.4-2006 指定的频率范围从 2405MHz 到 2480MHz，16 通道，5MHz 步长。通道编号为 11～26。因此对于符合 IEEE802.15.4-2006 的系统，唯一有效设置是 FREQ[6:0]= 11 + 5 (通道号码 - 11)

频率载波可以通过编程位于 FREQCTRL.FREQ[6:0]的 7 位频率字设置。支持载波频率范围是 2394 ～ 2507MHz。以 MHz 为单位的操作频率 f_c 由下式表示：$f_c = 2394 + FREQCTRL.FREQ[6:0]$）MHz，以 1MHz 为步长，是可编程的。

IEEE802.15.4-2006 指定 16 个通道，它们位于 2.4GHz 频段之内。步长为 5MHz，编号为 11～26。通道 k 的 RF 频率由[1]指定。

$f_c = 2405 + 5 (k-11)$ [MHz] $k \in$ [11, 26]（19-1）

对于操作在通道 k，FREQCTRL.FREQ 寄存器因此设置为 FREQCTRL.FREQ = 11 + 5 (k-11)，具体设置见表 2-37～表 2-45。

表 2-37　CCACTRL0 (0x6196) CCA 阈值

位号	名　　称	复位	描　　述
7：0	CCA_THR[7:0]	0xe0	空闲通道评估阈值，有符号的 2 的补数，是 RSSI 的补偿。单位是 1dB，偏移大约是 76dBm。当收到的信号低于该值 CCA 信号变为高。CCA 信号可从 FSMSTAT1 寄存器中的 CCA 引脚获得 注意为了避免 CCA 信号的错误行为，该值的设置必须低于 CCA_HYST-128 注意：复位值转换为大约-32-76 =-108dBm 的输入水平，这远低于灵敏度限制。这意味着 CCA 信号从不指示一个空闲的通道 该寄存器必须更新到 0xF8，转换到大约-8-76 =-84dBm 的一个输出水平

表 2-38　FSCAL1 (0x61AE)调整频率校准

位号	名　称	复位	描　述
7:2		001010	保留
1:0	VCO_CURR[1:0]	01	定义 VCO 内核的电流。设置校准电流和 VCO 电流之间的乘数

表 2-39　TXFILTCFG (0x61FA) TX 过滤器配置

位号	名　称	复位	描　述
7：4		0	保留
3：0	FC	0xf	设置 TX 抗混叠过滤器以获得合适的带宽。降低杂散发射接近信号

表 2-40　AGCCTRL1 (0x61B2)AGC 参考水平

位号	名　称	复位	描　述
7：6	AGC_REF[5:0]	00	保留，读作 0
5：0		010001	AGC 控制循环的目标值，步长是 1-dB

表 2-41　AGCCTRL2 (0x61B3)AGC 增益覆盖

位号	名　称	复位	描　述
7：6	LNA1_CURRENT[1:0]	00	覆盖 LNA 1 的值。仅当 LNA_CURRENT_OE = 1 时使用。读取数据时，该寄存器返回当前使用的增益设置 00: 0-dB 增益（参考水平） 01：3-dB 增益 10：保留 11：6-dB 增益
5：3	LNA2_CURRENT[2:0]	000	覆盖 LNA 2 的值。仅当 LNA_CURRENT_OE = 1 时使用。读取数据时，该寄存器返回当前使用的增益设置 000：0-dB 增益（参考水平） 001：3-dB 增益 010：6-dB 增益 011：9-dB 增益 100：12-dB 增益 101：15-dB 增益 110：18-dB 增益 111：21-dB 增益
2：1	LNA3_CURRENT[1:0]	00	覆盖 LNA 3 的值。仅当 LNA_CURRENT_OE = 1 时使用。读取数据时，该寄存器返回当前使用的增益设置 00：0-dB 增益（参考水平） 01：3-dB 增益 10：6-dB 增益 11：9-dB 增益
0	LNA_CURRENT_OE	0	以存储在 RFR 中的值覆盖 AGC LNA 当前设置

表 2-42 RFIRQM0 (0x61A3) RF 中断屏蔽

位号	名　　称	复位	描　　述
7	RXMASKZERO	0	RXENABLE 寄存器从一个非零状态到全零状态 0: 中断禁用 1: 中断使能
6	RXPKTDONE	0	收到一个完整的帧 0: 中断禁用 1: 中断使能
5	FRAME_ACCEPTED	0	帧经过了帧过滤。 0: 中断禁用 1: 中断使能
4	SRC_MATCH_FOUND	0	源匹配被发现 0: 中断禁用 1: 中断使能
3	SRC_MATCH_DONE	0	源匹配完成 0: 无中断未决 1: 中断未决
2	FIFOP	0	RXFIFO 中的字节数超过设置的阈值。当收到一个完整的帧时也激发 0: 中断禁用 1: 中断使能
1	SFD	0	收到或发送 SFD 0: 中断禁用 1: 中断使能
0	ACT_UNUSED	0	保留 0: 中断禁用 1: 中断使能

表 2-43 IEN2 (0x9A)中断使能 2

位号	名　　称	复位	描述
7:6		00	没有使用，读出来是 0
5	WDTIE	0	看门狗定时器中断使能 0: 中断禁止 1: 中断使能
4	P1IE	0	端口 1 中断使能 0: 中断禁止 1: 中断使能
3	UTX1IE	0	USART 1 TX 中断使能 0: 中断禁止 1: 中断使能
2	UTX0IE	0	USART 0 TX 中断使能 0: 中断禁止 1: 中断使能
1	P2IE	0	端口 2 中断使能 0: 中断禁止 1: 中断使能
0	RFIE	0	RF 一般中断使能 0: 中断禁止 1: 中断使能

表 2-44   **RFST (0xE1) RF CSMA-CA 选通处理器**

位号	名　　称	复位	描　　述
7：0	INSTR[7:0]	0xd0	写入该寄存器的数据被写到 CSP 指令存储器。读该寄存器返回当前执行的 CSP 指令

表 2-45   **FRMCTRL0 (0x6189)帧处理**

位号	名　　称	复位	描　　述
7	APPEND_DATA_MODE	0	当 AUTOCRC = 0：不重要 当 AUTOCRC = 1： 0：RSSI + crc_ok 位和 7 位相关值附加到每个收到帧的末尾。 1：RSSI + crc_ok 位和 7 位 SRCRESINDEX 附加到每个收到帧的末尾
6	AUTOCRC	1	在 TX 中 1：硬件产生一个 CRC-16（ITU-T）并附加到发送帧。不需要写最后 2 个字节到 TXBUF 0：没有 CRC-16 附加到帧。帧的最后 2 个字节必须手动产生并写到 TXBUF（如果没有，发生 TX_UNDERFLOW） 在 RX 中 1：硬件检查一个 CRC-16，并以一个 16 位状态字代替 RX FIFO，包括一个 CRC OK 位。状态字可通过 APPEND_DATA_MODE 控制 0：帧的最后 2 个字节（crc-16 域）存储在 RXFIFO。CRC 校验（如果有必须手动完成）
5	AUTOACK	0	定义无线电是否自动发送确认帧。当 autoack 使能，所有经过地址过滤接受的帧都设置确认请求标志，在接收之后自动确认一个有效的 CRC12 符号周期 0：autoack 禁用 1：autoack 使能
4	ENERGY_SCAN	0	定义 RSSI 寄存器是否包括自能量扫描使能以来最新的信号强度或峰值信号强度 0：最新的信号强度 1：峰值信号强度
3：2	RX_MODE[1:0]	00	设置 RX 模式 00：一般模式，使用 RXFIFO 01：保留 10：RXFIFO 循环忽略 RXFIFO 的溢出，无限接收 11：和一般模式一样，除了禁用符号搜索。当不用于找到符号可以用于测量 RSSI 或 CCA
1：0	TX_MODE[1:0]	00	设置 TX 的测试模式 00：一般操作，发送 TXFIFO 01：保留。不能使用 10：TXFIFO 循环忽略 TXFIFO 的溢出和读循环，无限发送 11：发送来自 CRC 的伪随机数，无限发送

按照表 2-37～表 2-44 中寄存器内容，对射频收发具体配置如下所示。

```
TXPOWER   = 0xD5;      // 发射功率为 1dBm
CCACTRL0  = 0xF8;      // 推荐值 smartRF 软件生成
FRMFILT0  = 0x0C;      // 禁止接收过滤，即接收所有数据包
FSCAL1 =    0x00;      // 推荐值 smartRF 软件生成
```

```
      AGCCTRL1 =   0x15;           //调整 AGC 目标值
  AGCCTRL2 =   0xFE;              //设置 LNA1、LNA2、LNA3 最大增益值，并存储在 RFR 中
                                   的值覆盖 AGC LNA 的当前设置
      TXFILTCFG = 0x09;          // 推荐值 smartRF 软件生成
      FREQCTRL = 0x0B;           // 选择通道 11
      RFIRQM0 |= (1<<6);         // 使能 RF 数据包接收中断
      IEN2 |= (1<<0);            // 使能 RF 中断
      RFST = 0xED;               // 清除 RF 接收缓冲区 ISFLUSHRX
      RFST = 0xE3;               // RF 接收使能 ISRXON
```

💻 **程序源代码**

```c
#include "ioCC2530.h"
#include <stdio.h>
#include <string.h>


#define LED1 P1_0              //状态指示灯
#define LED2 P1_1
char rf_rx_buf[128];          //射频接收缓冲


char serial_rxbuf[128];       // 串口接收缓冲区
int  serial_rxpos = 0;        // 串口接收存放位置
int  serial_rxlen = 0;        // 串口接收数据长度
char is_serial_receive = 0;   // 串口接收标志


void uart0_init();            // 串口初始化
void uart0_sendbuf(char *pbuf , int len); // 串口发送
void uart0_flush_rxbuf();// 串口接收，存放 flush 中的相关初始化


void timer1_init();           // 定时器 T1 初始化
void timer1_disbale();        // 定时器 T1 不使能
void timer1_enable();         // 定时器 T1 使能


void rf_send( char *pbuf , int len); // 无线射频发送
void rf_receive_isr();// 无线射频接收


void uart0_init()
{
    PERCFG = 0x00;               // UART0 选择位置 0 TX@P0.3 RX@P0.2
    P0SEL |= 0x0C;               // P0.3 P0.2 选择外设功能
    U0CSR |= 0xC0;               // UART 模式  接收器使能
    U0GCR |= 11;                 // 查表获得 U0GCR 和 U0BAUD
    U0BAUD = 216;                // 115200
    UTX0IF = 1;                  //允许发送，上一帧结束
    URX0IE = 1;                  // 使能接收中断 IEN0@BIT2
}
```

```
void uart0_flush_rxbuf()
{
    serial_rxpos = 0;
    serial_rxlen = 0;
}

void timer1_init()
{
    T1CTL = 0x0C;            // DIV 分频系数 128，MODE 暂停运行
    T1CCTL0 = 0x44;          // IM 通道 0 中断使能，MODE 比较匹配模式
    T1STAT = 0x00;           // 清除所有中断标志
    T1IE = 1;                // IEN1@BIT1 使能定时器 1 中断
    T1CC0L = 250;            // 溢出周期为 2ms
    T1CC0H = 0;
}

void timer1_disbale()
{
    T1CTL &= ~( 1<< 1);      // 恢复为停止模式
}

void timer1_enable()
{
    T1CTL |= ( 1 << 1 );     // 改变模式为比较匹配模式 MODE = 0x10;
    T1STAT = 0x00;           // 清除中断标志位
    T1CNTH = 0;              // 重新开始计数
    T1CNTL = 0;
}

void rf_init()
{
    TXPOWER   = 0xD5;            // 发射功率为 1dBm
    CCACTRL0  = 0xF8;            // 推荐值 smartRF 软件生成
    FRMFILT0  = 0x0C;            // 禁止接收过滤，即接收所有数据包
    FSCAL1 =    0x00;            // 推荐值 smartRF 软件生成
    TXFILTCFG = 0x09;
    AGCCTRL1  = 0x15;
    AGCCTRL2  = 0xFE;
    TXFILTCFG = 0x09;            // 推荐值 smartRF 软件生成
    FREQCTRL = 0x0B;            // 选择通道 11
    RFIRQM0 |= (1<<6);          // 使能 RF 数据包接收中断
    IEN2 |= (1<<0);             // 使能 RF 中断
    RFST = 0xED;                // 清除 RF 接收缓冲区 ISFLUSHRX
    RFST = 0xE3;                // RF 接收使能 ISRXON
}
```

```
void rf_send( char *pbuf , int len)
{
    RFST = 0xE3;                            // RF 接收使能 ISRXON
    // 等待发送状态不活跃 并且 没有接收到 SFD
    while( FSMSTAT1 & (( 1<<1 ) | ( 1<<5 )));
    RFIRQM0 &= ~(1<<6);                     // 禁止接收数据包中断
    IEN2 &= ~(1<<0);                        // 清除 RF 全局中断
    RFST = 0xEE;                            // 清除发送缓冲区 ISFLUSHTX
    RFIRQF1 = ~(1<<1);                      // 清除发送完成标志
    // 填充缓冲区 填充过程需要增加 2B，CRC 校验自动填充
    RFD = len + 2;
    for (int i = 0; i < len; i++)
{
  RFD = *pbuf++;
    }
    RFST = 0xE9;                            // 发送数据包 ISTXON
    while (!(RFIRQF1 & (1<<1)));            // 等待发送完成
    RFIRQF1 = ~(1<<1);                      // 清除发送完成标志位
    RFIRQM0 |= (1<<6);                      // RX 接收中断
    IEN2 |= (1<<0);
}


void rf_receive_isr()
{
    int rf_rx_len = 0;
    int rssi = 0;
    char crc_ok = 0;
    rf_rx_len = RFD - 2;                    // 长度去除两字节附加结果
    rf_rx_len &= 0x7F;
    for (int i = 0; i < rf_rx_len; i++)
    {
        rf_rx_buf[i] = RFD;                 // 连续读取接收缓冲区内容
    }
    rssi = RFD - 73;                        // 读取 RSSI 结果
    crc_ok = RFD;                           // 读取 CRC 校验结果 BIT7

    RFST = 0xED;                            // 清除接收缓冲区
    if( crc_ok & 0x80 )
    {
        uart0_sendbuf( rf_rx_buf , rf_rx_len);      // 串口发送
        printf("[%d]",rssi);
    }
    else
    {
        printf("\r\nCRC Error\r\n");
    }
```

```
    }

void main(void)
{
    P1DIR |= ( 1<< 0) | (1<<1 );          // P1.0 输出
    LED1 = 0; LED2 = 0;
    EA = 0;                               // 暂时关闭全局中断
    SLEEPCMD &= ~0x04;                    // 设置系统时钟为 32MHz
    while( !(SLEEPSTA & 0x40) );
    CLKCONCMD &= ~0x47;
    SLEEPCMD |= 0x04;
    uart0_init();                         // 串口初始化 115200
    timer1_init();                        // 定时器初始化 2ms 比较匹配
    rf_init();                            // RF 初始化 无帧过滤
    EA = 1;                               // 使能全局中断
    printf("CC2530\r\n");
    printf("学习实践\r\n");
    while(1)
    {
        if( is_serial_receive )           // 接收到串口数据包
        {
            is_serial_receive = 0;        // 清除标志位
            rf_send(serial_rxbuf , serial_rxlen);     // 直接转发串口数据
            uart0_flush_rxbuf();          // 清除串口接收缓冲区
        }
    }
}

void uart0_sendbuf(char *pbuf , int len)
{
    for( int i = 0 ; i < len ; i++)
    {
        while(!UTX0IF);
        UTX0IF = 0;
        U0DBUF = *pbuf;
        pbuf++;
    }
}

#pragma vector=URX0_VECTOR
__interrupt void UART0_ISR(void)
{
    URX0IF = 0;                                   // 清除接收中断标志
    serial_rxbuf[serial_rxpos] = U0DBUF;          // 填充缓冲区
    serial_rxpos++;
    serial_rxlen++;
```

```
    timer1_enable();                           // 定时器重新开始计数
}

#pragma vector=T1_VECTOR
__interrupt void Timer1_ISR(void)
{
    T1STAT &= ~( 1<< 0);                        // 清除定时器 T1 通道 0 中断标志
    is_serial_receive = 1;                      // 串口数据到达
    timer1_disbale();
}

#pragma vector=RF_VECTOR
__interrupt void rf_isr(void)
{
    LED1 ^= 1;                                  // LED1 翻转提示作用
    EA = 0;
    // 接收到一个完整的数据包
    if (RFIRQF0 & ( 1<<6 ))
    {
        rf_receive_isr();                       // 调用接收中断处理函数

        S1CON = 0;                              // 清除 RF 中断标志
        RFIRQF0 &= ~(1<<6);                     // 清除 RF 接收完成数据包中断
    }
    EA = 1;
}
```

实验效果：通过串口向设备 A 发送 Hello CC2530，设备 B 可收到 Hello CC2530，并把该字符串通过串口调试助手打印至屏幕。设备 B 发送 Hello RF，设备 A 同样可以收到数据并发送至屏幕。

图 2-55 中中括号包含的数字为 RSSI 结果，RSSI 表示接收信号强度，例如图 2-55 中的 -28。RSSI 结果的单位为 dBm，dBm 为绝对单位且参考的标准为 1mW。

图 2-55 设备 A 对应屏幕

硬件与软件分析

（1）硬件分析

2 套 CC2530 模块和 1 个仿真器。如果条件允许可以增加 1 个仿真器，仿真器可以是 CC Debugger 也可以是 SmartRF04EB，同时也可以准备 1 套 CC2531 USBDongle 作为嗅探器，抓取 RF 发送数据做调试分析。利用 LED1 和 LED2 的闪烁来指示系统运转状态和复位情况。IO 口 P1_0 接 LED1 用来指示是否复位，若正常没有复位则不闪烁；P1_1 接 LED2 用来显示系统运转，正常情况下间隔 300ms 变化一次。

（2）软件分析

程序从 main()主函数开始，包含串口初始化函数 uart0_init、串口发送函数 uart0_sendbuf、串口接收函数 uart0_flush_rxbuf、定时器 T1 初始化函数 timer1_init、定时器 T1 不使能函数 timer1_disbale、定时器 T1 使能函数 timer1_enable、无线射频发送函数 rf_send、无线射频接收串口发送函数 rf_receive_isr、串行接收中断函数 UART0_ISR、定时器 T1 中断函数 Timer1_ISR、射频接收中断函数 rf_isr。

有了前面的基础，相信大部分的程序都能看懂，下面只介绍有几个特殊的函数。

（1）rf_send 无线射频发送函数

发送过程大致可分为侦听 SFD 清除信道，关闭接收中断，填充缓冲区，启动发送并等待发送完成，最后恢复接收中断几个环节。在这几个过程中唯一需要说明的便是填充缓冲区过程，CC2530 在射频功能初始化中有个 FRMCTRL0 寄存器，该寄存器中 AUTOCRC 标志位默认为使能状态，见表 2-45，阅读 CC2530 数据手册不难发现，CC2530 的物理层负载部分第一个字节为长度域，填充实际负载之前需要先填充长度域，而物理层负载在原长度的基础上增加 2。长度域数值增加 2 的原因是由于自动 CRC 存在，CRC 部分占两个字节 CC2530 会把这两个字节填充至发送缓冲区。

（2）rf_isr 射频接收中断函数

无线接收部分可以分为两块内容，一块是无线接收中断处理，一块是无线数据帧处理。在前者中仅需查询标志位即可，RFIRQF0 的第 6 位为完整数据包接收中断标志，若 CC2530 接收到一个完整的无线数据包，该标志位便会置位。由于 CC2530 存在多种 RF 中断类型，例如接收到一个完整的帧，帧通过过滤等，那么在进入中断服务函数之后可以通过查询标志位的方法进入相应的处理任务，接收过程中便是采用的这种方式。

进入数据包处理函数之后，首先读取接收缓冲区的第一个字节，第一个字为数据包长度，在这里需要减去 2。长度域减去 2 的原理和发送过程相似，最后两个字节原为 CRC 校验，但是在 CC2530 处理过程中填充了更有用的信息，例如 RSSI 结果，而 CRC 校验只返回结果而不返回数值，CRC 校验的结果只占用一位。

如果 CRC 校验成功，那么就依次读取接收缓冲区字节数据，通过串口发送这些字节数据，附加一个 RSSI 结果，并且 RSSI 被中括号包围。如果 CRC 校验失败，则通过串口打印 CRCError。在实际工程中发现，当 CC2530 处于接收状态时，会不时地收到数据，这些数据杂乱无章，唯一的特征便是 CRC 校验结果错误。通过 CRC 校验结果可以有效剔除数据，保证系统的可靠性。例如本文提供的程序，若 CC2530 一直处于接收状态，那么每隔半个小时便会出现一次 CRC Error。

（3）uart0_init()串口初始化函数

串口部分的内容其实和 RF 部分无关，但是为了方便调试还是列举了该部分的代码。串口部分的代码包括定时器 T1 和 UART 两部分，UART 中断往接收缓冲区中填充数据，并重新启动定时器，在定时器中断中，指示串口数据接收完毕，改变一个软件标志位

is_serial_receive。

（4）main 主函数

完成相应初始化，并向屏幕输出规定信息后，无限循环执行：从串口接收到数据，并将该数据以无线（射频）方式发送出去。

注意：无限（射频）接收到的数据，从串口发送到屏幕的处理程序，都在 rf_receive_isr 无线射频接收串口发送函数中。

练习与提高

1. 写出 CC2530 射频单片机的主要寄存器的名称与功能。
2. 写出 CC2530 单片机 LED 点灯、按键识别的主要程序。
3. 写出 CC2530 射频单片机 LCD 显示的程序，显示班级、姓名信息。

第 3 章
自组网协议——ZigBee 应用

3.1 协议特征与结构

　　ZigBee 技术是一种可靠性高、功耗低的无线通信技术，在 ZigBee 技术体系结构中通常由层来量化它的各个简化标准。每一层负责完成规定的任务，并且向上一层提供服务。各层之间的接口通过定义的逻辑链路来提供服务。ZigBee 技术的体系结构主要由物理（PHY）层、媒体接入控制（MAC）层、网络胺全层以及应用框架层组成。ZigBee 技术的协议层结构简单，不像蓝牙和其他网络结构那样通常分为 7 层，而 ZigBee 技术仅为 3 层。在 ZigBee 技术中，PHY 层和 MAC 层采用 IEEE 802 15．4 协议标准，其中，PHY 层提供了 2 种类型的服务，即通过物理层管理实体接口（PLME）对 PHY 层数据和 PHY 层管理提供服务。PHY 层数据服务可以通过无线物理信道发送和接收物理层协议数据单元（PPDU）来实现。

　　在 TI 公司官方提供的源程序中，TexasInstruments\Projects\zstack 里面包含了 TI 公司的案例和工具。Samples 文件夹，Samples 文件夹里面有 3 个例子即，GenericApp、SampleApp、SimpleApp。

　　打开如图 3-1 所示 ZigBee2007 协议文件，ZStack-CC2530-2.3.0-1.4.0\Projects\zstack，里面包含了 TI 公司的案例和工具。

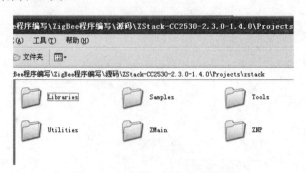

图 3-1　ZigBee2007 协议文件夹

Samples 文件夹里有 3 个例子，GenericApp、SampleApp、SimpleApp，如图 3-2 所示。GenericApp 是通用性；SimpleApp 的例子，主要是用来测试绑定的；SampleApp 主要是讲参数设置和功能调用的。本书有许多应用都采用该文件夹下的文件。

图 3-2　Samples 文件夹

3.2　ZigBee 2007 协议各层文件

打开\GenericApp\CC2530DB 下的工程文件 GenericApp.eww。可以看见在如图 3-3 所示的窗口中有 CoordinatorEB、EouterEB、EndDeviceEB、CoordinatorEB-Pro、EouterEB-Pro、EndDeviceEB-Pro 可选。

ZigBee pro 是 ZigBee 的升级版协议，有很多增强型的功能，比如轮流寻址、多对一路由、更高的安全性能等，能支持的网络节点要远多于老版的 ZigBee 协议，更适用于商业应用。

任意选择一个选项，看见如图 3-4 所示的协议文件结构。ZigBee 2007 协议针对不同的设备类型实现的功能见表 3-1。

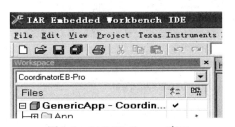

图 3-3　IAR Workspace 窗口

图 3-4　协议文件结构图

表 3-1　ZigBee2007 协议针对不同的设备类型实现的功能

序号	文件夹名	说　　明
1	App	应用层，存放应用程序
2	HAL	硬件层，与硬件电路有关
3	MAC	数据链路层
4	MT	监控调试层，通过串口调试各层，与各层进行直接交互
5	NWK	网络层
6	OSAL	操作系统抽象层
7	Profile	协议栈配置文件（AF）
8	Security	安全层
9	Services	地址处理层

续表

序号	文件夹名	说　　明
10	Tools	工程配置
11	ZDO	设备对象，调用 APP 子层和 NWK 层服务；远程设备通过 ZDO 请求描述符信息，接收到这些请求时，ZDO 会调用配置对象获取相应描述符值。另外，ZDO 提供绑定服务
12	ZMac	MAC 层接口函数
13	ZMain	整个工程的入口
14	Output	输出文件

3.2.1　应用层 APP

应用层主要根据具体应用由用户开发。它维持器件的功能属性，发现该器件工作空间中其他器件的工作，并根据服务和需求在多个器件之间进行通信。本节主要讲述在该层中的主要函数功能及应用。

ZigBee 的应用层由应用子层（APS sublayer）、设备对象（ZDO，包括 ZDO 管理平台）以及制造商定义的应用设备对象组成。APS 子层的作用包括维护绑定表（绑定表的作用是基于两个设备的服务和需要把它们绑定在一起）、在绑定设备间传输信息。ZDO 的作用包括在网络中定义一个设备的作用（如定义设备为协调者或为路由器或为终端设备）、发现网络中的设备并确定它们能提供何种服务、起始或回应绑定需求以及在网络设备中建立一个安全的连接。

打开 App 文件夹，可以看到三个文件，分别是 GenericApp.c（协调器，其他节点是 GenericAppSlave.c）、GenericApp.h、OSAL_Generic.c。整个程序所实现的功能都在这三个文件中，如图 3-5 所示。

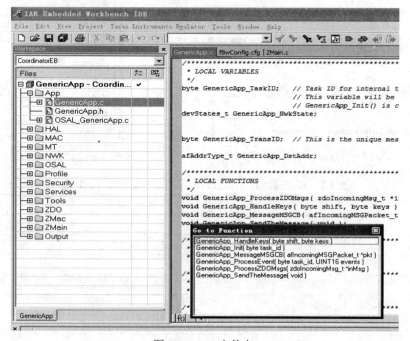

图 3-5　App 文件夹

打开 GenericApp.c 文件。首先看到的是两个比较重要的函数，GenericApp_Init 和 GenericApp_ProcessEvent。从函数名称上很容易得到的信息是，GenericApp_Init 是任务的初始化函数，而 GenericApp_ProcessEvent 则负责处理传递给此任务的事件。

大概浏览一下 GenericApp_ProcessEvent 函数，可以发现，此函数的主要功能是判断由参数传递的事件类型，然后执行相应的事件处理函数。

当有一个事件发生时，操作系统抽象层（Operating System Abstraction Layer，OSAL）负责将此事件分配给能够处理此事件的任务，然后此任务判断事件的类型，调用相应的事件处理程序进行处理，OSAL 是多任务资源分配机制。

OSAL 是如何传递事件给任务的？如何向的应用程序中添加一个任务？

先来看看 GenericApp 是如何添加任务的。

打开 OSAL_GenericApp.c 文件。可以找到一个很重要的数组 TasksArr 和一个同样很重要的函数 osalInitTasks。TaskArr 数组里存放了所有任务的事件处理函数的地址，而事件处理函数就代表了任务本身，也就是说事件处理函数标识了与其对应的任务。osalInitTasks 是 OSAL 的任务初始化函数，所有任务的初始化工作都在这里面完成，并且自动给每个任务分配一个 ID。

要添加新任务，需要编写新任务的事件处理函数和初始化函数，然后将事件处理函数的地址加入 TasksArr 数组。然后在 osalInitTasks 中调用此任务的初始化函数。此前提到过的 GenericApp_ProcessEvent 函数被添加到了数组的末尾，GenericApp_Init 函数在 osalInitTasks 中被调用。

值得注意的是，TaskArr 数组里各任务函数的排列顺序要与 osalInitTasks 函数中调用各任务初始化函数的顺序必须一致，只有这样才能够保证每个任务能够通过初始化函数接收到正确的任务 ID。另外，为了保存任务初始化函数所接收的任务 ID，需要给每一个任务定义一个全局变量来保存这个 ID。在 GenericApp 中，GenericApp.c 中定义了一个全局变量 GenericApp_TaskID；并且在 GenericApp_Init 函数中进行了赋值 {GenericApp_TaskID = task_id; }，这条语句将分配给 GenericApp 的任务 ID 保存了下来。

到此，就给应用程序中完整的添加了一个任务。回到 OSAL 如何将事件分配给任务这个问题上来。

在 OSAL_GenericApp.c 这个文件中，在定义 TaskArr 这个数组后，又定义了两个全局变量。

tasksCnt 这个变量保存了当前的任务个数。

tasksEvents 是一个指向数组的指针，此数组保存了当前任务的状态。在任务初始化函数中做了如下操作

```
{   tasksEvents = (uint16 *)osal_mem_alloc( sizeof( uint16 ) * tasksCnt);
    osal_memset( tasksEvents, 0, (sizeof( uint16 ) * tasksCnt));    }
```

osal_mem_alloc()为当前 OSAL 中的各任务分配存储空间（实际上是一个任务数组），函数返回指向任务缓冲区的指针，因此 tasksEvents 指向该任务数组（任务队列）。注意，tasksEvents 和后面谈到的 tasksArr[]里的顺序是一一对应的，tasksArr[ ]中的第 i 个，事件处理函数对应于 tasksEvents 中的第 i 个任务的事件。

osal_memset()把开辟的内存全部设置为 0；sizeof（uint16）是 4 个字节，即一个任务的长度（同样是 uint16 定义），乘以任务数量 tasksCnt，即全部内存空间。

可以看出所有任务的状态都被初始化为 0。代表了当前任务没有需要响应的事件。

紧接着，来到了 main()函数。此函数在 ZMain 文件夹的 ZMain.c 文件中。

略过许多对当前来说并非重要的语句，先来看看 osal_init_system()函数。

在此函数中，osalInitTasks()被调用，从而 tasksEvents 中的所有内容被初始化为 0。

之后，在 main()函数中，进入了 osal_start_system()函数，此函数为一个死循环，在这个循环中，完成了所有的事件分配。

首先来看如下一段代码。

```
        do {
if (tasksEvents[idx]) { break; }
} while (++idx < tasksCnt);
```

当 tasksEvents 这个数组中的某个元素不为 0，即代表此任务有事件需要相应，事件类型取决于这个元素的值。而 do-while 循环会选出当前优先级最高的需要响应的任务，即 {events = (tasksArr[idx]) (idx, events);} 语句。

此语句调用 tasksArr 数组里面相应的事件处理函数来响应事件。如果新添加的任务有了需要响应的事件，那么此任务的事件处理程序将会被调用。

这样，OSAL 就将需要响应的事件传递给了对应的任务处理函数进行处理。

事件是如何被捕获的？直观一些来说就是，tasksEvents 数组里的元素是什么时候被设定为非零数，来表示有事件需要处理的？为了详细说明这个过程，下面以 GenericApp 中响应按键的过程为例来进行说明。其他的事件虽然稍有差别，却是大同小异。

按键属于硬件资源，所以 OSAL 理应提供使用和管理这些硬件的服务。稍微留意一下 tasksArr 数组就会发现，它保存了所有任务的事件处理函数。有一个很重要的信息：Hal_ProcessEvent。HAL（Hardware Abstraction Layer）翻译为"硬件抽象层"。硬件抽象层所包含的范围是当前硬件电路上所有对于系统可用的设备资源。而 ZigBee 中的物理层则是针对无线通信而言，它所包含的仅限于支持无线通信的硬件设备。

通过这个重要的信息，可以得出这样一个结论：OSAL 将硬件的管理也作为一个任务来处理。

那么很自然地去寻找 Hal_ProcessEvent 这个事件处理函数，看看它究竟是如何管理硬件资源的。

在"HAL\Commen\ hal_drivers.c"这个文件中，找到了这个函数。直接分析与按键有关的一部分。

```
{    if (events & HAL_KEY_EVENT) {
#if (defined HAL_KEY) && (HAL_KEY == TRUE)  /* Check for keys */
HalKeyPoll();                  /* if interrupt disabled, do next polling */
 if (!Hal_KeyIntEnable)
{   osal_start_timerEx( Hal_TaskID, HAL_KEY_EVENT, 100);     }
        #endif // HAL_KEY
        return events ^ HAL_KEY_EVENT;
}   }
```

在事件处理函数接收到 HAL_KEY_EVENT 这样一个事件后，首先执行 HalKeyPoll() 函数。由于这个例的按键采用查询的方法获取，所以是禁止中断的，于是表达式（!Hal_KeyIntEnable）的值为真。那么 osal_start_timerEx（Hal_TaskID, HAL_KEY_EVENT100）得以执行。

osal_start_timerEx 这是一个很常用的函数，它在这里的功能是经过 100ms 后，向 Hal_TaskID 这个 ID 所标示的任务（也就是其本身）发送一个 HAL_KEY_EVENT 事件。

这样以来，每经过 100ms，Hal_ProcessEvent 这个事件处理函数都会至少执行一次来处理 HAL_KEY_EVENT 事件。也就是说每隔 100ms 都会执行 HalKeyPoll() 函数。

HalKeyPoll() 函数做了什么？

代码中给的注释为 /* Check for keys */   HalKeyPoll();

表示这个函数的作用是检查当前的按键情况。在接近函数末尾的地方，keys 变量（在函数起始位置定义的）获得了当前按键的状态。最后，有一个十分重要的函数调用。

```
(pHalKeyProcessFunction) (keys, HAL_KEY_STATE_NORMAL);
```

在这里调用的是 void OnBoard_KeyCallback （ uint8 keys, uint8 state ） 函数。

此函数在 ZMain\OnBoard .c 文件中可以找到。在这个函数中，又调用了 void OnBoard_KeyCallback（uint8 keys, uint8 state）

在这个函数中，按键的状态信息被封装到了一个消息结构体中，最后有一个极其重要的函数被调用了。

```
osal_msg_send( registeredKeysTaskID, (uint8 *)msgPtr );
```

与前面的 pHalKeyProcessFunction 相同，registeredKeysTaskID 所指示的任务正是需要响应按键的 GenericApp 这个任务。

向 GenericApp 发送了一个附带按键信息的消息。在 osal_msg_send()函数中 osal_set_event（destination_task, SYS_EVENT_MSG）; 被调用，它在这里的作用是设置 destination_task 这个任务的事件为 SYS_EVENT_MSG。

而这个 destination_task 正式由 osal_msg_send()函数通过参数传递而来的，它也指示的是 GenericApp 这个任务。在 osal_set_event()函数中，有这样一个语句：{tasksEvents[task_id] |= event_flag;}

至此，刚才所提到的问题得到了解决。

再将这个过程整理一遍。

首先，OSAL 专门建立了一个任务来对硬件资源进行管理，这个任务的事件处理函数是 Hal_ProcessEvent。在这个函数中通过调用 osal_start_timerEx（Hal_TaskID, HAL_KEY_EVENT, 100）;这个函数使得每隔 100ms 就会执行一次 HalKeyPoll()函数。HalKeyPoll()函数获取当前按键的状态，并且通过调用 OnBoard_KeyCallback 函数向 GenericApp 任务发送一个按键消息，并且设置 tasksEvents 中 GenericApp 所对应的值为非零。

如此，当 main 函数里这样一段代码

```
{
        do  {  if (tasksEvents[idx]) {    break;  }
 } while (++idx < tasksCnt);      }
```

执行了以后，GenericApp 这个任务就会被挑选出来。然后通过 events = （tasksArr[idx]）（ idx, events ）; 函数调用其事件处理函数，完成事件的响应。

但还有以下遗留问题。

第一，pHalKeyProcessFunction()函数指针为何指向了 OnBoard_KeyCallback()函数？在 HAL\Commen\ hal_drivers.c 文件中，找到了 HalDriverInit 这个函数，在这个函数中，按键的初始化函数 HalKeyInit 被调用。

在 HalKeyInit 中有如下的语句。

```
{ pHalKeyProcessFunction = NULL; }
```

这说明在初始化以后 pHalKeyProcessFunction 并没有指向任何一个函数。

那 pHalKeyProcessFunction 是什么时候被赋值的呢？

就在 HalKeyInit 的下方有一个这样的函数 HalKeyConfig。其中有这样一条语句 pHalKeyProcessFunction = cback;

cback 是 HalKeyConfig 所传进来的参数，所以，想要知道它所指向的函数，必须找到其调用的地方。经过简单的搜索在 main 函数中有这样一个函数调用：InitBoard(OB_READY); 此函数中做了如下调用。

```
{ HalKeyConfig( OnboardKeyIntEnable, OnBoard_KeyCallback); }
```

第二，registeredKeysTaskID 为什么标识了 GenericApp 这个任务？由于 OSAL 是一个支持多任务的调度机制，所以在同一时间内将会有多个任务同时运行。但是从逻辑上来讲，一个事件只能由一个任务来处理，按键事件也不例外。那么如何向 OSAL 声明处理按键事件的任务是 GenericApp 呢？

在 GenericApp_Init（GenericApp 的任务初始化函数）中有如下所示的语句。

```
{RegisterForKeys(GenericApp_TaskID );
}
```

RegisterForKeys 函数向 OSAL 声明按键事件将由 GenericApp 任务来处理。在 RegisterForKeys 函数中：

```
{        registeredKeysTaskID = task_id;      }
```

事件是驱动任务去执行某些操作的条件，当系统产生了一个事件，并将这个事件传递给相应的任务后，任务才能执行一个相应的操作。但是某些事件在它发生的同时，又伴随着一些附加信息的产生。任务的事件处理函数在处理这个事件时，还需要参考其附加信息。

最典型的一类便是按键消息，它同时产生了一个哪个按键被按下了的附加信息。所以在 OnBoard_SendKeys()函数中，不仅向 GenericApp 发送了事件，还通过调用 osal_msg_send()函数向 GenericApp 发送了一个消息，这个消息记录了这个事件的附加信息，涉及的函数主要如下。

在 GenericApp_ProcessEvent 中，通过

```
{   MSGpkt = (afIncomingMSGPacket_t *)osal_msg_receive( GenericApp_TaskID );   }
```

获取了这样一个消息，然后再进一步处理。

OSAL 在后台维护了一个消息队列，每一个消息都会被放到这个消息队列中，当任务接收到事件以后，从消息队列中获取属于自己的消息，然后进行处理。

void GenericApp_HandleKeys (uint8 shift, uint8 keys)

按键处理函数：当有按键被摁下时，协议栈会调用此函数。

按键的设置在 HAL->Target->CC2530EB->Drivers->hal_key.c 中，可以选择是查询模式还是中断模式，引脚自己定义。也可以不使用自带的，自行对按键进行初始化，具体程序见下。

```
/* SW_6 is at PO.5 */
#define HAL_KEY_SW_6PORT    PO
#define HAL_KEY_SW_6BIT     BV(5)
#define HAL_KEY_SW_6SEL     POSEL
#define HAL_KEY_SW_6DIR     PODIR

/* edge interrupt */
#define HAL_KEY_SW_6EDGEBIT  BV(0)  /POICON
#define HAL_KEY_SW_6EDGE        HAL_KEY_FALLING_EDGE

/* SW_6 interrupts */
#define HAL_KEY_SW_6IEN      IEN1 /* CPU interrupt mask register */
#define HAL_KEY_SW_6IENBIT    BV(5) /* Mask bit for all of Port_0 */
#define HAL_KEY_SW_6ICTL     POIEN /* Port Interrupt Control register */
#define HAL_KEY_SW_6ICTLBIT   BV(5) /* POIEN - PO.1 enable/disable bit */
#define HAL_KEY_SW_6PXIFG     POIFG /* Interrupt flag at source */
```
void GenericApp_Init(uint8 task_id)

任务初始化函数：对应用层的一系列任务以及底层驱动进行初始化，一般不需要进行修改。节点类型可以在初始化时就在此函数中进行定义。如下程序定义了"路由"和"终端节点"类型。

```
#ifdef  WXIT_ROUIER
   zgDeviceLogicalType=ZG_DEVICETYPE_ROUTER;
```

```
#endif

#ifdef  WXIT_RFD
  zgDeviceLogicalType= ZG_DEVICETYPE_ENDDEVICE;
#endif
```

如图 3-6 所示，系统初始化任务函数 osal In it Tasks()位于 APP\osAL_Generic APP.C 文件中。

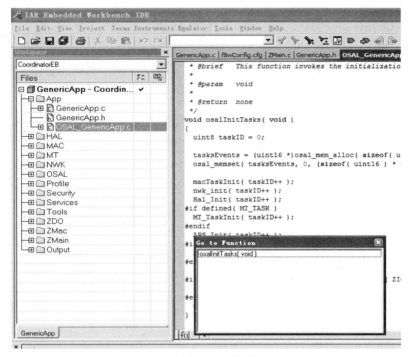

图 3-6　任务初始化函数

void GenericApp_MessageMSGCB(afIncomingMSGPacket_t *pkt)

无线消息接收函数：当节点接收到无线消息时，会调用此函数。

无线消息->对消息内容进行判断->做相对应操作

```
if((R_Buffer.packet_Struct.cmd[1]=='W') &&
(R_Buffer.packet_Struct.cmd[2]=='S')) //读温湿度
  {
  ds18b20_main();
  SendData(T_Buffer.data, 0xFFFF, 32)
RfHaveTxData=1;
}
```

解析指令为读取温度->读取温度数据并广播发送。

uint16 GenericApp_ProcessEvent(uint8 task_id, uint16 events)

事件处理函数：按键函数、无线消息函数、串口函数等都通过此函数进行调用。

此函数中主要包含一个 switch-case 语句，其中需要注意的有以下一些。

case KEY_CHANGE：按键事件，调用按键处理函数。

case AF_INCOMING_MSG_CMD：无线消息事件，调用无线消息处理函数。

case ZDO_STATE_CHANGE：设备网络状态发生改变，可以在此进行网络管理。

case SPI_INCOMING_ZTOOL_PORT：串口事件，串口有数据传送过来会进入。

void GenericApp_SendPeriodicMessage (void)
广播发送函数：将消息进行广播发送。
发送函数见下面程序，可以自行修改所需要的函数。

```c
uint8 SendData(uint8 *buf, UINT16 addr, uint8 Leng)
{
  afAddrType_t SendDataAddr;
  SendDataAddr.addrMode = (afAddrMode_t) Addr16Bit;
  SendDataAddr.endPoint = SAMPLEAPP_ENDPOINT;
  SendDataAddr.addr.shortAddr = addr;
  if (AF_DataRequest(&SendDataAddr, &SampleApp_epDesc,
              2,//SAMPLEAPP_PERIODIC_CLUSTERID,
              Leng,
              Buf,
              &SampleApp_TransID,
              AF_DISCV_ROUTE,
              //  AF_ACK_REQUEST,
              AF_DEFAULT_RADIUS) == afStatus_SUCCESS)
  {
    return 1;
  }
  else
  {
    return 0; // Error occurred in request to send.
  }
}
```

3.2.2 HAL 层

（Hardware Abstract Layer）硬件层（与硬件电路有关），在 zigbee2007 协议栈下，HAL 文件夹下文件有如图 3-7 所示的结构。

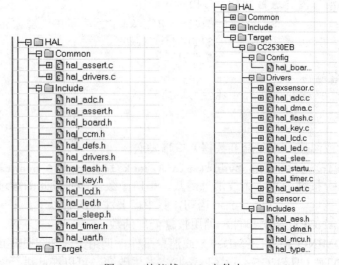

图 3-7　协议栈 HAL 文件夹

HAL 文件夹中包含了以下文件。

① Common 中定义的与外设无关的硬件操作

② Include 主要包含了对 ZigBee 开发板硬件电路定义的头文件

③ Target 包含的是一些目标文件，当涉及到传感器时，传感器的驱动文件要添加到其中的 Drivers 文件夹中。

在 Common 中包括了硬件的定义和驱动两个机关的文件，这两个文件是针对 CC2530 芯片的，如图 3-8 和图 3-9 所示。

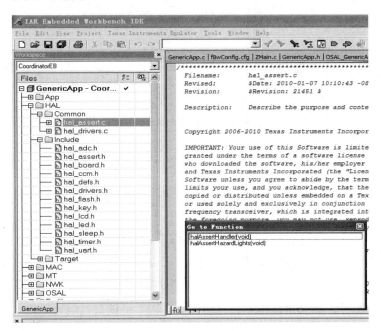

图 3-8 assert 配置

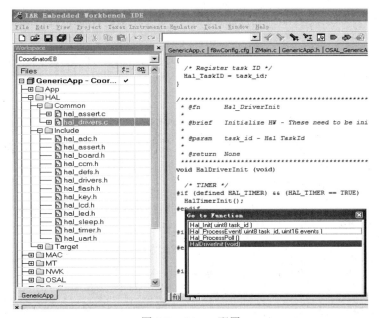

图 3-9 drivers 配置

在 include 文件夹中定义了开发板的接口，可以看出，绝大部分的外设硬件都能在这里找到位置如图 3-10 所示。图 3-10 展示了硬件层的 ADC 相关定义。

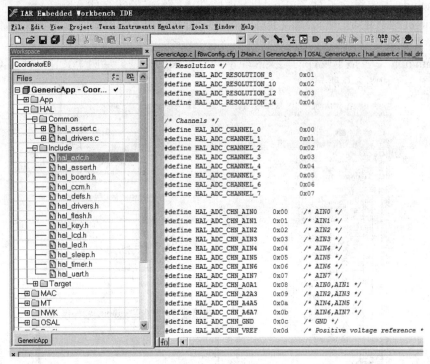

图 3-10　ADC 配置

关于 ADC 配置，如果电路板和官方引脚不对应，可以自己编写驱动，不使用协议栈提供的函数。

例如：接收到读取温度的指令后，语句

```
else if ((R_Buffer.packet_Struct.cmd[1] == 'G') && (R_Buffer.packet_Struct.cmd[2]
== 'M')) //光敏
{
    //光敏电阻 p01
    T_Buffer.packet_Struct.DataBuf[0]=myApp_ReadLightLevel();
    RfHaveTxData=1;
}
```

执行温度读取，使用 ADC 采集，关于 ADC 采集，这里是在 GenericApp.c 中直接编写驱动，不用协议栈自带的程序。

```
uint8 myApp_ReadLightLevel(void)
{
    uint8 value;

    //P01 设为输入
    PODIR &= ~0x02;   //设置 P0.1 为输入方式

    asm("NOP"); asm("NOP");
```

```
/* Clear ADC interrupt flag */
ADCIF =0;

ADCCON3=(0x80 | HAL_ADC_DEC_064 | HAL_ADC_CHANNEL_1);

/* Wait for the conversion to finish */
while (!ADCIF);

asm("NOP");asm("NOP");

/* Get the result */
value= ADCH;

return value;
}
```

图 3-11 展示了硬件 LED 的接口定义，可以根据实际电路作修改。

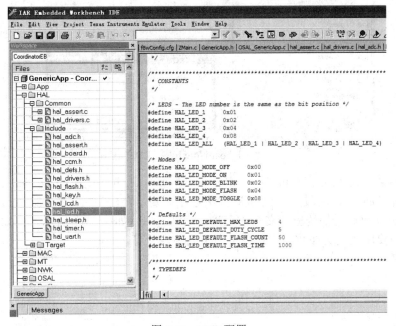

图 3-11　LED 配置

关于 LED 的配置，一般使用 uint8 HalLedSet （uint8 leds, uint8 mode）函数，这个函数的具体位置在 HAL->Target->CC2530EB>Drivers->hal_led.c 中。

在 hal_led.c 函数中，有一个 HalLedOnOff （led, sts->mode）函数，继续查看里面的函数和变量的定义，可以更改灯亮是高电平还是低电平，即 ACTIVE_HIGH。

如图 3-12 所示是在 HAL->Target->CC2530EB->Config->hal_board_cfg.h 中涉及对 LED 的一些定义，代码如下。

```
/* 1- Green */
#define LED1_BV         BV(0)
#define LED1_SBIT       P1_0
#define LED1_DDR        P1DIR
```

```
#define LED1_POLARITY   ACTIVE_HIGH
```
关于引脚的定义，文件位置在 HAL->Target->Include->hal_led.h 中。
```
/* LEDS -The LED number is the same as the bit position */
#define HAL_LED_1      0x01
#define HAL_LED_2      0x02
#define HAL_LED_3      0x04
#define HAL_LED_4      0x10
#define HAL_LED_ALL  (HAL_LED_1 | HAL_LED_2 | HAL_LED_3 | HAL_LED_4)
```

图 3-12　hal_board_cfg.h 中 LED 的配置

关于 HAL->Target->CC2530EB->Config->hal_board_cfg.h 中的 Config->hal_board_cfg.h，里面有之前提到的 LED 的设置，也有关于按键的,需要结合相关的文件一起修改。

LCD 部分如果有提供的驱动文件，直接替换就可以，如图 3-13 所示。

如果只需要现实英文加数字，只需重写下列函数即可。

引脚定义：
```
#define LCD_DC       P0_0
#define LCD_SDA      P1_6
#define LCD_SCL      P1_5
#define LCD_CE       P1_2
```
字库很长，截取部分。
```
__code const unsigned char font6x8[][6] =
{
  {0x00, 0x00, 0x00, 0x00, 0x00, 0x00},     // sp  0
  {0x00, 0x00, 0x00, 0x2f, 0x00, 0x00},     // !   1
  {0x00, 0x00, 0x07, 0x00, 0x07, 0x00},     // "   2
  {0x00, 0x14, 0x7f, 0x14, 0x7f, 0x14},     // #   3
  {0x00, 0x24, 0x2a, 0x7f, 0x2a, 0x12},     // $   4
```
液晶初始化函数主要有：
```
void initLcd(void) //初始化
```

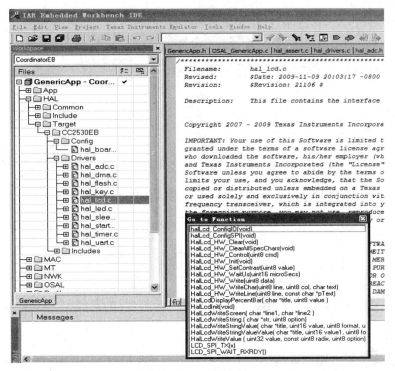

图 3-13　LCD 配置

//在液晶上现实英文加字幕的函数如下所示。

`void lcdUpdateLine(UINT8 line, char *pLine)`

上述函数中还包含以下一些函数。

`void Delay_nms(unsigned int Time)//延时`

`void LCD_write_byte(unsigned char data, unsigned char command)//写一个字节`

`void LCD_clear(void)  //清屏`

`void SendByte(unsigned char Data)//输出一个字节`

`void LCD_write_english_string(unsigned char X,unsigned char Y,char *s)//向`
屏输出一串字符

`void LCD_set_XY(unsigned char X, unsigned char Y)     //设置光标位置`

`void LCD_write_char(unsigned char c)  //向屏输入一个字符`

图 3-14 展示了 HAL 中的 Target 下的文件。

（在标注的 ZigBee 200）协议中，还包含了下面的函数。

`void HalLcdWriteString ( char *str, uint8 option)`

功能：向液晶屏写字符（*str：字符指针 option：显示位置）。

`void HalLcdWriteStringValue( char *title, uint16 value, uint8 format, uint8 line )`

功能：向液晶屏写字符和数值（*title 为字符指针，value 为数值，line 为指定在第几行显示）。

`uint8 HalLedSet (uint8 leds, uint8 mode)`

功能：使能某个 LED 灯亮还是灭（leds 为指定某个 LED 灯，mode 为模式）。

`void HalLedBlink (uint8 leds, uint8 numBlinks, uint8 percent, uint16 period)`

功能：使能某个 LED 灯闪烁（leds 为指定某个 LED 灯，numBlinks 为闪烁次数，persent 为亮灭百分比，period 为闪烁周期）。

`uint16 HalUARTWrite (uint8 port, uint8 *buf, uint16 len)`

功能：向串口写数据（port 为串口号 *buf 为要写入的数据，len 为数据长度）。

在 Target 文件夹下包含了若干文件，如图 3-14 所示。

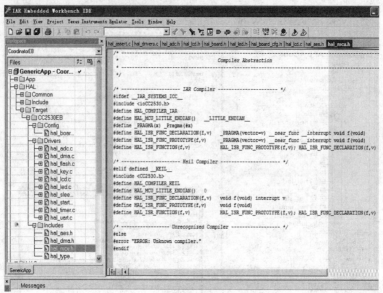

图 3-14　HAL 中的 Target 下的文件

3.2.3　数据链路层 MAC

MAC 层遵循 IEEE 802.15.4 协议，负责设备间无线数据链路的建立、维护和结束，确认模式的数据传送和接收，可选时隙，实现低延迟传输，支持各种网络拓扑结构，网络中每个设备为 16 位地址寻址。它可完成对无线物理信道的接入过程管理，包括以下几方面：网络协调器（coordinator）产生网络信标、网络中设备与网络信标同步、完成 PAN 的入网和脱离网络过程、网络安全控制、利用 CSMA-CA 机制进行信道接入控制、处理和维持 GTS（Guaranteed Time Slot）机制、在两个对等的 MAC 实体间提供可靠的链路连接。在 ZigBee2007 协议栈下，MAC 文件夹下的文件如图 3-15 所示。

MAC 文件夹下有 3 个子文件夹，分别是 High Level、Include 和 Low Level。

1）数据传输模型

MAC 规范定义了 3 种数据传输模型，即数据从设备到网络协调器、从网络协调器到设备、点对点对等传输模型。对于每一种传输模型，又分为信标同步模型和无信标同步模型两种情况。

在数据传输过程中，ZigBee 采用了 CSMA/CA 碰撞避免机制和完全确认的数据传输机制，保证了数据的可靠传输。同时为需要固定带宽的通信业务预留了专用时隙，避免了发送数据时的竞争和冲突。

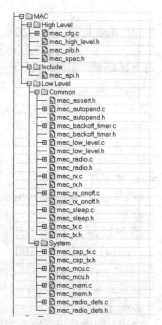

图 3-15　MAC 文件夹

2）帧结构定义

MAC 规范定义了 4 种帧结构，即信标帧、数据帧、确认帧和 MAC 命令帧。

3.2.4　MT(监控调试)层

通过串口调试各层，与各层直接进行交互。在 ZigBee2007 协议栈下，MT 文件夹下的文件如图 3-16 所示。

在这一层中，主要关注 MT_UART.c 和 mt_uart.h,在 mt_uart.h
中定义了控制流和波特率，当需要作出修改时，就需要找到
mt_uart.h。

关键语句如下。

```
#if ! defined( MT_UART_DEFAULT_OVERFLOW)
    #define MT_UART_DEFAULT_OVERFLOW    FALSE//关控制流
#endif
#define MT_UART_DEFAULT_BAUDRATE        HAL_UART_BR_
19200//设置波特率
```

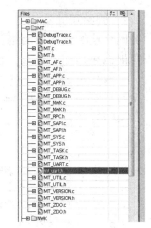

图 3-16 MT 文件夹

3.2.5 网络层 NWK

网络层的作用是建立新的网络、处理节点的进入和离开网络、
根据网络类型设置节点的协议堆栈、使网络协调器对节点分配地址、保证节点之间的同步、
提供网络的路由。在 ZigBee2007 协议栈下，NWK 文件夹下的文件
如图 3-17 所示。

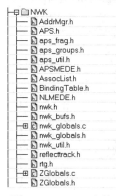

图 3-17 NWK 文件夹

网络层确保 MAC 子层的正确操作，并为应用层提供合适的服务
接口。为了给应用层提供合适的接口，网络层用数据服务和管理服
务来提供必需的功能。网络层数据实体（NLDE）通过相关的服务接
入点（SAP）来提供数据传输服务，即 NLDE.SAP；网络层管理实
体（NLME）通过相关的服务接入点（SAP）来提供管理服务，即
NLME.SAP。NLME 利用 NLDE 来完成一些管理任务和维护管理对
象的数据库，通常称作网络信息库（Network Information Base，NIB）。

1）网络层数据实体（NLDE）

NLDE 提供数据服务，以允许一个应用在两个或多个设备之间
传输应用协议数据（Application Protocol Data Units，APDU）。NLDE
提供以下服务类型。

（1）通用的网络层协议数据单元（NPDU）：NLDE 可以通过一个附加的协议头从应用支
持子层 PDU 中产生 NPDU。

（2）特定的拓扑路由：NLDE 能够传输 NPDU 给一个适当的设备。这个设备可以是最终
的传输目的地，也可以是路由路径中通往目的地的下一个设备。

2）网络层管理实体（NLME）

NLME 提供一个管理服务来允许一个应用和栈相连接。NLME 提供以下服务。

（1）配置一个新设备：NLME 可以依据应用操作的要求配置栈。设备配置包括开始设备
作为 ZigBee 协调者，或者加入一个存在的网络。

（2）开始一个网络：NLME 可以建立一个新的网络。

（3）加入或离开一个网络：NLME 可以加入或离开一个网络，使 ZigBee 的协调器和路由
器能够让终端设备离开网络。

（4）分配地址：使 ZigBee 的协调者和路由器可以分配地址给加入网络的设备。

（5）邻接表（Neighbor）发现：发现、记录和报告设备的邻接表下一跳的相关信息。

（6）路由的发现：可以通过网络来发现及记录传输路径，而信息也可被有效地路由。

（7）接收控制：当接收者活跃时，NLME 可以控制接收时间的长短并使 MAC 子层能同
步或直接接收。

3）网络层帧结构

网络层帧结构由网络头和网络负载区构成。网络头以固定的序列出现，但地址和序列区不可能被包括在所有帧中。

在 nwk_globals.c 中

```
#if (STACK_PROFILE_ID == ZIGBEEPRO_PROFILE)
  byte CskipRtrs[1] = {0};
  byte CskipChldrn[1] ={0};
#elif (STACK_PROFILE_ID ==HOME_CONTROLS)
  byte CskipRtrs[MAX_NODE_DEPTH+1] = {6,6,6,6,6,0};
  byte CskipChldrn[MAX_NODE_DEPTH+1] = {6,20,20,20,20,0};
#elif (STACK_PROFILE_ID ==GENERIC_STAR)
  byte CskipRtrs[MAX_NODE_DEPTH+1] = {5,5,5,5,5,0};
  byte CskipChldrn[MAX_NODE_DEPTH+1] = {5,5,5,5,5,0};
#elif (STACK_PROFILE_ID ==NETWORK_SPECIFIC)
  byte CskipRtrs[MAX_NODE_DEPTH+1] = {5,5,5,5,5,0};
  byte CskipChldrn[MAX_NODE_DEPTH+1] = {5,5,5,5,5,0};
#endif // STACK_PROFILE_ID
```

至于 STACK_PROFILE_ID，需要结合 nwk_globals.h 和预编译，一般不做修改的情况下都是 ZIGBEEPRO_PROFILE。

byte CskipRtrs[MAX_NODE_DEPTH+1] 可以理解成每一级网络深度可以携带的路由个数。

byte CskipChldrn[MAX_NODE_DEPTH+1] 可以理解成每一级网络深度可以携带的所有节点（路由与终端）的个数。

星型、树型、网状网络的拓扑设计就是通过设计这些参数而得到，具体可以参考 nwk_globals.h 的文件说明。

例如，CskipRtrs 中第一级为 6，CskipChldrn 第一级也为 6，那就意味着网关在第一级就只能允许路由加入，终端无法加入。这样，可以严格保证网络的拓扑结构，如图 3-18 所示。

图 3-18　CskipRtrs

3.2.6　操作系统抽象层 OSAL

OSAL（Operating System Abstraction Layer）就是以实现多任务为核心的系统资源管理机制。所以 OSAL 与标准的操作系统还是有很大的区别的。简单而言，OSAL 实现了类似操作系统的某些功能，但并不能称之为真正意义上的操作系统。OSAL 主要提供的功能包括任务注册、初始化和启动，任务间的的同步、互斥，中断处理，存储器分配和管理。

在 ZigBee2007 协议栈下，OSAL 文件夹下的文件如图 3-19 所示。

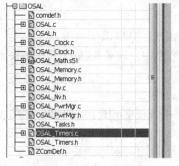

图 3-19　OSAL 文件夹

主要有函数 osal_init_system()、osal_msg_allocate()、osal_msg_deallocate()、osal_msg_send()、osal_msg_receive()、osal_set_event( )。

（1）osal_init_system() 功能：进行操作系统相关的初始化。

（2）byte *osal_msg_allocate（ uint16 len ）功能：当一个任务调用这个函数时，将为消息分配缓冲区，函数会将消息加入缓冲区，并调用 osal_msg_send() 将消息发送到另一个任务。

参数 len：消息的长度。

返回值：指向消息缓冲区的指针，当分配失败时返回 NULL。

（3）byte osal_msg_deallocate（byte *msg_ptr 功能：用于收回缓冲区。

参数 Msg_ptr：指向将要收回的缓冲区的指针。

返回值：RETURN VALUE DESCRIPTION。

ZSUCCESS 表示回收成功；

INVALID_MSG_POINTER 表示错误的指针；

MSG_BUFFER_NOT_AVAIL 表示缓冲区在队列中。

（4）byte osal_msg_send（byte destination_task, byte *msg_ptr）功能：任务调用这个函数以实现发送指令或数据给另一个任务或处理单元。目标任务的标识必须是一个有效的系统任务，当调用 osal_create_task（）启动一个任务时，将会分配任务标识。osal_msg_send()也将在目标任务的事件列表中设置 SYS_EVENT_MSG。

参数 destination_task ：目标任务的标识。

msg_ptr：指向消息缓冲区的指针。

返回值中，ZSUCCESS 表示消息发送成功；INVALID_MSG_POINTER 表示无效指针；INVALID_TASK 表示目标任务无效。

（5）byte *osal_msg_receive（byte task_id）功能：任务调用这个函数来接收消息。消息处理完毕后，发送消息的任务必须调用 osal_msg_deallocate()收回缓冲区。

参数 task_id：消息发送者的任务标识。

返回值：指向消息所存放的缓冲区指针，如果没有收到消息将返回 NULL。

（6）byte osal_set_event（byte task_id, UINT16 event_flag）功能：函数用来设置一个任务的事件标志。

参数 task_id ：任务标识。

event_flag：2 个字节，每个位特指一个事件。只有一个系统事件，其他事件在接收任务中定义。

返回值：ZSUCCESS 表示成功设置。

INVALID_TASK 表示无效任务。

3.2.7　配置文件 Profile

每一个 ZigBee 的网络设备都应该使用一个 Profile, Profile 定义了设备的应用场景、WSN，另外还定义了设备的类型还有设备之间的信息交换规范。以便不同的节点甚至是不同厂商生产的节点能够协作。在 ZigBee2007 协议栈下，Profile 文件夹下的文件如图 3-20 所示。

图 3-20　Profile 文件夹

3.2.8　安全层 Security（安全管理）

安全层使用可选的 AES-128 对通信加密，保证数据的完整性。

ZigBee 安全体系提供的安全管理主要是依靠相称性密匙保护、应用保护机制、合适的密码机制以及相关的保密措施。安全协议的执行（如密匙的建立）要以 ZigBee 整个协议栈正确运行且不遗漏任何一步为前提，MAC 层、NWK 层和 APS 层都有可靠的安全传输机制用于它们自己的数据帧。APS 层提供建立和维护安全联系的服务，ZDO 管理设备的安全策略和安全配置。在 ZigBee2007 协议栈下，Security 文件夹下的文件如图 3-21 所示。

图 3-21　Security 文件夹

1）MAC 层安全管理

当 MAC 层数据帧需要被保护时，ZigBee 使用 MAC 层安全管理来确保 MAC 层命令、标识以及确认等功能。ZigBee 使用受保护的 MAC 数据帧来确保一个单跳网络中信息的传输，但对于多跳网络，ZigBee 要依靠上层（如 NWK 层）的安全管理。MAC 层使用高级编码标准（Advanced Encryption Standard，AES）作为主要的密码算法和描述多样的安全组，这些组能保护 MAC 层帧的机密性、完整性和真实性。MAC 层作为安全性处理，但上一层（负责密匙的建立以及安全性使用的确定）控制着此处理。当 MAC 层使用安全使能来传送/接收数据帧时，首先会查找此帧的目的地址（源地址），然后找回与地址相关的密匙，再依靠安全组来使用密匙处理此数据帧。每个密匙和一个安全组相关联，MAC 层帧头中有一个位来控制帧的安全管理是否使能。

当传输一个帧时，如需保证其完整性，MAC 层头和载荷数据会被计算使用，来产生信息完整码（Message Integrity Code，MIC）。MIC 由 4、8 或 16 位组成，被附加在 MAC 层载荷中。当需保证帧机密性时，MAC 层载荷也有其附加位和序列数（数据一般组成一个 nonce）。当加密载荷时或保护其不受攻击时，此 nonce 被使用。当接收帧时，如果使用了 MIC，则帧会被校验，如载荷已被编码，则帧会被解码。当每个信息发送时，发送设备会增加帧的计数，而接收设备会跟踪每个发送设备的最后一个计数。如果一个信息被探测到一个老的计数，该信息会出现安全错误而不能被传输。MAC 层的安全组基于 3 个操作模型，即计数器模型（Counter，CTR）、密码链模型（Cipher Block Chaining，CBC-MAC）以及两者混合形成的 CCM 模型。MAC 层的编码在计数器模型中使用 AES 来实现，完整性在密码链模型中使用 AES 来实现，而编码和完整性的联合则在 CCM 模型中实现。

2）NWK 层安全管理

NWK 层也使用高级编码标准（AES），但和 MAC 层不同的是标准的安全组全部是基于 CCM 模型。此 CCM 模型是 MAC 层使用的 CCM 模型的小修改，包括了所有 MAC 层 CCM 模型的功能，还提供了单独的编码及完整性的功能。这些额外的功能通过排除使用 CTR 及 CBC. MAC 模型来简化 NWK 的安全模型。另外，在所有的安全组中，使用 CCM 模型可以使一个单密匙用于不同的组中。这种情况下，应用可以更加灵活的来指定一个活跃的安全组给每个 NWK 的帧，而不必理会安全措施是否使能。

当 NWK 层使用特定的安全组来传输，接收帧时，NWK 层会使用安全服务提供者（Security Services Provider，SSP）来处理此帧。SSP 会寻找帧的目的/源地址，取回对应于目的/源地址的密匙，然后使用安全组来保护帧。NWK 层对安全管理有责任，但其上一层控制着安全管理，包括建立密匙及确定对每个帧使用相应的 CCM 安全组。

3.2.9　地址处理层 Services（地址分配与处理）

在 ZigBee2007 协议栈下，Services 文件夹下的文件如图 3-22 所示。
ZigBee 有两种地址分配方式，分布式分配机制和随机分配机制。

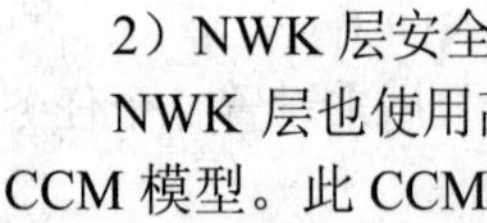

```
─┤─ □ Services
  ├─ ⊞ © saddr.c
  └─ h saddr.h
```

图 3-22　Services 文件夹

1）随机分配机制

随机分配机制是指当 NIB 的 nwkAddrAlloc 值为 0x02 时，地址随机选择。在这种情况下，nwkMaxRouter 就无意义了。随机地址分配应符合 NIST 测试中的描述。当一个设备加入网络使用的是 MAC 地址，其父设备应选择一个尚未分配过的随机地址。一旦设备已分配一个地址，它没有理由放弃该地址，并应予以保留，除非它收到声明，其地址与另一个设备冲突。此外，设备可能自我指派随机地址，比如利用加入命令帧加入一个网络。

2）分布式分配机制

每个 ZigBee 设备都应该拥有一个唯一的 MAC 地址。协调器（coordinator）在建立网络以后使用 0x0000 作为自己的短地址。在路由器（router）和终端（enddevice）加入网络后，使用父设备给它分配的 16 位的短地址来通信。那么这些短地址是如何分配的呢？16 位的地址意味着可以分配给 65536 个节点，地址的分配取决于整个网络的架构，整个网络的架构由以下 3 个值决定。

① 网络的最大深度（L_m）。

② 每个父亲设备拥有的孩子数（C_m）。

③ 第 2 条的孩子设备当中有几个是路由器（R_m）。

有了这 3 个值就可以根据下面的公式来算出某父设备的路由器子设备之间的地址间隔 Cskip（d）：

$$C_{\text{skip}(d)} = \begin{cases} 1 + C_m(L_m - d - 1) 若 R_m = 1 \\ \dfrac{1 + C_m - R_m - C_m \times R_m^{L_m - d - 1}}{1 - R_m} \quad （其他情况） \end{cases}$$

上面这个公式是用来计算位于深度 d 的父亲设备的，它所分配的子路由器之间的短地址间隔。该父亲设备分配的第 1 个路由器地址=父设备地址+1，分配的第 2 个路由器地址=父亲设备地址+1+Cskip（d），第 3 个路由器地址=父亲设备地址+1+2×Cskip（d），依次类推。

计算终端地址的公式为

$$A_n = A_{\text{parent}} + C_{\text{skip}}(d) \times R_m + n$$

这个公式是来计算 A_{parent} 这个父亲设备分配的第 n 个终端设备的地址 A_n。来举个简单的例子，假设有一个 ZigBee 网络，最大深度为 3，每个父亲的最大孩子数是 5，在孩子当中路由器数量是 3，如图 3-23 所示。

由图 3-23 可知，协调器的 Cskip（d）=（1+5-3-5×3^（3-0-1））/（1-3）=21，所以协调器的第一个路由器是 1，第二个就是 22，换算成十六进制就是 0x0016。协调器的第 1 个终端地址=0x0000+21×3+1=64=0x0040、第 2 个就是 0x0041。由此可见所有同一父亲的终端设备的短地址都是连续的。不难看出一旦 L_m、C_m、R_m 这 3 个值确定了，整个网络设备的地址也就确定下来。所以知道了某个设备的短地址就可以计算出它的设备类型和它的父设备地址。

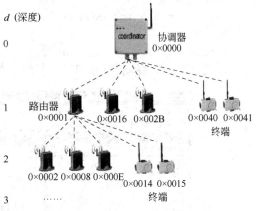

图 3-23　分布式分配机制示意图

3.2.10　工程配置 Tools

在 ZigBee2007 协议栈下，Tools 文件夹下的文件如图 3-24 所示。

图 3-24　Tools 文件夹

在这一层中，主要用到的是 f8wConfig.cfg 文件，在里面可以设置自己的信道 PANID。

Tools 文件夹中，一般只需要修改 f8wConfig.cfg 中的信道和 PANID，其他的一般不需修改。

```
//    11-26 : 2.4GHz        0x07FFF800
//
//-DMAX_CHANNELS_868MHZ        0x00000001
```

```
//-DMAX_CHANNELS_915MHZ        0x000007FE
//-DMAX_CHANNELS_24GHZ         0x07FFF800
//-DDEFAULT_CHANLTST=0x04000000    // 26 - 0x1A
//-DDEFAULT_CHANLTST=0x02000000    // 25 - 0x19
//-DDEFAULT_CHANLTST=0x01000000    // 24 - 0x18
//-DDEFAULT_CHANLTST=0x00800000    // 23 - 0x17
//-DDEFAULT_CHANLTST=0x00400000    // 22 - 0x16
//-DDEFAULT_CHANLTST=0x00200000    // 21 - 0x15
- DDEFAULT_CHANLTST=0x00100000     //20 - 0x14
//- DDEFAULT_CHANLTST=0x00080000     //19 - 0x13
//- DDEFAULT_CHANLTST=0x00040000     //18 - 0x12
//- DDEFAULT_CHANLTST=0x00020000     //17 - 0x11
//- DDEFAULT_CHANLTST=0x00010000     //16 - 0x10
//- DDEFAULT_CHANLTST=0x00008000     //15 - 0x0F
//- DDEFAULT_CHANLTST=0x00004000     //14 - 0x0E
//- DDEFAULT_CHANLTST=0x00002000     //13 - 0x0D
//- DDEFAULT_CHANLTST=0x00001000     //12 - 0x0C
//- DDEFAULT_CHANLTST=0x00000800     //11 - 0x0B
/* Define the default PAN ID.
*
* Setting this to a value other than 0xFFFF causes
*ZDO_COORD to use this value as its PAN ID and
* Routers and end devices to join PAN with this ID
*/
- DZDAPP_CONFIG_PAN_ID=0xFF10
```

协调、路由、终端节点选择后对应的设置程序如图 3-25～图 3-27 所示。

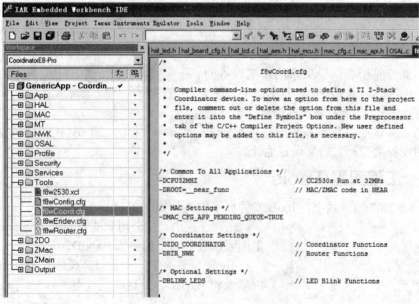

图 3-25　协调节点设置程序

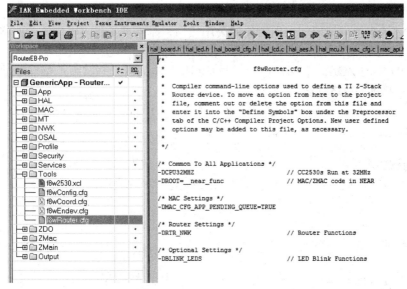

图 3-26　路由节点设置程序

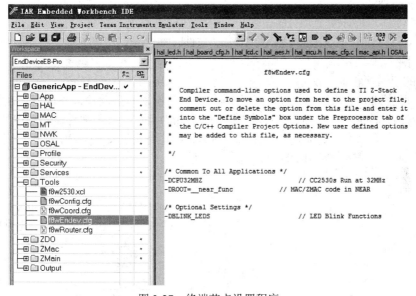

图 3-27　终端节点设置程序

3.2.11　设备对象 ZDO

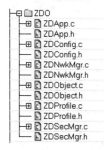

图 3-28　ZDO 文件夹

ZigBee 设备对象（ZDO）描述了一个基本的功能函数类，在应用对象、设备 profile 和 APS 之间提供了一个接口。在 ZigBee2007 协议栈下，ZDO 文件夹下的文件如图 3-28 所示。

ZDO 位于应用框架和应用支持子层之间，它满足 ZigBee 协议栈所有应用操作的一般要求。ZDO 还有以下作用。

（1）初始化应用支持子层（APS）、网络层（NWK）和安全服务文档（SSS）。

（2）从终端应用中集合配置信息来确定和执行发现、安全管理、网络管理、以及绑定管理。

ZDO 描述了应用框架层的应用对象的公用接口，控制设备和应用对象的网络功能。在终端节点 0，ZDO 提供了与协议栈中下一层相接的接口。

关于 ZDO 中的 **ZDApp.c** 文件，一般都是直接从里面取一些父节点物理地址、自身的物理地址等等，方便于网络管理。

```
memcpy(&T_Buffer.packet_Struct.DataBuf[i],NLME_GetExtAddr(),8);  //物理地址
i+=8;


//父节点物理地址
NLME_GetCoordExtAddr(&T_Buffer.packet_Struct.DataBuf[i]);
i+=8;


temp16=NLME_GetCoordShortAddr();

T_Buffer.packet_Struct.DataBuf[i++]=LO_UINT16(temp16);      //父节点网络地址
T_Buffer.packet_Struct.DataBuf[i++]=HI_UINT16(temp16);
```

3.2.12　媒体访问控制层 MAC 层接口函数 ZMac

ZMac 文件夹包含了 Z-Stack MAC 导出层文件，在 ZigBee 2007 协议栈下，ZMac 文件夹下的文件如图 3-29 所示。

ZMac 的组网流程如下所示。

需要实现的第一个功能是协调器的组网、终端设备、路由设备、发现网络及加入网络。

第一步，Z-Stack 由 main()函数开始执行，main()函数共做了 2 件事：一是系统初始化，另外一件是开始执行轮转查询式操作系统 Z-Stack 的运行流程如图 3-30 所示。网络组建流程如图 3-31 所示。节点动态自组网过程如图 3-32 所示。

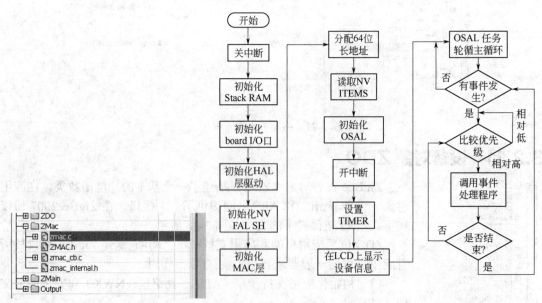

图 3-29　ZMac 文件夹　　　　　　　图 3-30　Z-Stack 的运行流程图

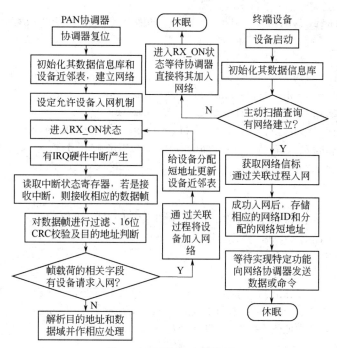

图 3-31 网络组建流程图

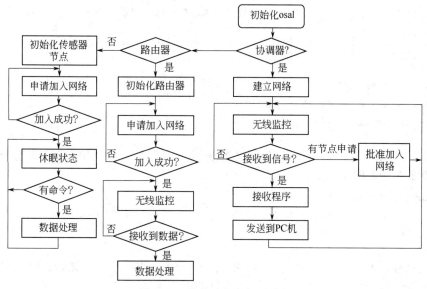

图 3-32 节点动态自组网过程

```
int main( void )
{ .......
  osal_init_system();        //操作系统初始化 Initialize the operating system
......
  osal_start_system();       //初始化完系统任务事件后，正式开始执行操作系统
  .......
}
```

第二步，进入 osal_init_system()函数，执行操作系统初始化。

```
uint8 osal_init_system( void )        //初始化操作系统，其中最重要的是，初始化操作系统的任务
```
```
  {
    osal_mem_init();  // Initialize the Memory Allocation System
    osal_qHead = NULL;   // Initialize the message queue
    osalTimerInit();  // Initialize the timers
    osal_pwrmgr_init();  // Initialize the Power Management System
    osalInitTasks();     //  执行操作系统任务初始化函数 Initialize the system tasks.
     osal_mem_kick(); // Setup efficient search for the first free block of heap.
    return ( SUCCESS );
  }
```

第三步，进入 osalInitTasks()函数，执行操作系统任务初始化。

```
void osalInitTasks( void )        //初始化操作系统任务
  {
    uint8 taskID = 0;
    tasksEvents = (uint16 *)osal_mem_alloc( sizeof( uint16 ) * tasksCnt);
    osal_memset( tasksEvents, 0, (sizeof( uint16 ) * tasksCnt));
    //任务优先级由高向低依次排列，高优先级对应 taskID 的值反而小
    macTaskInit( taskID++ ); //不需要用户考虑
    nwk_init( taskID++ );       //不需要用户考虑
    Hal_Init( taskID++ );       //硬件抽象层初始化，需要考虑
#if defined( MT_TASK )
    MT_TaskInit( taskID++ );
#endif
    APS_Init( taskID++ );         //不需要用户考虑
#if defined ( ZIGBEE_FRAGMENTATION )
    APSF_Init( taskID++ );
#endif
```

第四步，ZDApp 层，初始化 ，执行 ZDApp_init 函数后，如果是协调器将建立网络，如果是终端设备将加入网络。

```
    ZDApp_Init( taskID++ );
#if defined ( ZIGBEE_FREQ_AGILITY ) || defined ( ZIGBEE_PANID_CONFLICT )
    ZDNwkMgr_Init( taskID++ );
#endif
    SerialApp_Init( taskID );   //应用层 SerialApp 层初始化，需要用户考虑在此处设置了
                                 一个按键触发事件
                                      //当有按键按下的时候，产生一个系统消息

  }
//进入 ZDApp_init()函数，执行 ZDApp 层初始化
void ZDApp_Init( uint8 task_id )      //The first step,ZDApp 层初始化。
  {
    ZDAppTaskID = task_id;   // Save the task ID
    ZDAppNwkAddr.addrMode = Addr16Bit;   // Initialize the ZDO global device
short address storage
    ZDAppNwkAddr.addr.shortAddr = INVALID_NODE_ADDR;
```

```
        (void)NLME_GetExtAddr();  // Load the saveExtAddr pointer.
        ZDAppCheckForHoldKey();  // Check for manual "Hold Auto Start"
         ZDO_Init(); // Initialize ZDO items and setup the device - type of device to create.
        // Register the endpoint description with the AF
        // This task doesn't have a Simple description, but we still need
        // to register the endpoint.
        afRegister( (endPointDesc_t *)&ZDApp_epDesc );
    #if defined( ZDO_USERDESC_RESPONSE )
        ZDApp_InitUserDesc();
    #endif // ZDO_USERDESC_RESPONSE
         // Start the device?
        if ( devState != DEV_HOLD )          //devState 初值为 DEV_INIT, 所以在初始化 ZDA
                                              层时，就执行该条件语句
        {
          ZDOInitDevice( 0 );      //The second step, 接着转到 ZDOInitDevice()函数，
执行 The third step;
        }
        else
        {
          // Blink LED to indicate HOLD_START
          HalLedBlink ( HAL_LED_4, 0, 50, 500 );
        }
        ZDApp_RegisterCBs();
    } /* ZDApp_Init() */
    //The third step,执行 ZDOInitDevice()函数，执行设备初始化
    uint8 ZDOInitDevice( uint16 startDelay )  //The third step，ZDO 层初始化设备，
    {
        .......
    // Trigger the network start
        ZDApp_NetworkInit(extendedDelay);    //网络初始化，跳到相应的函数里头，执行 The
fourth step
        .......
    }
    //The fouth step,执行 ZDApp_NetWorkInit()函数
    void ZDApp_NetworkInit( uint16 delay )  //The fourth step,网络初始化
    {
      if ( delay )
      {
        // Wait awhile before starting the device
        osal_start_timerEx( ZDAppTaskID, ZDO_NETWORK_INIT, delay );    //发送
ZDO_NETWORK_INIT（网络初始化）消息到 ZDApp 层，转到 ZDApp 层，执行 The fifth step ,
ZDApp_event_loop() 函数
      }
      else
      {
        osal_set_event( ZDAppTaskID, ZDO_NETWORK_INIT );
```

```
        }
    }

    //The fifth step,转到 ZDApp_event_loop()函数
    UINT16 ZDApp_event_loop( uint8 task_id, UINT16 events )
    {
    if ( events & ZDO_NETWORK_INIT )    //The fivth step, 网络初始化事件处理
        {
        // Initialize apps and start the network
        devState = DEV_INIT;
        //设备逻辑类型，启动模式，信标时间，超帧长度，接着转到 The sixth step，去启动设备，
接着执行 The sixth step,转到 ZDO_StartDevice()
        ZDO_StartDevice( (uint8)ZDO_Config_Node_Descriptor.LogicalType, devStartMode,
                    DEFAULT_BEACON_ORDER, DEFAULT_SUPERFRAME_ORDER );

        // Return unprocessed events
        return (events ^ ZDO_NETWORK_INIT);
        }
    }
    //The sixth step,执行 ZDO_StartDevice()函数，启动设备
    void ZDO_StartDevice( byte logicalType, devStartModes_t startMode, byte
beaconOrder, byte superframeOrder ) //The sixth step
    {
    ......
    if ( ZG_BUILD_COORDINATOR_TYPE && logicalType == NODETYPE_COORDINATOR )    //
当设备作为协调器时，执行这个条件语句。
        {
        if ( startMode == MODE_HARD )
        {
            devState = DEV_COORD_STARTING;
    //向网络层发送网络形成请求。当网络层执行 NLME_NetworkFormationRequest()建立网络后，
将给予 ZDO 层反馈信息。
    // 接着转到 The seventh step,去执行 ZDApp 层的  ZDO_NetworkFormationConfirmCB()
函数
        ret = NLME_NetworkFormationRequest( zgConfigPANID, zgApsUseExtendedPANID,
zgDefaultChannelList,
                                    zgDefaultStartingScanDuration,
beaconOrder,
                                    superframeOrder, false );
        }
    if ( ZG_BUILD_JOINING_TYPE && (logicalType == NODETYPE_ROUTER || logicalType
== NODETYPE_DEVICE) ) //当为终端设备或路由时
        {
        if ( (startMode == MODE_JOIN) || (startMode == MODE_REJOIN) )
        {
```

```
        devState = DEV_NWK_DISC;
        // zgDefaultChannelList 与协调器形成网络的通道号匹配。 网络发现请求。
        // 继而转到 ZDO_NetworkDiscoveryConfirmCB()函数
        ret = NLME_NetworkDiscoveryRequest( zgDefaultChannelList, zgDefault
StartingScanDuration );
        }
    }
......
}
```

The seventh step，分两种情况：一种是协调器；另一种是路由器或终端设备。

（1）协调器

void ZDO_NetworkFormationConfirmCB（ ZStatus_t Status ）//The seventh step，给予 ZDO 层网络形成反馈信息（协调器）。

```
{
osal_set_event( ZDAppTaskID, ZDO_NETWORK_START ); //发送网络启动事件 到 ZDApp
层，接着转到 ZDApp_event_loop()函数
......
}
    UINT16 ZDApp_event_loop( uint8 task_id, UINT16 events )
    {
......
    if ( events & ZDO_NETWORK_START )  // 网络启动事件
      {
        ZDApp_NetworkStartEvt();    //网络启动事件，接着跳转到 The ninth step, 执
行 ZDApp_NetworkStartEvt()函数
      ......
      }
}
    void ZDApp_NetworkStartEvt( void )    //处理网络启动事件
    {
......
    osal_pwrmgr_device( PWRMGR_ALWAYS_ON );    //电源总是上电
    osal_set_event( ZDAppTaskID, ZDO_STATE_CHANGE_EVT ); //设置网络状态改变事
件，发送到 ZDApp 层，转到 The tenth step,去.. ZDApp_event_loop()函数，找到相对应的网络
改变事件。
    }
```

（2）路由器或终端设备

```
//The seventh step（终端设备）, 当发现有网络存在时，网络层将给予 ZDO 层发现网络反馈信息
    ZStatus_t ZDO_NetworkDiscoveryConfirmCB( uint8 ResultCount, networkDesc_t
*NetworkList )
    {
    .......
    //把网络发现这个反馈消息，发送到 ZDA 层，转到 ZDApp_ProcessOSALMsg()，执行
    ZDApp_SendMsg( ZDAppTaskID, ZDO_NWK_DISC_CNF, sizeof(ZDO_NetworkDiscovery
Cfm_t), (uint8 *)&msg );
```

```
        }
    void ZDApp_ProcessOSALMsg( osal_event_hdr_t *msgPtr )
    {
    ......
      case ZDO_NWK_DISC_CNF:          //（终端设备），网络发现响应。
    ......
```
//当发现有网络存在时，网络层将给予 ZDO 层发现网络反馈信息。然后由网络层发起加入网络请求，如加入网络成功，则网络层将给予 ZDO 层加入网络反馈，执行 NLME_JoinRequest() 函数，然后转到 The ninth step，执行 ZDO_JoinConfirmCB() 函数。

```
                if ( NLME_JoinRequest( ((ZDO_NetworkDiscoveryCfm_t *)msgPtr)->
extendedPANID,
                   BUILD_UINT16( ((ZDO_NetworkDiscoveryCfm_t *)msgPtr)->
panIdLSB, ((ZDO_NetworkDiscoveryCfm_t *)msgPtr)->panIdMSB ),
                   ((ZDO_NetworkDiscoveryCfm_t *)msgPtr)->logicalChannel,
                   ZDO_Config_Node_Descriptor.CapabilityFlags ) != ZSuccess )
                {
                  ZDApp_NetworkInit( (uint16)(NWK_START_DELAY
                    + ((uint16)(osal_rand()& EXTENDED_JOINING_RANDOM_MASK))) );
                }
          ......
      }
    void ZDO_JoinConfirmCB( uint16 PanId, ZStatus_t Status )  //The ninth step
（终端设备），终端设备加入网络响应。
    {
    ......
```
//将 ZDO_NWK_JOIN_IND 事件发送到 ZDA 层，执行 ZDApp_ProcessOSALMsg() 函数。
```
    ZDApp_SendMsg( ZDAppTaskID, ZDO_NWK_JOIN_IND, sizeof(osal_event_hdr_t),
(byte*)NULL );
    }
    void ZDApp_ProcessOSALMsg( osal_event_hdr_t *msgPtr )
    {
    ......
      case ZDO_NWK_JOIN_IND:                    //终端设备，加入网络反馈信息事件。
        if ( ZG_BUILD_JOINING_TYPE && ZG_DEVICE_JOINING_TYPE )
        {
                ZDApp_ProcessNetworkJoin(); //转到 ZDApp_ProcessNetworkJoin()，
执行 ZDApp_ProcessNetworkJoin()函数。
        }
        break;
    ......
    }
```
在执行 **ZDApp_ProcessNetworkJoin()**函数时，要分两种情况，一种是终端设备，一种是路由器。

（1）终端设备

void ZDApp_ProcessNetworkJoin (void)   //处理网络加入事件。

```
        {
......
    if ( nwkStatus == ZSuccess )
       {
        //设置 ZDO_STATE_CHANGE_EVT，发送到 ZDA 层，执行 ZDApp_event_loop()函数。
        osal_set_event( ZDAppTaskID, ZDO_STATE_CHANGE_EVT );
       }
......
}
```

（2）路由器

```
    void ZDApp_ProcessNetworkJoin( void )
    {
......
    if ( ZSTACK_ROUTER_BUILD )
        {
            // NOTE: first two parameters are not used, see NLMEDE.h for details
            if ( ZDO_Config_Node_Descriptor.LogicalType != NODETYPE_DEVICE )
            {
                NLME_StartRouterRequest( 0, 0, false );      //路由启动请求
            }
        }
......
    }
    void ZDO_StartRouterConfirmCB( ZStatus_t Status )
    {
    nwkStatus = (byte)Status;
......
    osal_set_event( ZDAppTaskID, ZDO_ROUTER_START );
    }
UINT16 ZDApp_event_loop( uint8 task_id, UINT16 events )
    {
    if ( events & ZDO_ROUTER_START )
      {
        if ( nwkStatus == ZSuccess )
        {
          if ( devState == DEV_END_DEVICE )
            devState = DEV_ROUTER;                              //设备状态变成路由器

          osal_pwrmgr_device( PWRMGR_ALWAYS_ON );
        }
        else
        {
          // remain as end device!!
        }
        osal_set_event( ZDAppTaskID, ZDO_STATE_CHANGE_EVT );        //设置 ZDO 状态
改变事件
```

```
              // Return unprocessed events
              return (events ^ ZDO_ROUTER_START);
          }
      }
```

//The eighth step,执行 ZDO 状态改变事件

```
UINT16 ZDApp_event_loop( uint8 task_id, UINT16 events )
{
.......
if ( events & ZDO_STATE_CHANGE_EVT )   //The eighth step,  网络改变事件,这个
```
事件就是在设备加入网络成功后,

//并在网络中的身份确定后产生的一个事件

```
  {
      ZDO_UpdateNwkStatus( devState );   //更新网络状态,转到 The eleventh step,
```
执行 ZDO_UpdateNwkStatus()函数。
```
      ......
  }
}
```

//The ninth step,执行 ZDO_UpdateNwkStatus()函数,完成网络状态更新
```
  void ZDO_UpdateNwkStatus(devStates_t state)   //The ninth step, 更新网络状态
  {
......
      zdoSendStateChangeMsg(state, *(pItem->epDesc->task_id));
```
发送状态改变消息到 zdo 层,这是 The tenth step,然后转到 zdoSendStateChangeMsg()函数。
```
.......
ZDAppNwkAddr.addr.shortAddr = NLME_GetShortAddr();   //调用 NLME_GetShortAddr()
```
函数,获得 16 位短地址
```
      (void)NLME_GetExtAddr();   // Load the saveExtAddr pointer.   //获得 64 位的
```
IEEE 地址。
```
  }
```
//The tenth step,执行 zdoSendStateChangeMsg()函数
```
  static void zdoSendStateChangeMsg(uint8 state, uint8 taskId) //The tenth step,
  {
osal_event_hdr_t *pMsg = (osal_event_hdr_t *)osal_msg_find(taskId, ZDO_
STATE_CHANGE);

  if (NULL == pMsg)
  {
    if (NULL == (pMsg = (osal_event_hdr_t *)osal_msg_allocate(sizeof (osal_
event_hdr_t))))
    {
      // Upon failure to notify any EndPoint of the state change, re-set the
ZDO event to
      // try again later when more Heap may be available.
      osal_set_event(ZDAppTaskID, ZDO_STATE_CHANGE_EVT);   //如果 ZDO 状态没有
```
任何改变,再一次,跳到

```
                                          //ZDO_STATE_CHANGE_EVT 事件处理函数。
      }
      else
      {
        pMsg->event = ZDO_STATE_CHANGE;   //如果 ZDO 状态改变了，把 ZDO_STATE_
CHANGE 这个消息保存到 pMsg
        pMsg->status = state;
        (void)osal_msg_send(taskId, (uint8 *)pMsg);     //转到 MT_TASK.C，去执行
The eleven step, MT_ProcessIncomingCommand()函数
      }
    }
    ......
  }
  //The eleventh step,去执行 MT_ProcessIncomingCommand()函数
  void MT_ProcessIncomingCommand( mtOSALSerialData_t *msg )
  {
  ......
  case ZDO_STATE_CHANGE: //The thirteenth step, 接着跳到 MT_ZdoStateChangeCB()
函数。
                        //自此，协调器组网形成（终端设备成功加入网络）
        MT_ZdoStateChangeCB((osal_event_hdr_t *)msg);
        break;
  ......
  }
```

第五步，初始化玩系统任务事件后，正是开始执行操作系统，此时操作系统不断的检测有没有任务事件发生，一旦检测到有事件发生，就转到相应的处理函数，进行处理。

```
void osal_start_system( void )  //第五步，正式执行操作系统
{
#if !defined ( ZBIT ) && !defined ( UBIT )
  for(;;)  // Forever Loop        //死循环
#endif
  {
    uint8 idx = 0;
    osalTimeUpdate();
    Hal_ProcessPoll();  // This replaces MT_SerialPoll() and osal_check_timer().
    do {
      if (tasksEvents[idx])  // Task is highest priority that is ready.
      {
        break;           // 得到待处理的最高优先级任务索引号 idx
      }
    } while (++idx < tasksCnt);

    if (idx < tasksCnt)
    {
      uint16 events;
      halIntState_t intState;
```

```
        HAL_ENTER_CRITICAL_SECTION(intState);    //进入临界区
        events = tasksEvents[idx];                //提取需要处理的任务中的事件
        tasksEvents[idx] = 0;   // Clear the Events for this task.    // 清除本次
任务的事件
        HAL_EXIT_CRITICAL_SECTION(intState);       //退出临界区
        events = (tasksArr[idx])( idx, events );  //通过指针调用任务处理函数    ，紧
接着跳到相应的函数去处理，此为第五步
        HAL_ENTER_CRITICAL_SECTION(intState);       //进入临界区
        tasksEvents[idx] |= events;  //              // 保存未处理的事件
        HAL_EXIT_CRITICAL_SECTION(intState);       //退出临界区
    }
#if defined( POWER_SAVING )
    else  // Complete pass through all task events with no activity?
    {
    osal_pwrmgr_powerconserve();              // 进入系统睡眠
    }
#endif
  }
}
```

第二个功能：设备之间的绑定。

当按下 sw2，即 JoyStick 控杆的右键时，节点发出终端设备绑定请求，因为在 SerialApp 层，注册过了键盘响应事件，所以右键时，会在 SerialApp_ProcessEvent()函数里找到对应的键盘相应事件。

```
UINT16 SerialApp_ProcessEvent( uint8 task_id, UINT16 events )   //当有事件传递
到应用层的时候，执行此处
{
 if ( events & SYS_EVENT_MSG )       // 有事件传递过来，故通过这个条件语句
            {
    ......
    case KEY_CHANGE:                    //键盘触发事件
                    SerialApp_HandleKeys( ((keyChange_t *)MSGpkt)->state,
((keyChange_t *)MSGpkt)->keys ); //接着跳到相应的按键处理函数去执行
        break;
    .......
    }
        }
```

ZDO 终端设备绑定请求的意思是，设备能告诉协调器想建立绑定表格报告。该协调器将使协调并在这两个设备上创建绑定表格条目。在这里是以 SerialApp 例子为例。

```
void SerialApp_HandleKeys( uint8 shift, uint8 keys )
{
.......
    if ( keys & HAL_KEY_SW_2 )         //操纵杆向右
    {
    HalLedSet ( HAL_LED_4, HAL_LED_MODE_OFF );
     //终端设备绑定请求
```

```
            // Initiate an End Device Bind Request for the mandatory endpoint
            dstAddr.addrMode = Addr16Bit;
            dstAddr.addr.shortAddr = 0x0000;        //协调口地址
            ZDP_EndDeviceBindReq(&dstAddr, NLME_GetShortAddr(),//终端设备绑定请求
                                SerialApp_epDesc.endPoint,
                                SERIALAPP_PROFID,
                                SERIALAPP_MAX_CLUSTERS,
                                (cId_t *)SerialApp_ClusterList,
                                SERIALAPP_MAX_CLUSTERS,
                                (cId_t *)SerialApp_ClusterList,
                                FALSE );
        }
......
    if ( keys & HAL_KEY_SW_4 )
    {
        HalLedSet ( HAL_LED_4, HAL_LED_MODE_OFF );
        // Initiate a Match Description Request (Service Discovery)
        dstAddr.addrMode = AddrBroadcast; //广播地址
        dstAddr.addr.shortAddr = NWK_BROADCAST_SHORTADDR;
        ZDP_MatchDescReq(&dstAddr, NWK_BROADCAST_SHORTADDR, //描述符匹配请求 这
也是两不同匹配方式，使用的按键不同
                                SERIALAPP_PROFID,
                                SERIALAPP_MAX_CLUSTERS,
                                (cId_t *)SerialApp_ClusterList,
                                SERIALAPP_MAX_CLUSTERS,
                                (cId_t *)SerialApp_ClusterList,
                                FALSE );
    }
  }
}
```

从上面的代码可以看到，SW2 是发送终端设备绑定请求方式，SW4 是发送描述符匹配请求方式。如果按下 SW2，使用终端设备绑定请求方式，这里是要通过终端告诉协调器想要建立绑定表格，协调器将协调这两个请求的设备，在两个设备上建立绑定表格条目。

（1）终端设备向协调器发送终端设备绑定请求

调用 ZDP_EndDeviceBindReq()函数发送绑定请求。

```
    ZDP_EndDeviceBindReq(&dstAddr,                      //目的地址设为 0x0000；
                        NLME_GetShortAddr(),
                        SerialApp_epDesc.endPoint, //EP 号
                        SERIALAPP_PROFID,          //Profile ID
                        SERIALAPP_MAX_CLUSTERS,    //输入簇的数目
                        (cId_t *)SerialApp_ClusterList,  //输入簇列表
                        SERIALAPP_MAX_CLUSTERS,    //输出簇数目
                        (cId_t *)SerialApp_ClusterList,  //输出簇列表
                        FALSE );
```

该函数实际调用无线发送函数将绑定请求发送给协调器节点，默认 clusterID 为 End_

Device_Bind_req，在发送前会调用匹配描述符函数：

```
fillAndSend(&ZDP_TransID, dstAddr, End_Device_Bind_req, len);
```

其中，传输序号 ZDP_ TransID 由 0 开始逐步递增目的地址模式 dstAddr，终端节点绑定指令 End_Device_Bind_reg，数据包长度 Len。

最后通过 AF_DataRequest()发送出去，这里的&afAddr 是目的地址；&ZDApp_epDesc 是端口号；clusterID 是簇号；len+1 是数据的长度；

//ZDP_TmpBuf-1，是数据的内容；transSeq,是数据的顺序号；ZDP_TxOptions，是发射的一个选项；AF_DEFAULT_RADIUS，是一个默认的半径（跳数）。

```
AF_DataRequest(&afAddr, &ZDApp_epDesc, clusterID,
               (uint16)(len+1), (uint8*)(ZDP_TmpBuf-1),
               transSeq, ZDP_TxOptions,  AF_DEFAULT_RADIUS);
```

（2）协调器收到终端设备绑定请求

End_Device_Bind_req 这个信息会传送到 ZDO 层，在 ZDO 层的事件处理函数中，调用 ZDApp_ProcessOSALMsg（（osal_event_hdr_t *) msg_ptr）。

```
UINT16 ZDApp_event_loop( byte task_id, UINT16 events )
{
  uint8 *msg_ptr;
  if ( events & SYS_EVENT_MSG )
  {
    while ( (msg_ptr = osal_msg_receive( ZDAppTaskID )) )
    {
      ZDApp_ProcessOSALMsg( (osal_event_hdr_t *)msg_ptr );
      // Release the memory
      osal_msg_deallocate( msg_ptr );
    }
    // Return unprocessed events
return (events ^ SYS_EVENT_MSG);
....................
  }
void ZDApp_ProcessOSALMsg( osal_event_hdr_t *msgPtr )
{
  // Data Confirmation message fields
  byte sentEP;        // This should always be 0
  byte sentStatus;
  afDataConfirm_t *afDataConfirm;
  switch ( msgPtr->event )
  {
    // Incoming ZDO Message
    case AF_INCOMING_MSG_CMD:
      ZDP_IncomingData( (afIncomingMSGPacket_t *)msgPtr );
      break;
..............................
}
//在 ZDP_IncomingData( (afIncomingMSGPacket_t *)msgPtr );函数中
void ZDP_IncomingData( afIncomingMSGPacket_t *pData )
```

```
{
   uint8 x = 0;
   uint8 handled;
   zdoIncomingMsg_t inMsg;
```

//解析 clusterID 这个消息
```
   inMsg.srcAddr.addrMode = Addr16Bit;
   inMsg.srcAddr.addr.shortAddr = pData->srcAddr.addr.shortAddr;
   inMsg.wasBroadcast = pData->wasBroadcast;
   inMsg.clusterID = pData->clusterId;                        //这个 clusterID,
```
在这里指的是，终端设备发送过来的 End_Device_Bind_req 这个消息
```
   inMsg.SecurityUse = pData->SecurityUse;

   inMsg.asduLen = pData->cmd.DataLength-1;
   inMsg.asdu = pData->cmd.Data+1;
   inMsg.TransSeq = pData->cmd.Data[0];
   handled = ZDO_SendMsgCBs(&inMsg );

#if defined( MT_ZDO_FUNC )
   MT_ZdoRsp(&inMsg );
#endif

   while ( zdpMsgProcs[x].clusterID != 0xFFFF )
   {
      if ( zdpMsgProcs[x].clusterID == inMsg.clusterID )   //在 zdpMsgProcs[]
```
中查找，看看有没有跟 End_Device_Bind_req 相匹配的描述符
```
      {
         zdpMsgProcs[x].pFn(&inMsg );
         return;
      }
      x++;
   }


   // Handle unhandled messages
   if ( !handled )
      ZDApp_InMsgCB(&inMsg );
}
```
因为 ZDO 信息处理表 zdpMsgProcs[ ]没有对应的 End_Device_Bind_req 簇,因此没有调用 ZDO 信息处理表中的处理函数,但是前面的 ZDO_SendMsgCBs()会把这个终端设备绑定请求发送到登记过这个 ZDO 信息的任务中去。那这个登记注册的程序在哪里呢？

对于协调器来说，由于在 void ZDApp_Init（byte task_id）函数中调用了 ZDApp_RegisterCBs();面的函数。进行注册了终端绑定请求信息。
```
void ZDApp_RegisterCBs( void )
{
#if defined ( ZDO_IEEEADDR_REQUEST ) || defined ( REFLECTOR )
```

```
ZDO_RegisterForZDOMsg( ZDAppTaskID, IEEE_addr_rsp );
#endif
#if defined ( ZDO_NWKADDR_REQUEST ) || defined ( REFLECTOR )
ZDO_RegisterForZDOMsg( ZDAppTaskID, NWK_addr_rsp );
#endif
#if defined ( ZDO_COORDINATOR )
ZDO_RegisterForZDOMsg( ZDAppTaskID, Bind_rsp );
ZDO_RegisterForZDOMsg( ZDAppTaskID, Unbind_rsp );
ZDO_RegisterForZDOMsg( ZDAppTaskID, End_Device_Bind_req );
#endif
#if defined ( REFLECTOR )
ZDO_RegisterForZDOMsg( ZDAppTaskID, Bind_req );
ZDO_RegisterForZDOMsg( ZDAppTaskID, Unbind_req );
#endif
}
```

因此，协调器节点的 ZDApp 接收到外界输入的数据后，由于注册了 ZDO 反馈消息，即 ZDO_CB_MSG，ZDApp 层任务事件处理函数将进行处理：也就是调用下面的程序。

```
UINT16 ZDApp_event_loop( byte task_id, UINT16 events )
{
  uint8 *msg_ptr;
  if ( events & SYS_EVENT_MSG )
  {
    while ( (msg_ptr = osal_msg_receive( ZDAppTaskID )) )
    {
      ZDApp_ProcessOSALMsg( (osal_event_hdr_t *)msg_ptr );
      // Release the memory
      osal_msg_deallocate( msg_ptr );
    }
    // Return unprocessed events
return (events ^ SYS_EVENT_MSG);
..............................
  }
```

在这里调用函数 ZDApp_ProcessOSALMsg（（osal_event_hdr_t *）msg_ptr）；在这个函数中可以看到对 ZDO_CB_MSG 事件的处理。

```
void ZDApp_ProcessOSALMsg( osal_event_hdr_t *msgPtr )
{
  // Data Confirmation message fields
  byte sentEP;          // This should always be 0
  byte sentStatus;
  afDataConfirm_t *afDataConfirm;
  switch ( msgPtr->event )
  {
    // Incoming ZDO Message
    case AF_INCOMING_MSG_CMD:
      ZDP_IncomingData( (afIncomingMSGPacket_t *)msgPtr );
```

```
        break;
    case ZDO_CB_MSG:
        ZDApp_ProcessMsgCBs( (zdoIncomingMsg_t *)msgPtr );
        break;
.................................
    }
```
//调用 ZDApp_ProcessMsgCBs()函数。在这个函数中根据 ClusterID（这里是 End_Device
_Bind_req）选择相对应的匹配描述符处理函数
```
    void ZDApp_ProcessMsgCBs( zdoIncomingMsg_t *inMsg )
    {
.......
    case End_Device_Bind_req:
        {
        ZDEndDeviceBind_t bindReq;
        ZDO_ParseEndDeviceBindReq( inMsg, &bindReq );  //解析绑定请求信息
        ZDO_MatchEndDeviceBind(&bindReq );              //然后向发送绑
定请求的节点发送绑定响应消息
            // Freeing the cluster lists - if allocated.
            if ( bindReq.numInClusters )
                osal_mem_free( bindReq.inClusters );
            if ( bindReq.numOutClusters )
                osal_mem_free( bindReq.outClusters );
        }
        break;
    #endif
    }
    }
```
下面是 ZDO_MatchEndDeviceBind()函数的源代码。
```
    void ZDO_MatchEndDeviceBind( ZDEndDeviceBind_t *bindReq )
    {
    zAddrType_t dstAddr;
    uint8 sendRsp = FALSE;
    uint8 status;
    // Is this the first request? 接收到的是第一个绑定请求
    if ( matchED == NULL )
    {
    // Create match info structure 创建匹配信息结构体
    matchED = (ZDMatchEndDeviceBind_t *)osal_mem_alloc( sizeof ( ZDMatchEnd
DeviceBind_t ) ); //分配空间
        if ( matchED )
        {
        // Clear the structure 先进行清除操作
        osal_memset( (uint8 *)matchED, 0, sizeof ( ZDMatchEndDeviceBind_t ) );
            // Copy the first request's information 复制第一个请求信息
        if ( !ZDO_CopyMatchInfo(& (matchED->ed1), bindReq ) ) //复制不成功后
            {
```

```
            status = ZDP_NO_ENTRY;
            sendRsp = TRUE;
          }
      }
    else //分配空间不成功
      {
        status = ZDP_NO_ENTRY;
        sendRsp = TRUE;
      }

    if ( !sendRsp ) //分配空间成功，复制数据结构成功
      {
        // Set into the correct state 设置正确的设备状态
        matchED->state = ZDMATCH_WAIT_REQ;
        // Setup the timeout    设置计时时间 APS_SetEndDeviceBindTimeout
(AIB_MaxBindingTime,
                        ZDO_EndDeviceBindMatchTimeoutCB );
      }
  }
else //接收到的不是第一个绑定请求
  {
    matchED->state = ZDMATCH_SENDING_BINDS; //状态为绑定中
    // Copy the 2nd request's information 拷贝第 2 个请求信息结构
    if ( !ZDO_CopyMatchInfo(&(matchED->ed2), bindReq ) ) //拷贝不成功
      {
        status = ZDP_NO_ENTRY;
        sendRsp = TRUE;
      }
    // Make a source match for ed1
//对 ed1 的输出簇 ID 与 ed2 的输入簇 ID 进行比较，如果有符合的则会返回，相匹配的簇的数目
    matchED->ed1numMatched = ZDO_CompareClusterLists(
        matchED->ed1.numOutClusters, matchED->ed1.outClusters,
        matchED->ed2.numInClusters, matchED->ed2.inClusters, ZDOBuildBuf );
    if ( matchED->ed1numMatched )          //如果有返回 ed1 相匹配的簇
      {
    // Save the match list 申请空间保存相匹配的簇列表
        matchED->ed1Matched= osal_mem_alloc( (short)(matchED->ed1numMatched
* sizeof ( uint16 )) );
        if ( matchED->ed1Matched )          //分配成功
          {
    //保存相匹配的簇列表
            osal_memcpy(matchED->ed1Matched,ZDOBuildBuf, (matchED->ed1numMatched
* sizeof ( uint16 )) );
          }
        else //内存空间分配不成功
```

```
            {
                // Allocation error, stop
                status = ZDP_NO_ENTRY;
                sendRsp = TRUE;
            }
        }
        // Make a source match for ed2 以 ed2 为源
    //对 ed2 的终端匹配请求和 ed1 的簇列表相比较，返回相相匹配的簇的数目
        matchED->ed2numMatched = ZDO_CompareClusterLists(
                matchED->ed2.numOutClusters, matchED->ed2.outClusters,
                matchED->ed1.numInClusters, matchED->ed1.inClusters, ZDOBuildBuf );
        if ( matchED->ed2numMatched )          //如果匹配成功
        {
            // Save the match list 保存匹配的簇列表
            matchED->ed2Matched = osal_mem_alloc( (short)(matchED->
ed2numMatched * sizeof ( uint16 )) );
            if ( matchED->ed2Matched )
            {
                osal_memcpy( matchED->ed2Matched, ZDOBuildBuf, (matchED->ed2numMatched
* sizeof ( uint16 )) );
            }
            else
            {
                // Allocation error, stop
                status = ZDP_NO_ENTRY;
                sendRsp = TRUE;
            }
        }
    //如果两个相请求的终端设备，有相匹配的簇，并且保存成功
        if ( (sendRsp == FALSE) && (matchED->ed1numMatched || matchED->
ed2numMatched) )
        {
            // Do the first unbind/bind state 发送响应信息给两个设备
            ZDMatchSendState( ZDMATCH_REASON_START, ZDP_SUCCESS, 0 );
        }
        else
        {
            status = ZDP_NO_MATCH;
            sendRsp = TRUE;
        }
    }
    if ( sendRsp ) //如果没有相匹配的或匹配不成功
    {
        // send response to this requester 发送匹配请求响应
        dstAddr.addrMode = Addr16Bit;          //设置目的地址是 16 位的短地址
        dstAddr.addr.shortAddr = bindReq->srcAddr;
```

```
//发送绑定终端响应函数 status = ZDP_NO_MATCH;
    ZDP_EndDeviceBindRsp( bindReq->TransSeq, &dstAddr, status, bindReq->
SecurityUse );
    if ( matchED->state == ZDMATCH_SENDING_BINDS )
    {
      // send response to first requester
      dstAddr.addrMode = Addr16Bit;
      dstAddr.addr.shortAddr = matchED->ed1.srcAddr;
        ZDP_EndDeviceBindRsp( matchED->ed1.TransSeq, &dstAddr, status,
matchED->ed1.SecurityUse );
    }
    // Process ended - release memory used
    ZDO_RemoveMatchMemory();
    }
  }
```

如果协调器接收到接收到第一个绑定请求，则分配内存空间进行保存并计时，如果不是第一个绑定请求，则分别以第一个和第二个绑定请求为源绑定，进行比较匹配，如果比较匹配成功则发送匹配成功的信息 End_Device_Bind_rsp 给两个请求终端。因为在 ZDMatchSendState() 函数中也是调用了 ZDP_EndDeviceBindRsp()函数，对匹配请求响应进行了发送。如果匹配不成功则发送匹配失败的信息给两个终端。

```
uint8 ZDMatchSendState( uint8 reason, uint8 status, uint8 TransSeq )
{
..........................
else
  {
    // Send the response messages to requesting devices
    // send response to first requester 发送响应信息给第一个请求终端
    dstAddr.addr.shortAddr = matchED->ed1.srcAddr;
      ZDP_EndDeviceBindRsp( matchED->ed1.TransSeq, &dstAddr, rspStatus,
matchED->ed1.SecurityUse );
    // send response to second requester 发送响应信息给第二请求终端
    if ( matchED->state == ZDMATCH_SENDING_BINDS )
    {
      dstAddr.addr.shortAddr = matchED->ed2.srcAddr;
        ZDP_EndDeviceBindRsp( matchED->ed2.TransSeq, &dstAddr, rspStatus,
matchED->ed2.SecurityUse );
    }
    // Process ended - release memory used
    ZDO_RemoveMatchMemory();
  }
  return ( TRUE );
}
```

（3）终端节点的响应

由于终端节点在 SerialApp.c 中层注册过 End_Device_Bind_rsp 消息，因此当接收到协调器节点发来的绑定响应消息将交由 SerialApp 任务事件处理函数处理。

```
UINT16 SerialApp_ProcessEvent( uint8 task_id, UINT16 events )
{
  if ( events & SYS_EVENT_MSG )
  {
    afIncomingMSGPacket_t *MSGpkt;
    while ( (MSGpkt = (afIncomingMSGPacket_t *)osal_msg_receive(
                                        SerialApp_TaskID )) )
    {
      switch ( MSGpkt->hdr.event )
      {
        case ZDO_CB_MSG:
          SerialApp_ProcessZDOMsgs( (zdoIncomingMsg_t *)MSGpkt );
          break;
 ................................
}
```

然后，调用 SerialApp_ProcessZDOMsgs()函数。进行事件处理。

```
static void SerialApp_ProcessZDOMsgs( zdoIncomingMsg_t *inMsg )
{
  switch ( inMsg->clusterID )
  {
    case End_Device_Bind_rsp:
      if ( ZDO_ParseBindRsp( inMsg ) == ZSuccess )
      {
        // Light LED
        HalLedSet( HAL_LED_4, HAL_LED_MODE_ON );
      }
#if defined(BLINK_LEDS)
      else
      {
        // Flash LED to show failure
        HalLedSet ( HAL_LED_4, HAL_LED_MODE_FLASH );
      }
#endif
      break;
...............................
}
```

第三个功能：实现两个节点间的串口通信

"串口终端 1"的数据，如何被"节点 1"所接收，并且发送出去的？

串口数据是由 HAL 来负责的。在主循环（osal_start_system）的 Hal_ProcessPoll 函数找下去（用 source insight 的可以用键盘"ctrl"和"+"），Hal_ProcessPoll ==> HalUARTPoll ==> HalUARTPollDMA

这个 HalUARTPollDMA 函数里最后有这样一句话：dmaCfg.uartCB（HAL_UART_DMA-1, evt）；对 dmaCfg.uartCB 这个函数进行了调用，用键盘"ctrl"和"/"搜索这个 dmaCfg.uartCB，发现 SerialApp_Init 函数有两句：

```
    uartConfig.callBackFunc          = SerialApp_CallBack;
    HalUARTOpen (SERIAL_APP_PORT, &uartConfig);
```

此处将 dmaCfg.uartCB()函数注册成为 SerialApp_CallBack，也就是说 SerialApp_CallBack()函数每次循环中被调用一次，对串口的内容进行查询，如果 DMA 中接收到了数据，则调用 HalUARTRead，将 DMA 数据读至数据 buffer 并通过 AF_DataRequest()函数发送出去，注意：出去的信息的 CLUSTERID（信息簇 ID）号为 SERIALAPP_CLUSTERID1。

综上，串口数据==>DMA 接收==>主循环中通过 SerialApp_CallBack 查询==>从 DMA 获取并发送到空中。

具体程序如下所示。

```
void SerialApp_Init( uint8 task_id )
{
 ......
    uartConfig.configured           = TRUE;                // 2x30 don't care - see
uart driver.
    uartConfig.baudRate             = SERIAL_APP_BAUD;
    uartConfig.flowControl          = TRUE;
    uartConfig.flowControlThreshold = SERIAL_APP_THRESH; // 2x30 don't care -
see uart driver.
    uartConfig.rx.maxBufSize        = SERIAL_APP_RX_SZ;  // 2x30 don't care -
see uart driver.
    uartConfig.tx.maxBufSize        = SERIAL_APP_TX_SZ;  // 2x30 don't care -
see uart driver.
    uartConfig.idleTimeout          = SERIAL_APP_IDLE;   // 2x30 don't care -
see uart driver.
    uartConfig.intEnable            = TRUE;                // 2x30 don't care - see
uart driver.
    uartConfig.callBackFunc               = SerialApp_CallBack;        // 调用
SerialApp_CallBack 函数，对串口内容进行查询
    HalUARTOpen (SERIAL_APP_PORT, &uartConfig);
 ......
}
static void SerialApp_CallBack(uint8 port, uint8 event)
{
    (void)port;
//如果 DMA 中接收到了数据
    if  ((event  &&  (HAL_UART_RX_FULL  |  HAL_UART_RX_ABOUT_FULL  |
HAL_UART_RX_TIMEOUT)) &&
#if SERIAL_APP_LOOPBACK
        (SerialApp_TxLen < SERIAL_APP_TX_MAX))
#else
        !SerialApp_TxLen)
#endif
  {
    SerialApp_Send();     //调用串口发送函数，将从串口接受到的数据，发送出去
  }
}
```

```
static void SerialApp_Send(void)
{
#if SERIAL_APP_LOOPBACK            //初始化时，SERIAL_APP_LOOPBACK=false，所以不
执行 if 这个预编译，转到 else 去执行
  if (SerialApp_TxLen < SERIAL_APP_TX_MAX)
  {
  SerialApp_TxLen += HalUARTRead(SERIAL_APP_PORT, SerialApp_TxBuf+SerialApp_
TxLen+1, SERIAL_APP_TX_MAX-SerialApp_TxLen);
  }

  if (SerialApp_TxLen)
  {
    (void)SerialApp_TxAddr;
    if (HalUARTWrite(SERIAL_APP_PORT, SerialApp_TxBuf+1, SerialApp_TxLen))
    {
      SerialApp_TxLen = 0;
    }
    else
    {
      osal_set_event(SerialApp_TaskID, SERIALAPP_SEND_EVT);
    }
  }
#else
  if (!SerialApp_TxLen &&
      (SerialApp_TxLen = HalUARTRead(SERIAL_APP_PORT, SerialApp_TxBuf+1,
SERIAL_APP_TX_MAX)))
  {
    // Pre-pend sequence number to the Tx message.
    SerialApp_TxBuf[0] = ++SerialApp_TxSeq;
  }

  if (SerialApp_TxLen)
  {
    if (afStatus_SUCCESS != AF_DataRequest(&SerialApp_TxAddr,        //通过
AF_DataRequest()函数，将数据从空中发送出去
                                (endPointDesc_t *)&SerialApp_epDesc,
                                SERIALAPP_CLUSTERID1,
                                SerialApp_TxLen+1, SerialApp_TxBuf,
                                &SerialApp_MsgID, 0, AF_DEFAULT_RADIUS))
    {
      osal_set_event(SerialApp_TaskID, SERIALAPP_SEND_EVT);    //如果数据没有
发送成功，重新发送
    }
  }
#endif
}
```

```
UINT16 SerialApp_ProcessEvent( uint8 task_id, UINT16 events )
{
    if ( events & SERIALAPP_SEND_EVT )            //当数据没有发送成功时
    {
        SerialApp_Send();
        return ( events ^ SERIALAPP_SEND_EVT );
    }
}
```

节点2在收到空中的信号后，如何传递给与其相连的串口终端？

节点2从空中捕获到信号后，在应用层上首先收到信息的就是 SerialApp_ProcessEvent 这个函数了，它收到一个 AF_INCOMING_MSG_CMD 的事件，并通知 SerialApp_ProcessMSGCmd，执行以下代码。

```
UINT16 SerialApp_ProcessEvent( uint8 task_id, UINT16 events )   //当有事件传递
到应用层的时候，执行此处
{
    ......
    while ( (MSGpkt = (afIncomingMSGPacket_t *)osal_msg_receive( SerialApp_
TaskID )) )
    {
        switch ( MSGpkt->hdr.event )
        {
    ......
            case AF_INCOMING_MSG_CMD:        //在这个实验中，使用串口通信时，触发的事件，
从空中捕获到信号
            SerialApp_ProcessMSGCmd( MSGpkt );   //处理这个消息
            break;
        ......
        }
    }
}
    void SerialApp_ProcessMSGCmd( afIncomingMSGPacket_t *pkt )   //对从空中捕获到
的信号进行处理
    {
    uint8 stat;
    uint8 seqnb;
    uint8 delay;

    switch ( pkt->clusterId )
    {
    // A message with a serial data block to be transmitted on the serial port.
    case SERIALAPP_CLUSTERID1:      //节点一发送过来的信息的 CLUSTERID(信息簇 ID)号为
SERIALAPP_CLUSTERID1
        // Store the address for sending and retrying
        osal_memcpy(&SerialApp_RxAddr, & (pkt->srcAddr), sizeof( afAddrType_t ));
```

```
    seqnb = pkt->cmd.Data[0];

    // Keep message if not a repeat packet
    if ( (seqnb > SerialApp_RxSeq) ||                    // Normal
       ((seqnb < 0x80 ) && ( SerialApp_RxSeq > 0x80)) ) // Wrap-around
    {
      // Transmit the data on the serial port
        if ( HalUARTWrite( SERIAL_APP_PORT, pkt->cmd.Data+1, (pkt->cmd.
DataLength-1) ) )   //通过串口发送数据到计算机
      {
        // Save for next incoming message
        SerialApp_RxSeq = seqnb;
        stat = OTA_SUCCESS;
      }
      else
      {
        stat = OTA_SER_BUSY;
      }
    }
    else
    {
      stat = OTA_DUP_MSG;
    }

    // Select approproiate OTA flow-control delay
    delay = (stat == OTA_SER_BUSY) ? SERIALAPP_NAK_DELAY : SERIALAPP_ACK_DELAY;

    // Build & send OTA response message
    SerialApp_RspBuf[0] = stat;
    SerialApp_RspBuf[1] = seqnb;
    SerialApp_RspBuf[2] = LO_UINT16( delay );
    SerialApp_RspBuf[3] = HI_UINT16( delay );
    osal_set_event( SerialApp_TaskID, SERIALAPP_RESP_EVT );   //受到数据后，向
节点 1 发送一个响应事件,跳到 SerialApp_ProcessEvent()
    osal_stop_timerEx(SerialApp_TaskID, SERIALAPP_RESP_EVT);
    break;
  ......
    }
  }
UINT16 SerialApp_ProcessEvent( uint8 task_id, UINT16 events )
{
......
    if ( events & SERIALAPP_RESP_EVT )     //串口响应事件，表示成功接受来自节点 1
的数据
    {
```

```
        SerialApp_Resp();          //向节点1发送    成功接受的 response
        return ( events ^ SERIALAPP_RESP_EVT );
    }
    ......
}
static void SerialApp_Resp(void)
{
    if (afStatus_SUCCESS != AF_DataRequest(&SerialApp_RxAddr,          //通过
AF_DataRequest 函数，讲接收成功响应从空中发送出去
                            (endPointDesc_t *)&SerialApp_epDesc,
                            SERIALAPP_CLUSTERID2,
                            SERIAL_APP_RSP_CNT, SerialApp_RspBuf,
                            &SerialApp_MsgID, 0, AF_DEFAULT_RADIUS))
    {
        osal_set_event(SerialApp_TaskID, SERIALAPP_RESP_EVT);      //如果发送失败，
重新发送
    }
}
```

节点 1 接收到来自节点 2 的响应。

```
UINT16 SerialApp_ProcessEvent( uint8 task_id, UINT16 events )
{
    ......
    while ( (MSGpkt = (afIncomingMSGPacket_t *)osal_msg_receive( SerialApp_
TaskID )) )
    {
        switch ( MSGpkt->hdr.event )
        {
            ......
            case AF_INCOMING_MSG_CMD:        //在这个实验中，使用串口通信时，触发的事件，
从空中捕获到信号
                SerialApp_ProcessMSGCmd( MSGpkt );  //处理这个消息
                break;
            ......
        }
    }
}
```

SERIALAPP_CLUSTERID2 代表接收到发送成功的 response，取消自动重发，如果不，
自动重发。

```
void SerialApp_ProcessMSGCmd( afIncomingMSGPacket_t *pkt )
{
    ......
    // A response to a received serial data block.
    case SERIALAPP_CLUSTERID2:          //SerialWsn_CLUSTERID2 代表接收到发送成功的
response
        if ((pkt->cmd.Data[1] == SerialApp_TxSeq) &&
            ((pkt->cmd.Data[0]  == OTA_SUCCESS)  ||  (pkt->cmd.Data[0]  ==
```

OTA_DUP_MSG)))

```
        {
          SerialApp_TxLen = 0;
          osal_stop_timerEx(SerialApp_TaskID, SERIALAPP_SEND_EVT);   //当收到发送
成功的 response，停止自动重发
        }
        else
        {
          // Re-start timeout according to delay sent from other device.
          delay = BUILD_UINT16( pkt->cmd.Data[2], pkt->cmd.Data[3] );
          osal_start_timerEx( SerialApp_TaskID, SERIALAPP_SEND_EVT, delay ); //
没有收到成功的 response，自动重发
        }
        break;
        default:          break;
    }
```

3.2.13 工程的入口 ZMain

在 ZigBee 2007 协议栈下，ZMain 文件夹下的文件如图 3-33 所示。

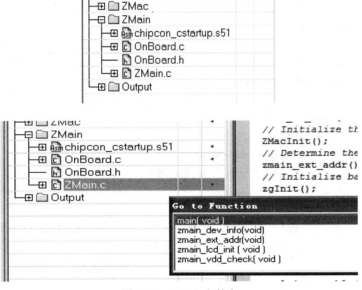

图 3-33 ZMain 文件夹

ZMain.c 是主程序，包含 main(),zmain_dev_info(),zmain_ext_addr(),zmain_lcd_init(),zmain_vdd_check()函数。在 ZMain.c 中，整个程序就是从 int main（void）中开始执行的，在执行 osal_start_system()之前，系统会执行一系列的初始化操作，如 HAL 初始化、板载 IO 初始化、NV 系统初始化、MAC 初始化等。

执行了 osal_start_system()，就不会再返回去重新执行那些初始化函数了，所以可以在之后使用自己编写的驱动，并不冲突。

main()函数的功能如下所示。

```
int main(void)
{
// Turn off interrupts
osal_int_disable(INTS_ALL);//关闭中断

//Initialization for board related stuff such as LEDs
HAL_BOARD_INIT();//初始化的相关信息，比如板发光二极管

//Make sure supply voltage is high enough to run
zmain_vdd_check();//确保电源电压足够高

//Initialize stack memory
zmain_ram_init();//初始化堆栈记忆

// Initialize board I/O
InitBoard (OB_COLD);//初始化板载I/O

// Initialize HAL drivers
HalDriverInit();// 初始化HAL（硬件相关的）

// Initialize NV System
osal_nv_init(NULL);

// Initialize basic NV items
zqInit(); //初始化基本NV项目

// Initializethe MAC
ZmacInit();
//Determine the extended address
zmain_ext_addr(); //确定扩展地址—决定长地址

#ifndef NONWK
  //Since the AF isn't a task, call it's initialization routine
  afInit();
#endif

//Initialize the operationg system
osal_init_system();// 初始化操作系统

osal_int_enable(INTS_ALL);//允许中断

//Final board initialization
InitBoard(OB_READY);//最终板初始化

//Display information about this device
```

```
zmain_dev_info();// 显示信息关于这个装置

osal_start_system();//No Return from here 从这里没有返回
//开始进入操作系统

#ifdef LCD_SUPPORTED//显示装置信息在荧屏上
zmain_lcd_init();
#endif

#ifdef WDT_IN_PM1
  /*If WDT is used, this is a good place to enable it.*/
  WatchDogEnable(WDTIMX);//如果 WDT 已用过，这是一个好地方，来激活它
#endif
```

程序流程图如图 3-34 所示。

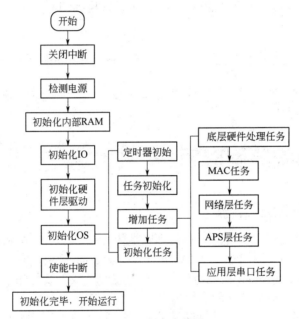

图 3-34　程序流程图

3.2.14　输出文件 Output

在 ZigBee 2007 协议栈下，Output 文件夹下的文件如图 3-35 所示。

进入 IAR7.51 后，选择 Project -> Options

进入如图 3-36 所示的界面后，在左侧选择 Linker

将 Output file 中的 Override default 选中，然后填写你输出文件的名称即可（注意后缀名必须为.hex）。在 Other 中选择如图 3-37 所示的选项即可。

图 3-35　Output 文件夹

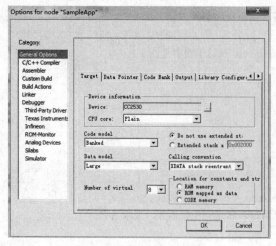

图 3-36 Options 选项卡

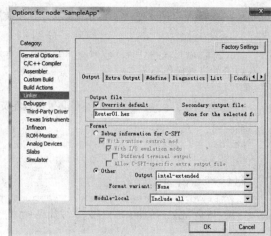

图 3-37   Linker 选项卡

选择完成后，编译通过即可在相对于的文件夹里找到相应的 hex 文件，具体位置如下所示。

ZStack-CC2530-2.2.0-1.3.0 ▶ Projects ▶ zstack ▶ Samples ▶ SampleApp ▶ CC2530DB ▶ CoordinatorEB ▶ Exe

注意：这里是以协调的形式编译的，所有选择的是 CoordinatorEB ，如果是路由或终端节点，则选择相对应的文件夹即可。

3.3   组网典型应用

3.3.1   节点无线聊天实验

节点无线聊天即传统的串口透传，透传到底是什么呢？计算机 A 和计算机 B 通过串口相连，相互发送信息，现在将计算机 A 和计算机 B 连接 ZigBee 模块，再用串口收发信息，ZigBee 的作用就相当于把有线信号转化成无线信号，但是已经变成无线传输了，这就是串口透传。

实验平台：CC2530 模块及功能底板两个（一个协调器，一个终端）。

实验现象：两台不同的计算机通过串口连接到 CC2530 开发板，打开串口调试助手，设置好波特率等参数。相互收发信息。没有 2 台计算机也可以同一台计算机的不同串口进行试验。

实验讲解：试验使用熟悉的 SampleApp.eww 工程来进行。在前面曾做过串口实验和数据无线传输，这次试验是这两个试验的一个结合。不过协议栈的串口接收有特定的格式，了解一下它的传输机制。先理清要实现这个功能的流程：由于 2 台计算机所带的模块地位是相等的，所以两个模块的程序流程也一样。

（1）ZigBee 模块接收到从计算机发送信息，然后无线发送出去

（2）ZigBee 模块接收到其他 ZigBee 模块发来的信息，然后发送给计算机

打开 Z - stack 目录 Projects\zstack\Samples\SampleApp\CC2530DB 里面的 SampleApp.eww 工程。这次试验基于协议栈的 SampleApp 来进行。

打开工程后，只要关注 App，这也是用户添加自己代码的地方，主要在 SampleApp.c 和 SampleApp.h。

ZigBee 模块接收到从计算机发送信息，然后无线发送出去 以前做的都是 CC2530 给计算机串口发送信息，还没接触过计算机发送给 CC2530，现在就来完成这个任务。其主要代码在 MT_UART.C 中。之前协议栈串口实验对串口初始化时候已经有所了解了。

在这个文件里找到串口初始化函数 void MT_UartInit()，找到下面的代码。

```
#if defined (ZTOOL_P1) || defined (ZTOOL_P2)
uartConfig.callBackFunc = MT_UartProcessZToolData;
#elif defined (ZAPP_P1) || defined (ZAPP_P2)
uartConfig.callBackFunc = MT_UartProcessZAppData;
#else
uartConfig.callBackFunc = NULL;
#endif
```

定义了 ZTOOL_P1，故协议栈数据处理函数 MT_UartProcessZToolData(),进入这个函数定义。下面是对函数关键地方的解释。

这个函数就是把串口发来的数据包进行打包，校验，生成一个消息，发给处理数据包的任务。如果用 ZTOOL 通过串口来沟通协议栈，那么发过来的串口数据具有以下格式。

```
0xFE, DataLength, CM0, CM1, Data payload, FCS
```

0xFE 为数据帧头。

DataLength：Datapayload 的数据长度，以字节计，低字节在前。

CM0 为命令低字节；

CM1 为命令高字节（ZTOOL 软件就是通过发送一系列命令给 **MT** 实现和协议栈交互）。

Data payload：数据帧具体的数据，这个长度是可变的，但是要和 DataLength 一致。

FCS 为校验和，从 DataLength 字节开始到 Data payload 最后一个字节，所有字节的异或按字节操作；

也就是说，如果计算机想通过串口发送信息给 CC2530，由于是使用默认的串口函数，所以必须按上面的格式发送，否则 CC2530 是收不到任何东西的，尽管这个机制是非常完善的，能校验串口数据，但是很明显，需要的是 CC2530 能直接接收到串口信息，然后一成不变地发送出去，而不是在每句话前面 加 FE ...的特定字符，而且还要自己计算校验码。

于是把改函数换成自己的串口处理函数，当然，先要了解自带的这个函数。

```
Void MT_UartProcessZToolData ( uint8 port, uint8 event )
{
……
while (Hal_UART_RxBufLen(port))
/*查询缓冲区读信息,也成了这里信息是否接收完的标志*/
{
HalUARTRead (port, &ch, 1);
/*一个一个地读，读完一个缓冲区就清1个了，? 为什么这样呢，往下看*/
switch (state)
/*用上状态机了*/
{
case SOP_STATE:
if (ch == MT_UART_SOF) /* MT_UART_SOF 的值默认是 0xFE,所以数
据必须 FE 格式开始发送才能进入下 一个状态，不然永远在这里转圈*/
state = LEN_STATE;
break;
case LEN_STATE: LEN_Token = ch;
```

```
                    tempDataLen = 0;
/* Allocate memory for the data */
pMsg = (mtOSALSerialData_t *)osal_msg_allocate( sizeof
( mtOSALSerialData_t ) +MT_RPC_FRAME_HDR_SZ + LEN_Token );
/* 分配内存空间*/
if (pMsg) /* 如果分配成功*/
{
/* Fill up what we can */
pMsg->hdr.event = CMD_SERIAL_MSG;
/* 注册事件号 CMD_SERIAL_MSG;，很有用*/
pMsg->msg = (uint8*)(pMsg+1);
/*定位数据位置*/
… … …
/* Make sure it's correct */
tmp=MT_UartCalcFCS((uint8*)&pMsg->msg[0], MT_RPC_FRAME_HDR_SZ
+ LEN_Token);
if (tmp == FSC_Token) /*数据校验*/
{
osal_msg_send( App_TaskID, (byte *)pMsg );
/*把数据包发送到 OSAL 层*/
}
else
{
/* deallocate the msg */
osal_msg_deallocate ( (uint8 *)pMsg );
/*清申请的内存空间*/
}
/* Reset the state, send or discard the buffers at this point */
state = SOP_STATE; /*状态机一周期完成*/
…
```

简单看一下代码，串口从计算机接收到信息后会做如下处理。

（1）接收串口数据，判断起始码是否为 0xFE。

（2）得到数据长度然后给数据包 pMsg 分配内存。

（3）给数据包 pMsg 装数据。

（4）打包成任务发给上层 OSAL 待处理。

（5）释放数据包内存。

现在要做的是简化再简化，将流程变成如下所示的形式。

（1）接收到数据。

（2）判断长度然后给数据包 pMsg 分配内存。

（3）打包发送给上层 OSAL 待处理。

（4）释放内存

修改后的程序如下所示。

```
void MT_UartProcessZToolData ( uint8 port, uint8 event )
{
 uint8 flag=0,I,j=0;   //flag是判断有没有收到数据，j 记录数据长度
uint8 buf[128];      //串口 buffer 最大缓冲默认是 128，这里用 128
```

```
(void)event;        // Intentionally unreferenced parameter
while (Hal_UART_RxBufLen(port)) //检测串口数据是否接收完成
{
HalUARTRead (port, &buf[j], 1); //把数据接收放到 buf 中
j++;                //记录字符数
flag=1;             //已经从串口接收到信息
}

if(flag==1) //已经从串口接收到信息
{ /* Allocate memory for the data */
//分配内存空间，为机构体内容+数据内容+1 个记录长度的数据
pMsg = (mtOSALSerialData_t *)osal_msg_allocate( sizeof
( mtOSALSerialData_t )+j+1);
//事件号用原来的 CMD_SERIAL_MSG
pMsg->hdr.event = CMD_SERIAL_MSG;
pMsg->msg = (uint8*)(pMsg+1); // 把数据定位到结构体数据部分
pMsg->msg [0]= j; //给上层的数据第一个是长度
for(i=0;i<j;i++) //从第二个开始记录数据
pMsg->msg [i+1]= buf[i];
osal_msg_send( App_TaskID, (byte *)pMsg ); //登记任务，发往上层
/* deallocate the msg */
osal_msg_deallocate ( (uint8 *)pMsg ); //释放内存
}
}
```

从上述代码可知，数据包中数据部分的格式是

```
datalen + data
```

到这里，数据接收的处理函数已经完成了，接下来要做的就是怎么在任务中处理这个包内容。由于串口初始化是在 SampleApp 中进行的，任务号也是 SampleApp 的 ID，所以当然是在 SampleApp.C 里面进行了。在 SampleApp.C 找到如下所示的任务处理函数。

```
uint16 SampleApp_ProcessEvent( uint8 task_id, uint16 events )
```
在该函数中加进下面粗体代码。
```
uint16 SampleApp_ProcessEvent( uint8 task_id, uint16 events )
{
afIncomingMSGPacket_t *MSGpkt;
(void)task_id; // Intentionally unreferenced parameter
if ( events & SYS_EVENT_MSG )
{
MSGpkt(afIncomingMSGPacket_t*)osal_msg_receive( SampleApp_TaskID );
while ( MSGpkt )
{
switch ( MSGpkt->hdr.event )
{
```
C case CMD_SERIAL_MSG: //串口收到数据后由 MT_UART 层传递过来的数据，用上面方法接收，编译时不定义 MT 相关内容。
```
SampleApp_SerialCMD((mtOSALSerialData_t *)MSGpkt);
break;
```

//串口收到信息后，事件号 CMD_SERIAL_MSG 就会被登记，便进入：

```
case CMD_SERIAL_MSG:
```

执行 SampleApp_SerialCMD（（mtOSALSerialData_t *）MSGpkt）后，在协议栈里是找不到这个函数的。这个函数的作用是要把信息无线发送出去。

下面是参考代码，用户也可以自己完成。

```
void SampleApp_SerialCMD(mtOSALSerialData_t *cmdMsg)
{
uint8 I,len,*str=NULL; //len 有用数据长度
str=cmdMsg >msg; //指向数据开头
len=*str; //msg 里的第 1 个字节代表后面的数据长度
/********打印出串口接收到的数据，用于提示*********/
for(i=1;i<=len;i++)
HalUARTWrite(0,str+I,1 );
HalUARTWrite(0,"\n",1 );//换行
if ( AF_DataRequest(&SampleApp_Periodic_DstAddr, &SampleApp_epDesc,
SAMPLEAPP_COM_CLUSTERID,//自己定义一个
len+1, // 数据长度
str, //数据内容
&SampleApp_TransID,
AF_DISCV_ROUTE,
AF_DEFAULT_RADIUS ) == afStatus_SUCCESS )
{
}
else
{
// Error occurred in request to send.
}
}
```

SAMPLEAPP_COM_CLUSTERID 是自己定义的 ID，用于接收方判别，如图 3-38 所示。

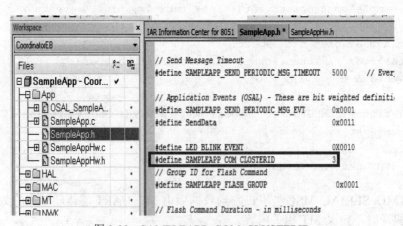

图 3-38　SAMPLEAPP_COM_CLUSTERID

到这里，CC2530 从串口接收到信息到转发出去已经完成了，可以先下载程序到 CC2530 开发板，然后可以看到随便发什么都可以打印出来提示了。也就是说 CMD_SERIAL_MSG: 事件和 void SampleApp_SerialCMD （mtOSALSerialData_t *cmdMsg ）函数已经被成功执行了，如图 3-39 所示。

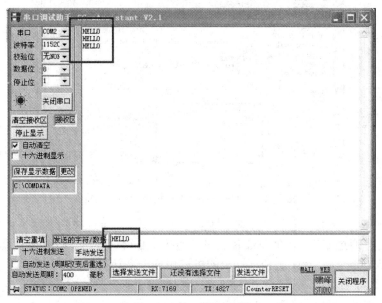

图 3-39　串口调试信息

ZigBee 模块接收到其他 ZigBee 模块发来的信息，然后发送给计算机。直接贴上代码，加上粗体部分内容。

```
Void SampleApp_MessageMSGCB( afIncomingMSGPacket_t *pkt )
{
uint8 I,len;
switch ( pkt->153lustered )
{
case SAMPLEAPP_COM_CLUSTERID: //如果是串口透传的信息
len=pkt->cmd.Data[0];
for(i=0;i<len;i++)
HalUARTWrite(0, &pkt->cmd.Data[i+1],1);//发给PC机HalUARTWrite(0,"\n",1); //
回车换行
 break;
}
}
```

最后还要修改预编译，注释掉 MT 层的内容。这里注意，选择了协调器、路由器、终端编译时都要修改 options 的。

如图 3-40 所示，在预定义符号窗口（Defined symbols）加入下面代码。

```
ZTOOL_P1 xMT_TASK
xMT_SYS_FUNC
xMT_ZDO_FUNC
```

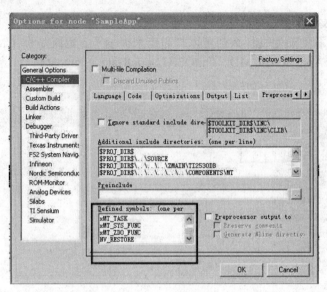

图 3-40　C/C++ Compiler 选项卡相关配置

至此，所有配置完成。把程序分别下载到 2 个模块，一个选择协调器（必需），一个选择终端（或路由）。通过 USB 转串口或其他串口连接到 2 台计算机。打开串口助手设置好参数（波特率为 115200bps）。没有 2 台计算机的可以用同一台计算机的不同串口代替，如图 3-41 所示。

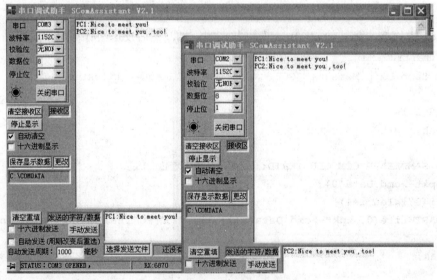

图 3-41　串口调试信息

3.3.2　无线点灯

无线点灯是 ZigBee 入门的一个经典例子，这里的例子虽然没有用到协议栈，但它体现出来的数据发送、接收和用协议栈的效果是差不多的，而且 TI 公司的 Basic RF 的代码容易看懂，如果把这个实验掌握了，学习后面的协议栈会更加容易理解。

注意：例的源代码是从 TI 官网上下载的，用户可以去 TI 官网注册并下载。首先说明，TI 官网的程序的开发平台是 TI 官网的开发板，开发板的硬件资料与官方是一致的，所以要在 ZigBee 开发板上实现无线点灯功能，无需对其代码进行修改。

这里给出两套无线点灯程序，供大家参考。

第一种，启动、发射、接收工作过程。

1）启动

① 确保外围器件没有问题。

② 创建一个 basicRfCfg_t 的数据结构，并初始化其中的成员，在 **basic_rf.h** 代码中可以找到以下内容。

```
typedef struct
{
uint16 myAddr; //16 位的短地址（就是节点的地址）
uint16 panId; //节点的 PAN ID
uint8 channel; //RF 通道（必须在 11～26 之间）
uint8 ackRequest; //目标确认就置 true
#ifdef SECURITY_CCM //是否加密，预定义里取消了加密
uint8* securityKey;
uint8* securityNonce;
#endif
} basicRfCfg_t;
```

③ 调用 basicRfInit()函数进行协议的初始化，在 basic_rf.c 代码中可以找到以下内容。

uint8 basicRfInit（basicRfCfg_t* pRfConfig）

函数功能：对 Basic RF 的数据结构初始化，设置模块的传输通道，短地址，PAD ID。

2）发送

① 创建一个 buffer，把 payload 放入其中。Payload 最大为 103B。

② 调用 basicRfSendPacket()函数发送，并查看其返回值。

在 basic_rf.c 中可以找到 uint8 basicRfSendPacket（uint16 destAddr, uint8* pPayload, uint8 length）。destAddr 为目的短地址，pPayload 指向发送缓冲区的指针，length 为发送数据长度。

函数功能：给目的短地址发送指定长度的数据，发送成功刚返回 SUCCESS，失败则返回 FAILED。

3）接收

① 上层通过 basicRfPacketIsReady()函数来检查是否收到一个新数据包，在 basic_rf.c 中可以找到 uint8 basicRfPacketIsReady（void）

函数功能：检查模块是否已经可以接收下一个数据，如果准备好刚返回 TRUE。

② 调用 basicRfReceive()函数，把收到的数据复制到 buffer 中。

在 basic_rf.c 中可以找到 uint8 basicRfReceive（uint8* pRxData, uint8 len, int16* pRssi）。

函数功能：接收来自 Basic RF 层的数据包，并为所接收的数据和 RSSI 值配缓冲区。

接下来，从官方提供的 main()函数开始讲解，代码如下：

```
1. void main(void)
2. {
3. uint8 appMode = NONE; //不设置模块的模式
4. // Config basicRF
basicRfConfig.panId = PAN_ID;                 //上面讲的 Basic RF 的启动中的
5. basicRfConfig.channel = RF_CHANNEL;        //第 2 步初始化 basicRfCfg_t
6. basicRfConfig.ackRequest = TRUE;           //结构体的成员
```

```
7.
8.  #ifdef SECURITY_CCM   //密钥安全通信，本例不加密
9.  basicRfConfig.securityKey = key;
10. #endif
11.
12. // Initalise board peripherals 初始化外围设备
13. halBoardInit();
14. halJoystickInit();
15.
16. // Initalise hal_rf 硬件抽象层的 rf 进行初始化
17. if(halRfInit()= =FAILED)
18. {
19. HAL_ASSERT(FALSE);
20. }
21. /**********根据 ZigBee 功能底板配置**********/
22. halLedClear(2);   // 关 LED2(P1_1=0)
23. halLedSet1);      // 开 LED1(P1_0=1)
24.
25. /******选择性下载程序，发送模块和接收模块******/
26. appSwitch(); //节点为按键 S1
27. appLight(); //节点为指示灯 LED1
28. // Role is undefined. This code should not be reached
29. HAL_ASSERT(FALSE);
30. }
```

接下来看看 appSwitch()函数，看它是如何实现数据发送的。

```
1.  static void appSwitch()
2.  {
3.  #ifdef ASSY_EXP4618_CC2420
4.  halLcdClearLine(1);
5.  halLcdWriteSymbol(HAL_LCD_SYMBOL_TX, 1);
6.  #endif
7.  // Initialize BasicRF
8.  basicRfConfig.myAddr = SWITCH_ADDR;
9.  if(basicRfInit(&basicRfConfig)==FAILED){
10. HAL_ASSERT(FALSE);
11. }
12. pTxData[0] = LIGHT_TOGGLE_CMD;
13. // Keep Receiver off when not needed to save power
14. basicRfReceiveOff();
15. // Main loop
16. while (TRUE) //程序进入死循环
17. {
18. if(halButtonPushed()==HAL_BUTTON_1) //按键 S1 被按下
19. {
20. basicRfSendPacket(LIGHT_ADDR,pTxData,APP_PAYLOAD_LENGTH);
21. // Put MCU to sleep. It will wake up on joystick interrupt
```

```
22.  halIntOff();
23.  halMcuSetLowPowerMode(HAL_MCU_LPM_3); // Will turn on global
24.  // interrupt enable
25.  halIntOn();
26.  }
27.  }
28.  }
```

第 3～6 行：TI 学习板上的液晶模块的定义。

第 8～11 行：Basic RF 启动中的初始化，就是上面所讲的 Basic RF 启动的第 3 步。

第 12 行：Basic RF 发射第 1 步，把要发射的数据或者命令放入一个数据 buffer,此处把灯状态改变的命令 LIGHT_TOGGLE_CMD 放到 pTxData 中。

第 14 行：由于模块只需要发射，所以把接收屏蔽掉以降低功耗。

第 18 行：if（halButtonPushed()==HAL_BUTTON_1）判断 S1 键是否按下，函数 halButtonPushed()在 halButton.c 里，其功能是：按键 S1 有被按动时，就回返回 true，进入 basicRfSendPacket（LIGHT_ADDR, pTxData,APP_PAYLOAD_LENGTH）；

第 20 行：Basic RF 发射第 2 步，也是发送数据最关键的一步，函数功能在前面已经讲述。basicRfSendPacket（LIGHT_ADDR, pTxData, APP_PAYLOAD_LENGTH）就是说，将 LIGHT_ADDR、pTxData、APP_PAYLOAD_LENGTH 的实参写出来就是 basicRfSendPacket（0xBEEF ,pTxData[0] ,1）把字节长度为 1 的命令，发送到地址 0xBEEF。

第 22～23 行：ZigBee 板暂时还没有 joystick（多方向按键），可以不用处理。

第 25 行：使能中断。

发送的 appSwitch()讲解完毕，接下来讲解接收 appLight()函数。

```
1.  static void appLight()
2.  {
3.  /***********************************************
4.  halLcdWriteLine(HAL_LCD_LINE_1, "Light");
5.  halLcdWriteLine(HAL_LCD_LINE_2, "Ready");
6.  ***********************************************/
7.  #ifdef ASSY_EXP4618_CC2420
8.  halLcdClearLine(1);
9.  halLcdWriteSymbol(HAL_LCD_SYMBOL_RX, 1);
10. #endif
11. // Initialize BasicRF
12. basicRfConfig.myAddr = LIGHT_ADDR;
13. if(basicRfInit(&basicRfConfig)==FAILED) {
14. HAL_ASSERT(FALSE);
15. }
16. basicRfReceiveOn();
17. // Main loop
18. while (TRUE)
19. {
20. while(!basicRfPacketIsReady());
21. if(basicRfReceive(pRxData, APP_PAYLOAD_LENGTH, NULL)>0) {
22. if(pRxData[0] == LIGHT_TOGGLE_CMD)
23. {
```

```
24.    halLedToggle(1);
25.    }
26.  }
27.  }
28. }
```

第 7～10 行：LCD 内容。

第 12～15 行：Basic RF 启动中的初始化，上面 Basic RF 启动的第 3 步。

第 16 行：basicRfReceiveOn()函数，开启无线接收功能。调用这个函数后，模块一直会接收，除非再调用 basicRfReceiveOff()函数使它关闭接收。

第 18 行：程序开始进行不断扫描的循环。

第 19 行：Basic RF 接收的第 1 步，while（!basicRfPacketIsReady()）检查是否接收上层数据。

第 20 行：Basic RF 接收的第 2 步，if（basicRfReceive（pRxData, APP_PAYLOAD_LENGTH, NULL）>0）判断否接收到有数据。

第 21 行：if（pRxData[0] == LIGHT_TOGGLE_CMD）判断接收到的数据是否就是发送函数里面的 LIGHT_TOGGLE_CMD 如果是，执行第 22 行。

第 22 行：halLedToggle（1），改变 LED1 的状态。

下面介绍实验操作步骤。

第一步，打开本书提供的"示例序\2 组网实验\无线点灯\CC2530 BasicRF\ide 文件夹下面的工程，在 light_switch.c 里面找到 main()函数，找到下面内容，把 appLight(); 注释掉，下载到发射模块。

```
/************Select one and shield to another************/
appSwitch(); //节点为按键 S1
// appLight(); //节点为指示灯 LED1
```

第二步，找到相同位置，这次把 appSwitch();注释掉，下载到接收模块。

```
/************Select one and shield to another**********by boo*/
//appSwitch(); //节点为按键 S1
appLight(); //节点为指示灯 LED1
```

实验现象：一个节点上的按键无线遥控另一个节点上的 LED 灯亮、灯灭。

第二种，节点无线点灯实验。

无线点灯是智能家居实验里一个简单却很实用的一个例子，协议栈是一个高度封装的平台，只要调用协议栈提供的 API，即可容易地实现无线点灯实验。

实验平台：　CC2530 模块及功能底板两个（一个协调器，一个终端）。

实验讲解：这个实验仍然基于熟悉的 SampleApp.eww 工程实现，这个实验是按键实验和无线传输实验的结合。因为这个实验就是终端发送命令给协调器控制协调器上的灯的开与关。先来简单了解一下这个实验的工作流程。

① 终端节点发送命令给协调器，命令分为开灯和关灯。

② 协调器收到无线数据后判断命令并控制灯的开关。

同上一个实验，打开 SampleApp.eww 工程，在 APP 层添加相应代码。

（1）终端节点发送命令给协调器，命令分为开灯和关灯

打开 SampleApp.C 这个文件找到 SampleApp_HandleKeys()函数。

直接在这个函数里面添加代码，添加粗体的代码。

int Number_KeyPress=0; //记录按下按下的次数

```
void SampleApp_HandleKeys( uint8 shift, uint8 keys )
{
(void)shift; // Intentionally unreferenced parameter
if ( keys & HAL_KEY_SW_1 )
{
Number_KeyPress++;
if(Number_KeyPress%2) //奇数次按下点亮
{
SendData("KD",0x0000,2);
}
else //偶数次按下熄灭
{
SendData("GD",0x0000,2);
}
```

这里有一个函数 SendData()，这是自己写的一个函数，是将协议栈里面的无线发送函数封装起来的，下面是这个函数的代码。

```
// ------------------------------------------------------------------------
//发送一组数据
// ------------------------------------------------------------------------
uint8 SendData(uint8 *buf, UINT16 addr, uint8 Leng)
{
afAddrType_t SendDataAddr;
SendDataAddr.addrMode = (afAddrMode_t)Addr16Bit;
SendDataAddr.endPoint = SAMPLEAPP_ENDPOINT;
SendDataAddr.addr.shortAddr = addr;
if ( AF_DataRequest(&SendDataAddr, &SampleApp_epDesc,
2,//SAMPLEAPP_PERIODIC_CLUSTERID,
Leng,
buf,
&SampleApp_TransID,
AF_DISCV_ROUTE,
// AF_ACK_REQUEST,
AF_DEFAULT_RADIUS ) == afStatus_SUCCESS )
{  return 1;
}
else
{
return 0;// Error occurred in request to send.
}
}
```

注意粗体代码，是将这个函数进行封装，然后将数据发送出去，对于这个函数的使用请查阅相关 API 说明文档。

（2）协调器收到无线数据后判断命令并控制灯的开关

协调器仍然是在 SampleApp.eww 这个工程里的 SampleApp.C 文件下添加相应的代码实现的，前面无线相关的实验也讲到了，当设备接收到无线数据后将会触发无线接收事件

AF_INCOMING_MSG_CMD，就在这个事件调用的函数里添加相关代码，如图 3-42 所示。

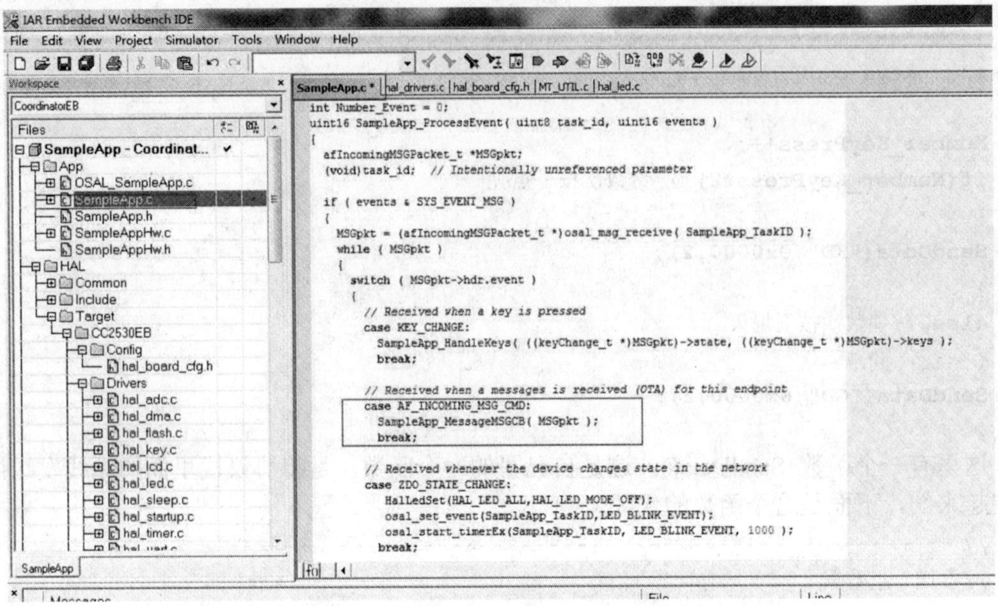

图 3-42　触发无线接收事件

下面是相关的代码。

```
void SampleApp_MessageMSGCB( afIncomingMSGPacket_t *pkt )
{
uint16 flashTime;
switch ( pkt->clusterId )
{ case 2: //因为发送端发送的簇 ID 是 2
if(pkt->cmd.Data[1] == 'K')
HalLedSet(HAL_LED_1,HAL_LED_MODE_ON);
else if(pkt->cmd.Data[1] == 'G')
HalLedSet(HAL_LED_1,HAL_LED_MODE_OFF);
break;
```

好了，这样就可以进行无线点灯了。

3.3.3　信号传输质量检测

PER（误包率检测）实验是 **BasicRF** 的第二个实验，和无线点灯一样是没有使用协议栈的点对点通信。通过无线点灯大家应该对 ZigBee 的发射和接收有个感性的认识，本次实验的讲解不会像无线点灯一样讲得那么详细，因为接收发射的过程基本上是一样的，但也希望初学者能自己认真学习这个实验，相信会对无线传输会有一个更清晰的认识。

例的源代码是从 TI 官网上下载的，打开\CC2530 BasicRF\ide\srf05_cc2530\iar 里面的 per_test.eww 工程。需要在 per_test 中加入串口发送函数，才能在串口调试助手上看到的实验现象。

在 per_test.c 中添加 include "string.h"，然后将下面的代码加入到程序中。因为只有接收模块才会用到串口，所以串口的初始化只需要放在 appReceiver（）函数中。

```
/***********************************************************
串口初始化函数
***********************************************************/
```

```
void ini tUART(void)
{
    FERCFG = 0x00;                  //位置 1 P0 口
    POSEL = 0x0c;                   //P0_2,P0_3 用作串口（外部设备功能）
    P2DIR &=~0XC0;                  //p0 优先作为 UART0


    UOCSR | =0x80;                  //设置为 UARI 方式
    UOGCR | =11;
    UOBAUD | =216;                  //波特率设为 115200
    UTXOIF =0;                      //UART0 TX 中断标志初始置位 0
}


/*************************************************************
串口发送字符串函数
*************************************************************/
void UartTX_Send_String(int8*Data,int len)
{
    int j;
    for (j=0;j<len;j++)
    {
        UODBUF = *Data++
        While(UTXOIF == 0);
        UTXOIF = 0;
    }
}
```
添加完代码后不要忘记声明函数。

下面分析整个工程的发送和接收过程，首先还是要先找到 main.c 函数。

```
1. void main (void)
2. {
3. uint8 appMode;
4. appState = IDLE;
5. appStarted = TRUE;
6. // Config basicRF 配置 Basic RF
7. basicRfConfig.panId = PAN_ID;
8. basicRfConfig.ackRequest = FALSE;
9. // Initialise board peripherals 初始化外围硬件
10. halBoardInit();
11. // Initalise hal_rf 初始化 hal_rf
12. if(halRfInit()==FAILED) {
13. HAL_ASSERT(FALSE);
14. }
15. // Indicate that device is powered
16. halLedSet(1);
```

```
17. // Print Logo and splash screen on LCD
18. utilPrintLogo("PER Tester");
19. // Wait for user to press S1 to enter menu
20. halMcuWaitMs(350);
21. // Set channel
```
22. //设置信道，规范要求信道只能为为 11～25。这里选择信道 11
```
23. basicRfConfig.channel = 0x0B;
```
//设置模块的模式，一个作为发射，另一个为接收，看是否 define MODE_SEND
```
24. #ifdef MODE_SEND
25. appMode = MODE_TX;
26. #else
27. appMode = MODE_RX;
28. #endif
29. // Transmitter application
30. if(appMode == MODE_TX) {
```
// No return from here 如果定义了 MODE_SEND 则进入 appTransmitter()发射模式
```
31. appTransmitter();
32. }
33. // Receiver application
34. else if(appMode == MODE_RX) {
35. // No return from here 如果没有定义 MODE_SEND，则进入 appReceiver ()接收模式
36. appReceiver();
37. }
38. // Role is undefined. This code should not be reached
39. HAL_ASSERT(FALSE);
40. }
```
通过注释可以知道，main.c 函数做了以下一些事情。

① 一大堆的初始化（都是必需的）。

② 设置信道，发射和接收模块的信道必须一致。

③ 选择为发射或者接收模式。

发射函数定义了 MODE_SEND，然后进入：appTransmitter()模式。

```
1. static void appTransmitter()
2. {
3. uint32 burstSize=0;
4. uint32 pktsSent=0;
5. uint8 appTxPower;
6. uint8 n;
7. // Initialize BasicRF /* 初始化 Basic RF */
8. basicRfConfig.myAddr = TX_ADDR;
9. if(basicRfInit(&basicRfConfig)==FAILED)
10. {
11. HAL_ASSERT(FALSE);
12. }
13. // Set TX output power /* 设置输出功率 */
14. halRfSetTxPower(2); //HAL_RF_TXPOWER_4_DBM
```

```
15.  // Set burst size /* 设置进行一次测试所发送的数据包数量 */
16.  burstSize = 1000;
17.  // Basic RF puts on receiver before transmission of packet, and turns off
after packet is sent
18.  basicRfReceiveOff();
19.  /*******************************************************/
20.  Config timer and IO 配置定时器和 IO
21.  ********************************** ********************/
22.  appConfigTimer(0xC8);
23.  // Initalise packet payload /* 初始化数据包载荷 */
24.  txPacket.seqNumber = 0;
25.  for(n = 0; n < sizeof(txPacket.padding); n++)
26.  {
27.  txPacket.padding[n] = n;
28.  }
//*********************进入循环*****************//
29.  while (TRUE)
30.  {
31.  while(appStarted)
32.  {
33.  if (pktsSent < burstSize)
34.  {
35.  // Make sure sequence number has network byte order
36.  UINT32_HTON(txPacket.seqNumber); // 改变发送序号的字节顺序
37.  basicRfSendPacket(RX_ADDR, (uint8*)&txPacket, PACKET_SIZE);
38.  // Change byte order back to host order before increment /* 在增加序号前
将字节顺序改回为主机顺序 */
39.  UINT32_NTOH(txPacket.seqNumber);
40.  txPacket.seqNumber++; //数据包序列号自加 1
41.  pktsSent++;

42.  appState = IDLE;
43.  halLedToggle(1); //改变 LED1 的亮灭状态
44.  halMcuWaitMs(500);
45.  }
46.  else
47.  appStarted = !appStarted;
48.  // Reset statistics and sequence number/* 复位统计和序号 */
49.  pktsSent = 0;
50.  }
51.  }
52.  }
```

下面总结 appTransmitter 函数完成的任务。

① 初始化 Basic RF。

② 设置发射功率。

③ 设定测试的数据包量。

④ 配置定时器和 IO。

⑤ 初始化数据包载荷。

⑥ 进行循环函数，不断地发送数据包，每发送完一次，下一个数据包的序列号自加 1 再发送。

接收函数没有 define MODE_SEND 则进入 appReceiver () 接收函数比较长，而且查看不方便，此处只把有必要说明的地方才贴出来，具体的全部代码内容肯定是打开工程看最好。

```
1. static void appReceiver()
2. {
3. initUART(); // 初始化串口
4. basicRfConfig.myAddr = RX_ADDR;
5. if(basicRfInit(&basicRfConfig)==FAILED) Initialize BasicRF //初始化 Basic RF
6. {
7. HAL_ASSERT(FALSE);
8. }
9. basicRfReceiveOn();
10. while (TRUE)
11. {
12. while(!basicRfPacketIsReady()); // 等待新的数据包
13. if(basicRfReceive((uint8*)&rxPacket, MAX_PAYLOAD_LENGTH, &rssi)>0) {
14. halLedSet(3);//*************P1_4
15. UINT32_NTOH(rxPacket.seqNumber); // 改变接收序号的字节顺序
16. segNumber = rxPacket.seqNumber
17. //若统计被复位，设置期望收到的数据包序号为已经收到的数据包序号
18. if(resetStats)
19. {
20. rxStats.expectedSeqNum = segNumber;
21. resetStats=FALSE;
22. }
23. // Subtract old RSSI value from sum
24. rxStats.rssiSum -= perRssiBuf[perRssiBufCounter]; // 从 sum 中减去旧的 RSSI 值
25. // Store new RSSI value in ring buffer, will add it to sum later
26. perRssiBuf[perRssiBufCounter] = rssi; // 存储新的 RSSI 值到环形缓冲区，之后它将被加入 sum
27. rxStats.rssiSum += perRssiBuf[perRssiBufCounter]; // 增加新的 RSSI 值到 sum
28. if(++perRssiBufCounter == RSSI_AVG_WINDOW_SIZE) {
29. perRssiBufCounter = 0; // Wrap ring buffer counter
30. }
31. // Check if received packet is the expected packet 检查接收到的数据包是不是所期望收到的数据包
32. if(rxStats.expectedSeqNum == segNumber) // 是所期望收到的数据包
33. {
34. rxStats.expectedSeqNum++;
35. }
36. // If there is a jump in the sequence numbering this means some packets
```

inbetween has been lost.

```
37. else if(rxStats.expectedSeqNum < segNumber) //大于期望收到的数据包的序号
38. { // 认为丢包
39. rxStats.lostPkts += segNumber - rxStats.expectedSeqNum;
40. rxStats.expectedSeqNum = segNumber + 1;
41. }
42. else // 小于期望收到的数据包的序号
43. {
44. rxStats.expectedSeqNum = segNumber + 1;
45. rxStats.rcvdPkts = 0;
46. rxStats.lostPkts = 0;
47. }
48. rxStats.rcvdPkts++;
49. /*****************以下为串口打印部分的函数*****************/
50. temp_receive=(int32)rxStats.rcvdPkts;
51. if(temp_receive>1000)
52. {
53. if(halButtonPushed()==HAL_BUTTON_1){
54. resetStats = TRUE;
55. rxStats.rcvdPkts = 1;
56. rxStats.lostPkts = 0;
57. }
58. }
59. Myreceive[0]=temp_receive/100+'0'; //打印接收到数据包的个数
60. Myreceive[1]=temp_receive%100/10+'0';
61. Myreceive[2]=temp_receive%10+'0';
62. Myreceive[3]='\0';
63. UartTX_Send_String("RECE:",strlen("RECE:"));
64. UartTX_Send_String(Myreceive,4);
65. UartTX_Send_String(" ",strlen(" "));
66. temp_per=(int32)((rxStats.lostPkts*1000)/(rxStats.lostPkts+rxStats.rcvdPkts));
67. Myper[0]=temp_per/100+'0'; //打印当前计算出来的误包率
68. Myper[1]=temp_per%100/10+'0';
69. Myper[2]='.';
70. Myper[3]=temp_per%10+'0';
71. Myper[4]='%';
72. UartTX_Send_String("PER:",strlen("PER:"));
73. UartTX_Send_String(Myper,5);
74. UartTX_Send_String(" ",strlen(" "));
75. temp_rssi=(0-(int32)rxStats.rssiSum/32); //打印上 32 个数据包的 RSSI 值的平
76. 均值
77. Myrssi[0]=temp_rssi/10+'0';
78. Myrssi[1]=temp_rssi%10+'0';
79. UartTX_Send_String("RSSI:- ",strlen("RSSI:- "));
80. UartTX_Send_String(Myrssi,2);
81. UartTX_Send_String("\n",strlen("\n"));
```

```
82. halLedClear(3);
83. halMcuWaitMs(300);
84. }
85. }
86. }
```

接收函数主要起以下几项作用。

① 初始化串口。

② 初始化 Basic RF。

③ 不断地接收数据包，并检查数据包序号是否为期望值，作出相应处理。

④ 串口打印出，接收包的个数误包率及上 32 个数据包的 RSSI 值的平均值，有几个比较重要的数据作个简要的说明一下： 为了获取传输的性能参数，接收器中包含了如下几个数据（包含在 rxStats 变量中，其类型为 perRxStats_t）rxStats.expectedSeqNum 预计下一个数据包的序号， 其值等于"成功接收的数据包"+"丢失的数据包"+1 rxStats.rssiSum 上 32 个数据包的 RSSI 值的和 rxStats.rcvdPkts。每次 PER 测试中，成功接收到的数据包的个数 rxStats.lostPkts 丢失数据包的个数。如果大家想了解具体的话就可以去\CC2530 BasicRF\docs 文件夹中找到 CC2530_Software_Examples.pdf 文档，在第 4 章 4.2 节有详细的介绍。

```
42. appState = IDLE;
43. halLedToggle(1);  //改变 LED1 的亮灭状态
44. halMcuWaitMs(500);
45. }
46. else
47. appStarted = !appStarted;
48. // Reset statistics and sequence number/* 复位统计和序号 */
49. pktsSent = 0;
50. }
51. }
52. }
```

实验现象如图 3-43 所示。

```
RECE:017    PER:00.0%    RSSI:-20
RECE:018    PER:00.0%    RSSI:-21
RECE:019    PER:00.0%    RSSI:-22
RECE:020    PER:00.0%    RSSI:-23
RECE:021    PER:00.0%    RSSI:-24
RECE:022    PER:00.0%    RSSI:-25
RECE:023    PER:00.0%    RSSI:-26
RECE:024    PER:00.0%    RSSI:-28
RECE:025    PER:00.0%    RSSI:-29
RECE:026    PER:00.0%    RSSI:-30
RECE:027    PER:00.0%    RSSI:-31
RECE:028    PER:00.0%    RSSI:-32
RECE:029    PER:00.0%    RSSI:-33
RECE:030    PER:00.0%    RSSI:-35
RECE:031    PER:00.0%    RSSI:-36
RECE:032    PER:00.0%    RSSI:-37
RECE:033    PER:00.0%    RSSI:-37
RECE:034    PER:00.0%    RSSI:-37
RECE:035    PER:00.0%    RSSI:-37
RECE:036    PER:00.0%    RSSI:-37
RECE:037    PER:00.0%    RSSI:-37
RECE:038    PER:00.0%    RSSI:-37
RECE:039    PER:00.0%    RSSI:-37
RECE:040    PER:00.0%    RSSI:-37
RECE:041    PER:00.0%    RSSI:-37
```

图 3-43 实验现象

3.3.4 协议栈中的串口实验

串口作为一种最简单的协议栈和调试者接口，在 Zigbee 的学习和应用过程中具有非常重要的作用。所以，需要先学习在协议栈里加入串口功能。这与基础实验实现的方法不同。

第一步，初始化串口。

初始化串口，就是配置串口号、波特率、流控、校验位等。以前都是配置好寄存器然后使用。现在在 workspace 下找到 HAL\Target\CC2530EB\drivers 的 hal_uart.c 文件，可以看到里面已经包括了串口初始化、发送、接收等函数，如图 3-44 所示。

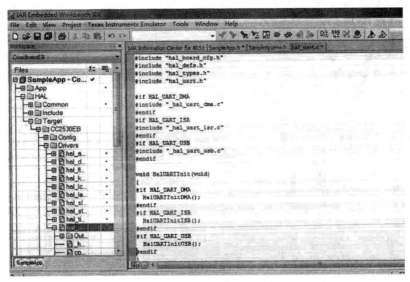

图 3-44　hal_uart.c 文件

图 3-44 中关于串口的操作函数还是挺全的！在 workspace 上的 MT 层，发现有很多基本函数，前面带 MT。例如 MT_UART.C，打开这个文件。看到 MT_UartInit()函数，这里也有一个串口初始化函数，没错 Z-stack 上有一个 MT 层，用户可以选用 MT 层配置和调用其他驱动。进一步简化了操作流程。那么应该在那里初始化呢？既然用的是 SampleApp，当然是在 SampleApp 文件下面。打开 APP 目录下的 OSAL_SampleApp.C 文件，找到上节提到的 osalInitTasks()任务初始化函数中的 SampleApp_Init()函数，进入这个函数，发现原来在 SampleApp.c 文件中。在这里加入串口初始化代码，如图 3-45 所示。

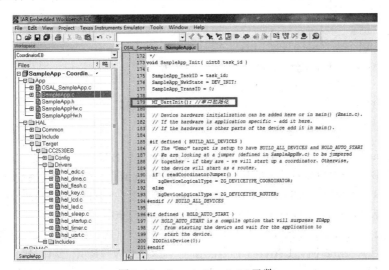

图 3-45　SampleApp_Init()函数

进入 MT_UartInit()函数，修改自己想要的初始化配置，进入函数后，可以看到如下所示的代码。

```
1. void MT_UartInit ()
2. {
3. halUARTCfg_t uartConfig;
4. /* Initialize APP ID */
5. App_TaskID = 0;
6. /* UART Configuration */
7. uartConfig.configured = TRUE;
8. uartConfig.baudRate = MT_UART_DEFAULT_BAUDRATE;
9. uartConfig.flowControl = MT_UART_DEFAULT_OVERFLOW;
10. uartConfig.flowControlThreshold = MT_UART_DEFAULT_THRESHOLD;
11. uartConfig.rx.maxBufSize = MT_UART_DEFAULT_MAX_RX_BUFF;
12. uartConfig.tx.maxBufSize = MT_UART_DEFAULT_MAX_TX_BUFF;
13. uartConfig.idleTimeout = MT_UART_DEFAULT_IDLE_TIMEOUT;
14. uartConfig.intEnable = TRUE;
15.
16. #if defined (ZTOOL_P1) || defined (ZTOOL_P2)
17. uartConfig.callBackFunc = MT_UartProcessZToolData;
18. #elif defined (ZAPP_P1) || defined (ZAPP_P2)
19. uartConfig.callBackFunc = MT_UartProcessZAppData;
20. #else
21. uartConfig.callBackFunc = NULL;
22. #endif
23. /* Start UART */
24. #if defined (MT_UART_DEFAULT_PORT)
25. HalUARTOpen (MT_UART_DEFAULT_PORT, &uartConfig);
26. #else
27. /* Silence IAR compiler warning */
28. (void)uartConfig;
29. #endif
30. /* Initialize for Zapp */
31. #if defined (ZAPP_P1) || defined (ZAPP_P2)
32. /* Default max bytes that ZAPP can take */
33. MT_UartMaxZAppBufLen = 1;
34. MT_UartZAppRxStatus = MT_UART_ZAPP_RX_READY;
35. #endif
36. }
```

第 8 行：uartConfig.baudRate = MT_UART_DEFAULT_BAUDRATE;是配置波特率，需定义 MT_UART_DEFAULT_BAUDRATE，可以看到#define MT_UART_DEFAULT_BAUDRATE HAL_UART_BR_38400 默认的波特率是 38400bps,现在修改成 115200bps,修改方法为#define MT_UART_DEFAULT_BAUDRATE HAL_UART_BR_115200。

第 9 行：uartConfig.flowControl = MT_UART_DEFAULT_OVERFLOW; 语句是配置流控的，进入定义可以看到#define MT_UART_DEFAULT_OVERFLOW TRUE 默认是打开串口流控的，如果只连接了 TX/RX 2 根线的方式务必关流控。#define MT_UART_DEFAULT_OVERFLOW

FALSE

　　注意：2 根线的通信连接务必关流控，不然永远收发不了信息。

　　第 16～22 行：这个是预编译，根据预先定义的 ZTOOL 或者 ZAPP 选择不同的数据处理函数。后面的 P1 和 P2 则是串口 0 和串口 1。用 ZTOOL，串口 0。可以在 Option 窗口中，选择 C/C++Compiler 然后在 Preprocessor 标签中加入。其他内容可以先不管，至此初始化配置完了，如图 3-46 所示。

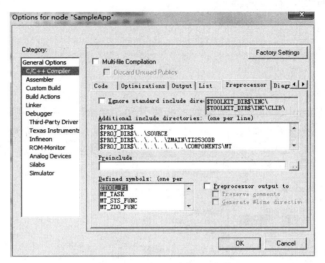

图 3-46　Option 中配置参数

　　第二步，登记任务号。

　　在 SampleApp_Init()函数中添加的串口初始化语句下面加入语句 MT_UartRegisterTaskID（task_id）;//登记任务号，意思就是把串口事件通过 task_id 登记在 SampleApp_Init();里，如图 3-47 所示。

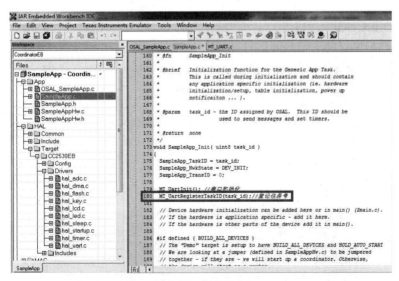

图 3-47　添加语句

　　第三步，串口发送。

　　经过前面两个步骤，现在串口已经可以发送信息了。在刚刚添加初始化代码后面加入一条上电提示 HELLO WORLD 的语句。在如图 3-48 所示的标框子程序下面添加如下的语句。

```
HalUARTWrite(0,"HELLO WORLD",12);（串口 0，'字符'，字符个数。）
/***********串口初始化***********/
MT_UartInit();//初始化
MT_UartRegisterTaskID(task_id);//登记任务号
```

后添加 HalUARTWrite(0,"HELLO WORLD",12); （//串口 0，'字符'，字符个数。）

同样再在预编译加入以下内容。

```
ZIGBEEPRO
ZTOOL_P1
xMT_TASK
xMT_SYS_FUNC
xMT_ZDO_FUNC
```

提示：需要在 SampleApp.c 文件里加入头文件语句#include "MT_UART.h"。

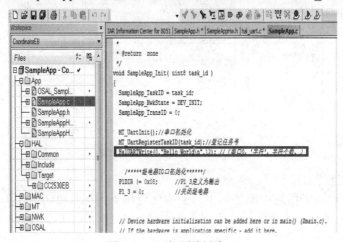

图 3-48　添加预编译窗口

　　连接 CC DEBUGGER 和 USB 转串口线，选择 CoordinatorEB-Pro，点击下载并调试。全速运行，可以看到串口助手收到的信息，如图 3-49 所示。

图 3-49　串口调试信息

注意：这只是一个演示用的方法，实际应用中可千万不能有把串口发送函数弄到这个位置然后给计算机发信息的想法，因为这破坏了协议栈任务轮询的工作原则，相当于普通单片机不停用 Delay 延时函数一样，是极其低效的。

3.3.5　点播

点播描述的就是网络中 **2** 个节点相互通信的过程。确定通信对象的就是节点的短地址。下面在 SampleApp 中通过简单的修改完成单播实验。

打开 AF.h 文件，找到如图 3-50 所示的代码。

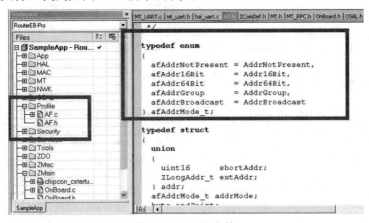

图 3-50　AF.h 文件

```
typedef enum
{
afAddrNotPresent = AddrNotPresent,
afAddr16Bit = Addr16Bit,
afAddr64Bit = Addr64Bit,
afAddrGroup = AddrGroup,
afAddrBroadcast = AddrBroadcast
} afAddrMode_t;
```

该类型是一个枚举类型。

当 addrMode= Addr16Bit 时，对应点播方式；

当 addrMode= AddrGroup 时，对应组播方式；

当 addrMode= AddrBroadcast 时，对应广播方式。

按照以往的步骤，打开 SampleApp.c 文件，如图 3-51 所示。

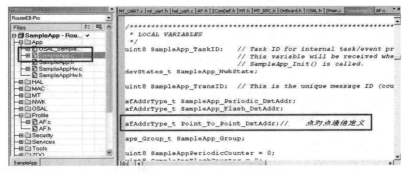

图 3-51　SampleApp.c 文件

可发现已经存在如下代码。

```
afAddrType_t SampleApp_Periodic_DstAddr;
afAddrType_t SampleApp_Flash_DstAddr;
```

这些代码分别是组播和广播前面的定义。按照格式来添加需要的点播，如：

```
afAddrType_t Point_To_Point_DstAddr;// 点对点通信定义
```

提示，go to definition of afAddrType_t 可以找到刚才的枚举内容。

下面对 Point_To_Point_DstAddr 一些参数进行配置。找到下面的位置，参考 SampleApp_Periodic_DstAddr 和 SampleApp_Flash_DstAddr 进行配置，加入如下代码。

```
Point_To_Point_DstAddr.addrMode=(afAddrMode_t)Addr16Bit;
Point_To_Point_DstAddr.endPoint=SAMPLEAPP_ENDPOINT;
Point_To_Point_DstAddr.addr.shortAddr = 0x0000; //发给协调器
```

点播的发送对象是 0x0000，也就是协调器的地址。如图 3-52 所示修改协调器的地址，节点和协调器实现点对点通信。

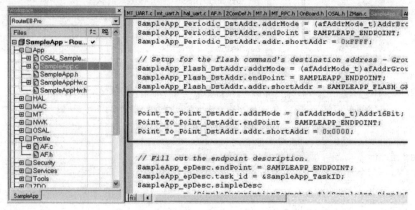

图 3-52　修改协调器的地址

继续添加自己的点对点发送函数代码如图 3-53 所示。

```
void SampleApp_SendPointToPointMessage( void )
{
uint8 data[10]={0,1,2,3,4,5,6,7,8,9};
 if (AF_DataRequest(&Point_To_Point_DstAddr,
   &SampleApp_epDesc,
SAMPLEAPP_POINT_TO_POINT_CLUSTERID,
   10,
data,
   &SampleApp_TransID,
   AF_DISCV_ROUTE, AF_DEFAULT_RADIUS ) == afStatus_SUCCESS )
 {
 }
Else
 { // Error occurred in request to send.
 }
}
```

其中 Point_To_Point_DstAddr 之前已经定义，在 SampleApp.h 中加入 SAMPLEAPP_POINT_TO_POINT_CLUSTERID 的定义（图 3-54）。

```
#define SAMPLEAPP_POINT_TO_POINT_CLUSTERID 4 //传输编号
```

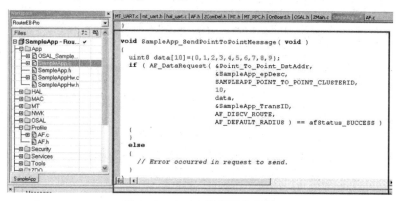

图 3-53　点对点发送函数代码

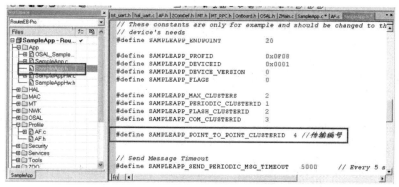

图 3-54　加入 SAMPLEAPP_POINT_TO_POINT_CLUSTERID 的定义

接下来为了测试的程序，把 SampleApp.c 文件中的 SampleApp_SendPeriodicMessage()函数，替换成刚刚建立的点对点发送函数 SampleApp_SendPointToPointMessage()这样就能实现周期性点播发送数据了。如图 3-55 所示。

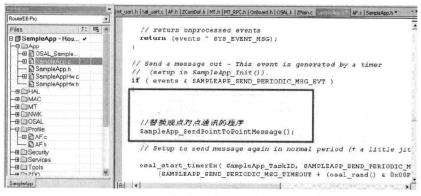

图 3-55　替换程序

在接收方面进行的修改是：接收 ID 在原来基础上改成刚定义的 SAMPLEAPP_POINT_TO_POINT_CLUSTERID，如图 3-56 所示。

由于协调器不允许给自己点播，故周期性点播初始化时协调器不能初始化，需注释掉相应的代码，如图 3-57 所示。

```
mt_uart.h | hal_uart.c | AF.h | ZComDef.h | MT.h | MT_RPC.h | OnBoard.h | OSAL.h | ZMain.c | AF.c | SampleApp.h  Sample/cp.c
void SampleApp_MessageMSGCB( afIncomingMSGPacket_t *pkt )

    uint8 asc_16[16]={'0','1','2','3','4','5','6','7','8','9','A','B',
    uint16 flashTime;
    switch ( pkt->clusterId )
    {
        case SAMPLEAPP_POINT_TO_POINT_CLUSTERID:
            HalUARTWrite(0,"I get data\n",11);               //提示接收到数据
            // HalUARTWrite(0, &pkt->cmd.Data[0],10); //十六进制发给PC机
            for(i=0;i<10;i++)
            HalUARTWrite(0,&asc_16[pkt->cmd.Data[i]],1);//ASCII码发给PC机
            HalUARTWrite(0,"\n",1);                          // 回车换行
            break;
```

图 3-56　接收代码的调整

```
mt_uart.h | hal_uart.c | AF.h | ZComDef.h | MT.h | MT_RPC.h | OnBoard.h | OSAL.h | ZMain.c | AF.c | SampleApp.h  SampleApp.
// Received when a messages is received (OTA) for this endpoint
case AF_INCOMING_MSG_CMD:
    SampleApp_MessageMSGCB( MSGpkt );
    break;

// Received whenever the device changes state in the network
case ZDO_STATE_CHANGE:
    SampleApp_NwkState = (devStates_t)(MSGpkt->hdr.status);
    if ( //(SampleApp_NwkState == DEV_ZB_COORD)协调器不能给自己点播
        (SampleApp_NwkState == DEV_ROUTER)
        || (SampleApp_NwkState == DEV_END_DEVICE) )
    {
        // Start sending the periodic message in a regular interval.
        osal_start_timerEx( SampleApp_TaskID,
                            SAMPLEAPP_SEND_PERIODIC_MSG_EVT,
                            SAMPLEAPP_SEND_PERIODIC_MSG_TIMEOUT );
    }
    else
```

图 3-57　注释相关代码

最后，别忘了在 SampleApp.c 函数声明里加入如下所示的代码。串口调试信息如图 3-58 所示。

```
void SampleApp_SendPointToPointMessage(void);|
```

图 3-58　串口调试信息

3.3.6　组播

组播描述的是网络中所有节点设备被分组后组内相互通信的过程。确定通信对象的就是节点的组号。修改流程与点播相似。在 SampleApp.c 中加入以下 2 项内容，如图 3-59 所示。

① 组播 afAddrType_t 的类型变量：afAddrType_t Group_DstAddr;//组播通信定义
② 组播内容的结构体：aps_Group_t Group; //分组内容

图 3-59　在 SampleApp.c 中加入 2 项内容

加入组播参数的配置（图 3-60）。代码如下所示。

```
Group_DstAddr.addrMode=(afAddrMode_t)afAddrGroup;
Group_DstAddr.endPoint = SAMPLEAPP_ENDPOINT;
Group_DstAddr.addr.shortAddr = WEBEE_GROUP;
```

图 3-60　加入组播参数的配置

图 3-61　定义组号为 2

其中 WEBEE_GROUP 在 SampleApp.h 里面定义组号为 2，如图 3-61 所示。

```
#define GROUP 0x0002 //组播号2
```

其中 Group_DstAddr 之前已经定义，在 SampleApp.h 中加入 GROUP_CLUSTERID 的定义（图 3-62），代码如下所示。

```
#define GROUP_CLUSTERID 4  //传输编号
```

```
891  void SampleApp_SendPointToPointMessage( void )
892  {
893    if ( AF_DataRequest( &Group_DstAddr, &SampleApp_epDesc,
894                         GROUP_CLUSTERID,
895                         1,
896                         (uint8*)&SampleAppPeriodicCounter,
897                         &SampleApp_TransID,
898                         AF_DISCV_ROUTE,
899                         AF_DEFAULT_RADIUS ) == afStatus_SUCCESS )
900    {
901    }
902    else
903    {
904      // Error occurred in request to send.
905    }
906  }
```

图 3-62 在 SampleApp.h 中加入 GROUP_CLUSTERID 的定义

接下来为了测试的程序，把 SampleApp.c 文件中的函数替换成刚刚建立的组播发送函数 SampleApp_SendGroupMessage()，这样就能实现周期性组播发送数据了（和点播一样）。

在接收方面，进行的修改和点播一致。

实验现象：将修改后的程序分别以协调器、路由器、终端的方式下载到 3 个设备，把协调器和路由器组号设置成 0x0002，终端设备组号设成 0x0003。连接串口，可以观察到只有 0x0002 的两个设备相互发送信息，如图 3-63 所示。

图 3-63 串口调试信息

3.3.7 广播

广播就是任何一个节点设备发出广播数据，网络中的任何设备都能收到。有了前面点播和组播的实验基础，广播的实验进行起来就得心应手了。组播的定义都是协议栈预先定义好的。所以直接来运用就可以了。 在协议栈 SampleApp 中找到广播参数的配置，如图 3-64 所示。代码如下所示。

```
SampleApp_Periodic_DstAddr.addrMode=(afAddrMode_t)AddrBroadcast;
SampleApp_Periodic_DstAddr.endPoint=SAMPLEAPP_ENDPOINT;
SampleApp_Periodic_DstAddr.addr.shortAddr = 0xFFFF;
```

上述代码中的 **0xFFFF** 是广播的地址。

```
MT_UART.c | mt_uart.h | hal_uart.c | AF.h | ZComDef.h | MT.h | MT_RPC | OnBoard.h | ZMain.c | OSAL.h |
if defined ( HOLD_AUTO_START )
  // HOLD_AUTO_START is a compile option that will surpress ZDApp
  // from starting the device and wait for the application to
  // start the device.
  ZDOInitDevice(0);
endif

  // Setup for the periodic message's destination address
  // Broadcast to everyone
  SampleApp_Periodic_DstAddr.addrMode = (afAddrMode_t)AddrBroadca
  SampleApp_Periodic_DstAddr.endPoint = SAMPLEAPP_ENDPOINT;
  SampleApp_Periodic_DstAddr.addr.shortAddr = 0xFFFF;

  // Setup for the flash command's destination address - Group 1
  SampleApp_Flash_DstAddr.addrMode = (afAddrMode_t)afAddrGroup;
  SampleApp_Flash_DstAddr.endPoint = SAMPLEAPP_ENDPOINT;
  SampleApp_Flash_DstAddr.addr.shortAddr = SAMPLEAPP_FLASH_GROUP;

  // Fill out the endpoint description.
```

图 3-64　SampleApp 中广播参数的配置

找到自带广播发送函数，修改代码如图 3-65 所示。修改广播传输编号如图 3-66 所示。

```
MT_UART.c | mt_uart.h | hal_uart.c | AF.h | ZComDef.h | MT.h | MT_RPC.h | OnBoard.h | ZMain.c | OSAL.h | SampleApp
*/
void SampleApp_SendPeriodicMessage( void )
{
  uint8 data[10]={0,1,2,3,4,5,6,7,8,9};
  if ( AF_DataRequest( &SampleApp_Periodic_DstAddr, &SampleApp_e
                       SAMPLEAPP_PERIODIC_CLUSTERID,
                       10,
                       data,
                       &SampleApp_TransID,
                       AF_DISCV_ROUTE,
                       AF_DEFAULT_RADIUS ) == afStatus_SUCCESS )
  {
  }
  else
  {
    // Error occurred in request to send.
  }
}
/*************************************************************
```

图 3-65　修改自带广播发送函数

```
mt_uart.h | hal_uart.c | AF.h | ZComDef.h | MT.h | MT_RPC.h | OnBoard.h | ZMain.c | OSAL.h | SampleApp.c
 * CONSTANTS
 */

// These constants are only for example and should be changed to
// device's needs
#define SAMPLEAPP_ENDPOINT            20

#define SAMPLEAPP_PROFID              0x0F08
#define SAMPLEAPP_DEVICEID            0x0001
#define SAMPLEAPP_DEVICE_VERSION      0
#define SAMPLEAPP_FLAGS               0

#define SAMPLEAPP_MAX_CLUSTERS        2
#define SAMPLEAPP_PERIODIC_CLUSTERID  1
#define SAMPLEAPP_FLASH_CLUSTERID     2
#define SAMPLEAPP_COM_CLUSTERID       3
```

D:\Documents and Settings\Administrator\Application Data\Tencent\Users\1076678176\QQ\WinTemp\RichOle\GKQEQRN9]L66IP6`XW%CV2L.jpg

```
// Send Message Ti
```

图 3-66　修改广播传输编号

接下来测试的程序，按照原来代码保留函数 SampleApp_SendGroupMessage()，这样就能实现周期性广播播发送数据了，如图 3-67 所示。

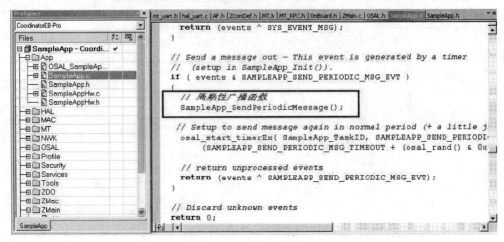

图 3-67　函数 SampleApp_SendGroupMessage()

在接收方面，默认接收 ID 就是刚定义的周期性广播发送 ID，如图 3-68 所示，其余和点播组播一致。

```
case SAMPLEAPP_PERIODIC_CLUSTERID:
  HalUARTWrite(0,"I get data\n",11);        //提示接收到数据
// HalUARTWrite(0, &pkt->cmd.Data[0],10);      //十六进制发约
  for(i=0;i<10;i++)
  HalUARTWrite(0,&asc_16[pkt->cmd.Data[i]],1);//ASCII码发给P
  HalUARTWrite(0,"\n",1);                  // 回车换行
  break;
```

图 3-68　接收 ID

实验结果如图 3-69 所示。

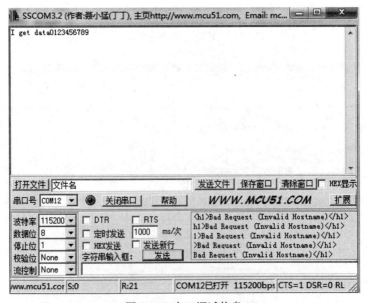

图 3-69　串口调试信息

练习与提高

1. 写出 ZigBee 2007 协议各层功能及主要结构关系。

2. 写出 ZigBee 协议中协调器、路由器、终端节点设置的关键程序。

3. 写出 ZigBee 事件处理流程及主要函数；写成 ZigBee 协议中 LED、按键、LCD、传感器接口程序。

4. 写出 ZigBee 协议中串口通信、无线通信函数及主要参数设置。

5. 写出 CC2530 射频单片机符合 ZigBee 2007 协议的 AD 转换的程序，采集人体红外传感模拟信号转换成对应数字信号和温湿度数字信号，并在 LCD 上显示。

6. 写出 ZigBee 协议中节点绑定设置方法及关键程序。

7. 写出 ZigBee 协议中无线通信点播、组播、广播函数及主要参数设置。

8. 写出 ZigBee 协议中无线通信跳频、跳网设置方法及主要参数设置。

第4章
无线组网技术应用实践

4.1 多点遥控 LED 灯

本案例通过两个节点来控制协调器上的 LED。首先说一下协议栈中如何对按键进行配置。

第一步，利用 TI 提供的协议源文件，修改 hal_key.C 文件，如图 4-1 所示。

修改 SW_6 所在的 IO 口，代码如下所示。

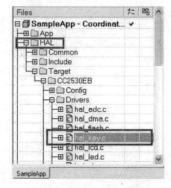

图 4-1 hal_key.C 文件

```
/* SW_6 is at P0.5 */
#define HAL_KEY_SW_6_PORT P0
#define HAL_KEY_SW_6_BIT BV(5) //BV(1) 改到 P0.5
#define HAL_KEY_SW_6_SEL P0SEL
#define HAL_KEY_SW_6_DIR P0DIR

/* edge interrupt */
#define HAL_KEY_SW_6_EDGEBIT BV(0)
#define HAL_KEY_SW_6_EDGE HAL_KEY_RISING_EDGE //HAL_KEY_FALLING_EDGE 改成上
升缘触发

/* SW_6 interrupts */
#define HAL_KEY_SW_6_IEN IEN1  /* CPU interrupt mask register */
#define HAL_KEY_SW_6_IENBIT BV(5) /* Mask bit for all of Port_0 */
#define HAL_KEY_SW_6_ICTL P0IEN /* Port Interrupt Control register */
#define HAL_KEY_SW_6_ICTLBIT BV(5) //BV(1)  /* P0IEN - P0.1 enable/disable bit
改到 P0.5*/
#define HAL_KEY_SW_6_PXIFG P0IFG  /* Interrupt flag at source */
```

第二步，修改 hal_board_cfg.h 文件，如图 4-2 所示。

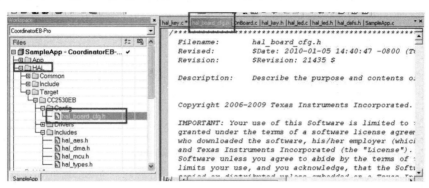

图 4-2　hal_board_cfg.h 文件

修改 SW_6 所在的 IO 口，代码如下所示。

```
/* S1 */
#define PUSH1_BV BV(5) //BV(1)
#define PUSH1_SBIT P0_5 //P0_1
```

第三步，修改 OnBoard.C 文件。在 ZMain.C 目录树下添加如下代码。

```
/* Initialize Key stuff */
OnboardKeyIntEnable=HAL_KEY_INTERRUPT_ENABLE;
HalKeyConfig( OnboardKeyIntEnable, OnBoard_KeyCallback);
```

到这里，关于按键在协议栈中的配置就算是完成了。

接下来，在 SampleApp.c 中找到的按键处理函数，如图 4-3 所示。

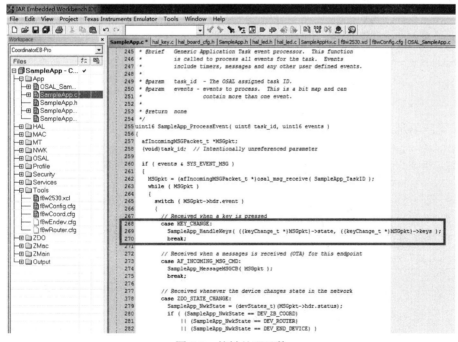

图 4-3　按键处理函数

在按键处理函数中，设定为当按键按下时，执行点播函数（基于之前的点播实验），如图

4-4 所示。

```
344 void SampleApp_HandleKeys( uint8 shift, uint8 keys )
345 {
346   (void)shift;   // Intentionally unreferenced parameter
347
348   if ( keys & HAL_KEY_SW_1 )
349   {
350     /* This key sends the Flash Command is sent to Group 1.
351      * This device will not receive the Flash Command from this
352      * device (even if it belongs to group 1).
353      */
354     SampleApp_SendFlashMessage( SAMPLEAPP_FLASH_DURATION );
355   }
356
357   if ( keys & HAL_KEY_SW_2 )
358   {
359     aps_Group_t *grp;
360     grp = aps_FindGroup( SAMPLEAPP_ENDPOINT, SAMPLEAPP_FLASH_GROUP );
361     if ( grp )
362     {
363       // Remove from the group
364       aps_RemoveGroup( SAMPLEAPP_ENDPOINT, SAMPLEAPP_FLASH_GROUP );
365     }
366     else
367     {
368       // Add to the flash group
369       aps_AddGroup( SAMPLEAPP_ENDPOINT, &SampleApp_Group );
370     }
371   }
372   if ( keys & HAL_KEY_SW_6 )
373   {
374     SampleApp_SendPointToPointMessage();
375   }
376 }
377
```

图 4-4　点播函数

这里对点播函数里面再稍微进行一点修改，注意注释内容，如图 4-5 所示。

```
473 void SampleApp_SendPointToPointMessage( void )
474 {
475   uint8 data[1] = 1;
476   //uint8 data[1] = 2;   //第二个节点下载时将上一行注释，即发送2，不发送1
477   if ( AF_DataRequest( &Point_To_Point_DstAddr, &SampleApp_epDesc,
478                        SAMPLEAPP_POINT_TO_POINT_CLUSTERID,
479                        1,
480                        data,
481                        &SampleApp_TransID,
482                        AF_DISCV_ROUTE,
483                        AF_DEFAULT_RADIUS ) == afStatus_SUCCESS )
484   {
485   }
486   else
487   {
488     // Error occurred in request to send.
489   }
490 }
```

图 4-5　点播函数修改

对于无线消息来了以后需要执行的代码如图 4-6 所示。

```
393 void SampleApp_MessageMSGCB( afIncomingMSGPacket_t *pkt )
394 {
395   uint16 flashTime;
396
397   switch ( pkt->clusterId )
398   {
399     case SAMPLEAPP_POINT_TO_POINT_CLUSTERID:
400       if(pkt->cmd.Data[0]==1)
401       {
402         P1_0 = ~P1_0;
403       }
404       if(pkt->cmd.Data[0]==2)
405       {
406         P1_1 = ~P1_1;
407       }
408       break;
409
410     case SAMPLEAPP_FLASH_CLUSTERID:
411       flashTime = BUILD_UINT16(pkt->cmd.Data[1], pkt->cmd.Data[2] );
412       HalLedBlink( HAL_LED_4, 4, 50, (flashTime / 4) );
413       break;
414   }
415 }
```

图 4-6　无线消息来时

这里，就可以通过两个节点上的同一个按键，分别控制协调器上的两个 LED 了。

4.2　串口通信助手

计算机 A 和计算机 B 通过串口相连，相互发送信息，现在将计算机 A 和计算机 B 连接到 ZigBee 模块，再用串口收发信息，ZigBee 模块的作用就相当于把有线信号转化成无线信号。

程序流程如下所示。

① ZigBee 模块接收到从计算机发送信息，然后无线发送出去。

② ZigBee 模块接收到其他 ZigBee 模块发来的信息，然后发送给计算机。

以前都是 CC2530 给计算机串口发信息，还没接触过计算机发送给 CC2530，现在就来完成这个任务。其主要代码在 MT_UART.C 中。在之前的协议栈串口实验中，对串口初始化已经有所介绍。在这个文件里找到串口初始化函数 void MT_UartInit ()，找到下面的代码。

```
#if defined (ZTOOL_P1) || defined (ZTOOL_P2)
uartConfig.callBackFunc = MT_UartProcessZToolData;
#elif defined (ZAPP_P1) || defined (ZAPP_P2)
uartConfig.callBackFunc - MT_UartProcessZAppData;
#else uartConfig.callBackFunc = NULL;
#endif
```

这段代码定义了 ZTOOL_P1，故协议栈数据处理的函数为 MT_UartProcessZToolData。进入这个函数定义，下边是对函数关键地方的解释。

这个函数很长，具体说来就是把串口发来的数据包进行打包，校验，生成一个消息，发给处理数据包的任务。如果看过 MT 的文档，应该知道如果用 ZTOOL 通过串口来沟通协议栈，那么发过来的串口数据具有以下格式。

```
0xFE, DataLength, CM0, CM1, Data payload, FCS
```

串口数据中各部分的含义如下所示。

0xFE：数据帧头。

DataLength：Data payload 的数据长度，以字节计，低字节在前。

CM0：命令低字节。

CM1：命令高字节（ZTOOL 软件就是通过发送一系列命令给 MT 实现和协议栈交互）。

Data payload：数据帧具体的数据，这个长度是可变的，但是要和 DataLength 一致。

FCS：校验和，从 DataLength 字节开始到 Data payload 最后一个字节所有字节的异或按字节操作。

由以上内容可以看出，如果计算机想通过串口发送信息给 CC2530，由于是使用默认的串口函数，所以必须按上面的格式发送，否则 CC2530 是收不到任何东西的。尽管这个机制是非常完善的，也能校验串口数据，但是很明显，需要的是 CC2530 能直接接收到串口信息，然后一成不变地发送出去，相信你在聊 QQ 的时候也不希望在每句话前面加 FE .. ..等特定字符吧，而且还要自己计算校验码。 于是把函数换成自己的串口处理函数。

```
Void MT_UartProcessZToolData ( uint8 port, uint8 event )
  {
    ...
while (Hal_UART_RxBufLen(port)
```

/*查询缓冲区读信息,也成了这里信息是否接收完的标志*/

```
{
HalUARTRead (port, &ch, 1);
/*一个一个地读,读完一个缓冲区就清 1 个了,？为什么这样呢,往下看*/
switch (state)  /*用上状态机了*/
{
 case SOP_STATE:
 if (ch == MT_UART_SOF)
/* MT_UART_SOF 的值默认是 0xFE,所以数据必须 FE 格式开始发送才能进入下一个状态,不然永远
在这里转圈*/
 state = LEN_STATE;
 break;
 case LEN_STATE:
 LEN_Token = ch; tempDataLen = 0; /* Allocate memory for the data */
 pMsg=(mtOSALSerialData_t*)osal_msg_allocate( sizeof ( mtOSALSerialData_t )
+MT_RPC_FRAME_HDR_SZ + LEN_Token );
 /* 分配内存空间*/
 if (pMsg) /* 如果分配成功*/
 {
  /* Fill up what we can */
 pMsg->hdr.event=CMD_SERIAL_MSG; /* 注册事件号 CMD_SERIAL_MSG;,很有用*/
 pMsg->msg = (uint8*)(pMsg+1); /*定位数据位置*/
 … … …
 /* Make sure it's correct */
 tmp=MT_UartCalcFCS((uint8*)&pMsg->msg[0], MT_RPC_FRAME_HDR_SZ + LEN_Token);
if (tmp == FSC_Token)
 /*数据校验*/
 { osal_msg_send( App_TaskID, (byte *)pMsg );
 /*把数据包发送到 OSAL 层,很重要*/
 }
 Else
 {
 /* deallocate the msg */
 osal_msg_deallocate ( (uint8 *)pMsg ); /*清空申请的内存空间*/
 }
 /* Reset the state, send or discard the buffers at this point */
 state = SOP_STATE; /*状态机（程序中的 1 个状态过程）一周期完成*/
 …
```

串口从计算机接收到信息,并做如下处理。

① 接收串口数据,判断起始码是否为 0xFE。

② 得到数据长度然后给数据包 pMsg 分配内存。

③ 给数据包 pMsg 装数据。

④ 打包成任务发给上层 OSAL 待处理。

⑤ 释放数据包内存。

下面需要做的是简化再简化，将流程变成以下形式。

① 接收到数据。

② 判断长度然后然后给数据包 pMsg 分配内存。

③ 打包发送给上层 OSAL 待处理。

④ 释放内存。

参考程序如下所示。

```
void MT_UartProcessZToolData ( uint8 port, uint8 event )
{
uint8 flag=0,I,j=0; //flag是判断有没有收到数据，j记录数据长度
uint8 buf[128]; //串口buffer最大缓冲默认是128，这里用128.
(void)event; // Intentionally unreferenced parameter
while (Hal_UART_RxBufLen(port)) //检测串口数据是否接收完成
{
HalUARTRead (port, &buf[j], 1); //把数据接收放到buf中
j++; //记录字符数
flag=1; //已经从串口接收到信息
}
if(flag==1) //已经从串口接收到信息
{ /* Allocate memory for the data */
//分配内存空间，为机构体内容+数据内容+1个记录长度的数据
pMsg = (mtOSALSerialData_t *)osal_msg_allocate( sizeof
( mtOSALSerialData_t )+j+1);
//事件号用原来的CMD_SERIAL_MSG
pMsg->hdr.event = CMD_SERIAL_MSG;
pMsg->msg = (uint8*)(pMsg+1); // 把数据定位到结构体数据部分
pMsg->msg [0]= j; //给上层的数据第一个是长度
for(i=0;i<j;i++) //从第二个开始记录数据
pMsg->msg [i+1]= buf[i];
osal_msg_send( App_TaskID, (byte *)pMsg ); //登记任务，发往上层
/* deallocate the msg */
osal_msg_deallocate ( (uint8 *)pMsg ); //释放内存
}
```

数据包中数据部分的格式如下所示。

```
datalen + data
```

到这里，数据接收的处理函数已经完成了，接下来要做的就是怎么在任务中处理这个包内容呢？很简单，因为串口初始化是在 SampleApp 中进行的，任务号也是 SampleApp 的 ID，所以当然是在 SampleApp.C 里面进行了。在 SampleApp.C 找到如下所示的任务处理函数。

```
uint16 SampleApp_ProcessEvent( uint8 task_id, uint16 events )，加入下面红色代
码：uint16 SampleApp_ProcessEvent( uint8 task_id, uint16 events )
{
afIncomingMSGPacket_t *MSGpkt;
(void)task_id;// Intentionally unreferenced parameter
if ( events & SYS_EVENT_MSG )
{
```

```
MSGpkt(afIncomingMSGPacket_t*)osal_msg_receive( SampleApp_TaskID );
 while ( MSGpkt )
{
switch ( MSGpkt->hdr.event )
 {
case CMD_SERIAL_MSG:
//串口收到数据后由MT_UART层传递过来的数据，接收，编译时不定义MT相关内容
SampleApp_SerialCMD((mtOSALSerialData_t *)MSGpkt);
break;
```

解释：串口收到信息后，事件号 CMD_SERIAL_MSG 就会被登记，便进入

```
case CMD_SERIAL_MSG:
```

执行 SampleApp_SerialCMD（（mtOSALSerialData_t *）MSGpkt）;在协议栈里找不到这个函数，这个函数是被打包好了，不允许别人访问，只在系统任务中登记任务，这个包是自己的，想怎么处理当然由自己决定。这个函数是要把信息以无线形式发送出去。

用户也可以自己完成，参考代码如下所示。

```
void SampleApp_SerialCMD(mtOSALSerialData_t *cmdMsg)
{
uint8 I,len,*str=NULL; //len有用数据长度
str=cmdMsg->msg; //指向数据开头
len=*str; //msg里的第1个字节代表后面的数据长度
/********打印出串口接收到的数据，用于提示*********/
for(i=1;i<=len;i++)
HalUARTWrite(0,str+I,1 );
HalUARTWrite(0,"\n",1 );//换行
/*******发送出去***参考网蜂1小时无线数据传输教程*********/
if ( AF_DataRequest(&SampleApp_Periodic_DstAddr, &SampleApp_epDesc,
SAMPLEAPP_COM_CLUSTERID,//自己定义一个
len+1, // 数据长度
str, //数据内容
&SampleApp_TransID,
AF_DISCV_ROUTE,
AF_DEFAULT_RADIUS ) == afStatus_SUCCESS )
{
}
else
{
// Error occurred in request to send.
}
}
```

SAMPLEAPP_COM_CLUSTERID 不要忘记和之前点播什么的一样，自己定义一个编号，这里定义的是3

到这里，CC2530 从串口接收到信息到转发出去已经完成了，可以先下载程序到开发板，然后可以看到随便发什么都可以打印出来提示了。也就是说 CMD_SERIAL_MSG:事件和 void SampleApp_SerialCMD （mtOSALSerialData_t *cmdMsg ）函数已经被成功执行了。

串口调试信息如图 4-7 所示。

图 4-7　串口调试信息

练习与提高

用 TI 公司的 ZigBee 2007 协议包，完成以下任务。

1. 编写程序，实现加入指定网络（由协调器指明），将物理地址和采集的温湿度（SHT10-K）传感器数据发送到协调器，信道由所在组号定。涉及的技术包括无线发射、AD 采样、组网技术。

2. 编写程序，实现采集电压数据（可调电位器），显示于 LCD 上，当电压超过指定值，则启动报警。涉及的技术包括 AD 采样、LCD 显示、控制输出技术。

3. 编写程序，实现由两按键无线分别控制 2 个节点的 LED 亮灭（如：向上控一个节点 LED，则向下控另一个节点 LED）。涉及的技术包括绑定、按键、无线通信技术。

4. 编写程序，实现路由节点按键通过协调器控制（广播形式）3 个路由节点的灯亮和灭。涉及的技术包括组网、按键、无线通信、广播技术。

【任务参考】

1）第 1 题参考

（1）把文件夹温湿度采集里面的 sensor 文件下的文件复制到 CollectSensor->Project->zstack->Samples->GenercApp->Source 下。

（2）打开 CollectSensor 文件下的工程。

（3）将设备类型改成 Router，如图 4-8 所示。

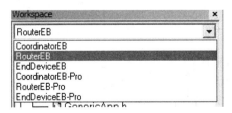

图 4-8　将设备类型改成 Router

（4）设置信道和 PANID 指定网络，如图 4-9 所示。

```
GenericApp.c  f8wConfig.cfg
 *         DEFAULT_KEY for an example.
 */

/* Set to 0 for no security, otherwise non-0 */
-DSECURE=0
-DZG_SECURE_DYNAMIC=0

/* Enable the Reflector */
-DREFLECTOR

/* Default channel is Channel 11 - 0x0B */
// Channels are defined in the following:
//        0    : 868 MHz     0x00000001
//        1 - 10 : 915 MHz   0x000007FE
//        11 - 26 : 2.4 GHz  0x07FFF800
//
//-DMAX_CHANNELS_868MHZ     0x00000001
//-DMAX_CHANNELS_915MHZ     0x000007FE
//-DMAX_CHANNELS_24GHZ      0x07FFF800
//-DDEFAULT_CHANLIST=0x04000000  // 26 - 0x1A
//-DDEFAULT_CHANLIST=0x02000000  // 25 - 0x19
//-DDEFAULT_CHANLIST=0x01000000  // 24 - 0x18
//-DDEFAULT_CHANLIST=0x00800000  // 23 - 0x17
//-DDEFAULT_CHANLIST=0x00400000  // 22 - 0x16
//-DDEFAULT_CHANLIST=0x00200000  // 21 - 0x15
//-DDEFAULT_CHANLIST=0x00100000  // 20 - 0x14      将信道改成组名
//-DDEFAULT_CHANLIST=0x00080000  // 19 - 0x13
//-DDEFAULT_CHANLIST=0x00040000  // 18 - 0x12
//-DDEFAULT_CHANLIST=0x00020000  // 17 - 0x11
//-DDEFAULT_CHANLIST=0x00010000  // 16 - 0x10
//-DDEFAULT_CHANLIST=0x00008000  // 15 - 0x0F
//-DDEFAULT_CHANLIST=0x00004000  // 14 - 0x0E
//-DDEFAULT_CHANLIST=0x00002000  // 13 - 0x0D
//-DDEFAULT_CHANLIST=0x00001000  // 12 - 0x0C
-DDEFAULT_CHANLIST=0x00000800    // 11 - 0x0B

/* Define the default PAN ID.
 *
 * Setting this to a value other than 0xFFFF causes
 * ZDO_COORD to use this value as its PAN ID and
 * Routers and end devices to join PAN with this ID
 */
-DZDAPP_CONFIG_PAN_ID=0xFFFF     PanID改成20+学号后两位
```

图 4-9 设置信道和 PANID 指定网络

（5）添加传感器源文件，如图 4-10 所示。

选择文件夹Drivers，鼠标右击，在add->add file选择需要加入的文件后出现该效果。

（a）　　　　　　　　（b）

图 4-10 添加传感器源文件

（6）添加头文件，如图 4-11 所示。

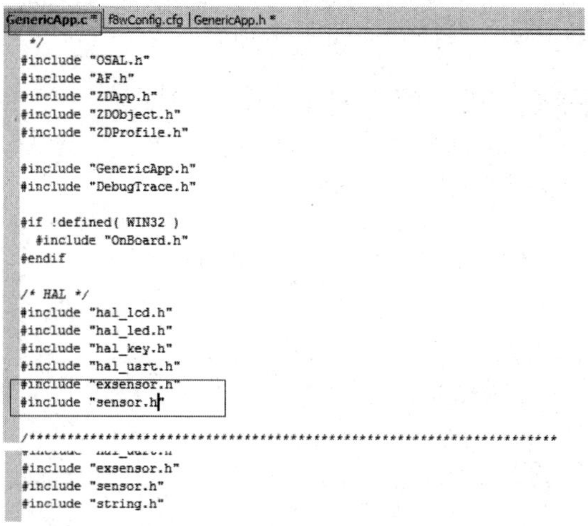

图 4-11　添加头文件

（7）设置事件并定时，如图 4-12 所示。

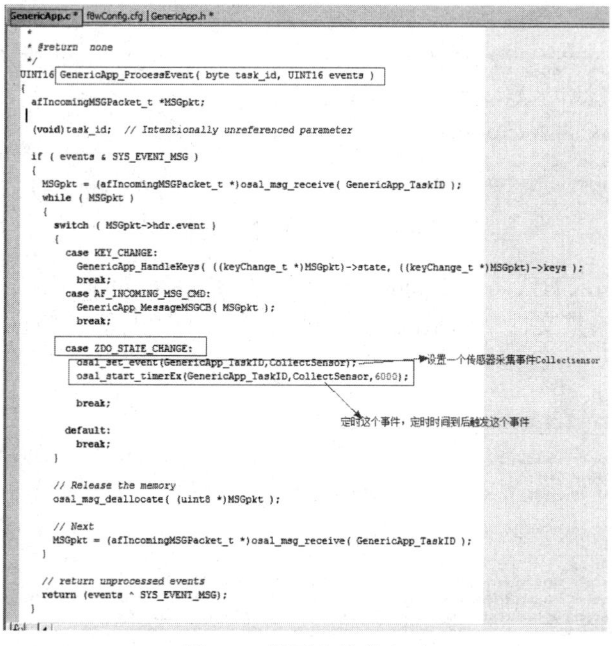

图 4-12　设置事件并定时

（8）定义事件，如图 4-13 所示。

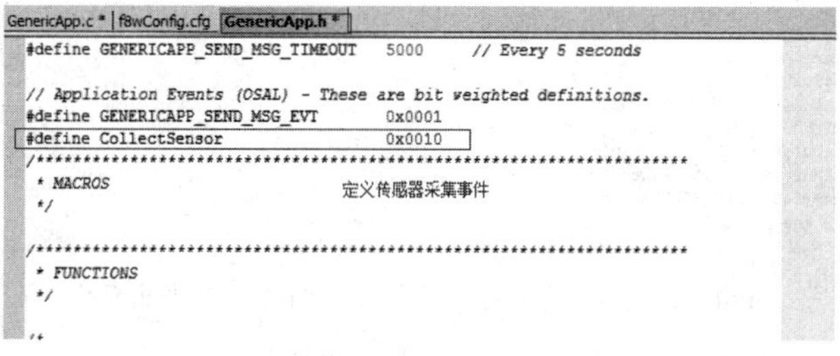

图 4-13　定义事件

（9）编写传感器采集事件处理代码，如图 4-14 所示。

```
GenericApp.c *  f8wConfig.cfg  GenericApp.h *
UINT16 GenericApp_ProcessEvent( byte task_id, UINT16 events )
{
  afIncomingMSGPacket_t *MSGpkt;

  (void)task_id;  // Intentionally unreferenced parameter

  if ( events & SYS_EVENT_MSG )
  {
    MSGpkt = (afIncomingMSGPacket_t *)osal_msg_receive( GenericApp_TaskID );
    while ( MSGpkt )
    {
      switch ( MSGpkt->hdr.event )
      {
        case KEY_CHANGE:
          GenericApp_HandleKeys( ((keyChange_t *)MSGpkt)->state, ((keyChange_t *)MSGpkt)->keys );
          break;
        case AF_INCOMING_MSG_CMD:
          GenericApp_MessageMSGCB( MSGpkt );
          break;

        case ZDO_STATE_CHANGE:
          osal_set_event(GenericApp_TaskID,CollectSensor);
          osal_start_timerEx(GenericApp_TaskID,CollectSensor,6000);
          break;

        default:
          break;
      }
      // Release the memory
      osal_msg_deallocate( (uint8 *)MSGpkt );

      // Next
      MSGpkt = (afIncomingMSGPacket_t *)osal_msg_receive( GenericApp_TaskID );
    }
    // return unprocessed events
    return (events ^ SYS_EVENT_MSG);
  }

  if(events & CollectSensor)
  {
    return (events & CollectSensor);
  }

  if ( events & GENERICAPP_SEND_MSG_EVT )
```

图 4-14　传感器采集事件处理代码

将图 4-14 中框起来的代码改成 return(events ^ CollectSensor)。

（10）将温湿度采集文件下的温湿度采集代码里的内容复制到传感器采集事件里，如图 4-15 所示。

```
}
if(events & CollectSensor)
{
  uint8 DataBuf[12];          //定义数据包，数据格式为：温度（2）+湿度（2）+物理地址（8）
  P1DIR |= 0x80;              //SCK，时钟线接P1_7口，小板子接EMP4_12
  P0DIR |= 0x02;              //data，数据线接P0_1口，装小板子EMP4_5

  s_connectionreset();

  error=0;
  error+=s_measure((unsigned char*) &humi_val.i,&checksum,HUMI); //measure humidity
  error+=s_measure((unsigned char*) &temp_val.i,&checksum,TEMP); //measure temperature
  if(error) s_connectionreset(); //in case of an error: connection reset
  else
  {
    humi_val.f=(float)humi_val.i; //converts integer to float
    temp_val.f=(float)temp_val.i; //converts integer to float
    calc_sth11(&humi_val.f,&temp_val.f); //calculate humidity,temperature
    temp16_H=(unsigned int)(humi_val.f*10);
    temp16_T=(unsigned int)(temp_val.f*10);
  }

  //温度
  DataBuf[0]=LO_UINT16(temp16_T);
  DataBuf[1]=HI_UINT16(temp16_T);
  //湿度
  DataBuf[2]=LO_UINT16(temp16_H);
  DataBuf[3]=HI_UINT16(temp16_H);
  memcpy(&DataBuf[4],NLME_GetExtAddr(),8);
  return (events & CollectSensor);
}
```

图 4-15　将温湿度采集代码复制到传感器采集事件

（11）修改无线发送函数，如图 4-16 和图 4-17 所示。

图 4-16　修改 GenericApp_SendTheMessage 函数

图 4-17　修改发送方式

（12）数据发送，如图 4-18 所示。

图 4-18　数据发送

路由修改方法如下。

（1）打开 GatWay 里面的工程。

（2）将工作空间里设置成 CoordinatorEB，如图 4-19 所示。

（3）设置信道和 PANID 和上面一样。

（4）设置串口参数，如图 4-20 所示。

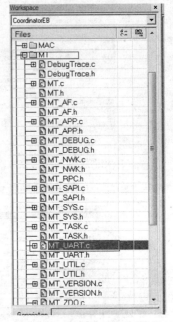

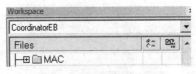

图 4-19　设置工作空间　　　　　　　图 4-20　打开串口设置程序

（5）打开 MT_UART.C 文件，如图 4-21 所示。

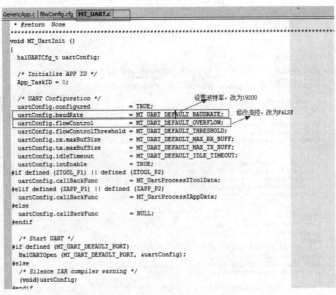

图 4-21　修改串口设置

在初始化程序中，加入如下程序，注册串口，如图 4-22 和图 4-23 所示。

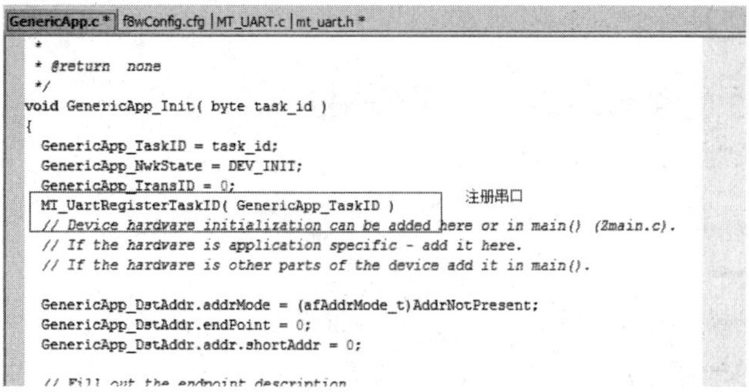

图 4-22　注册串口

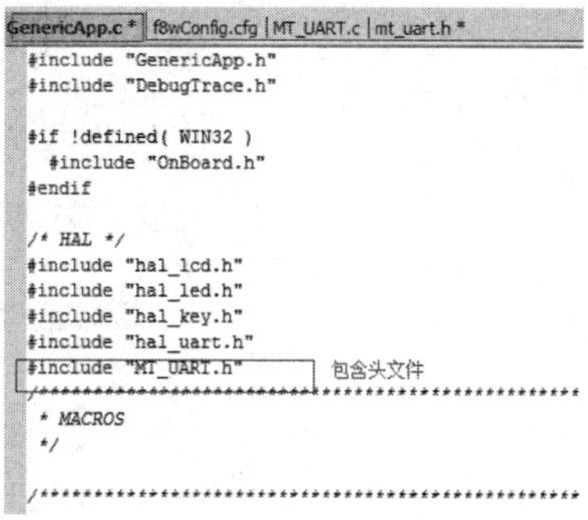

图 4-23　包含头文件

（6）加入数据转发，如图 4-24 所示。将程序下载到节点。

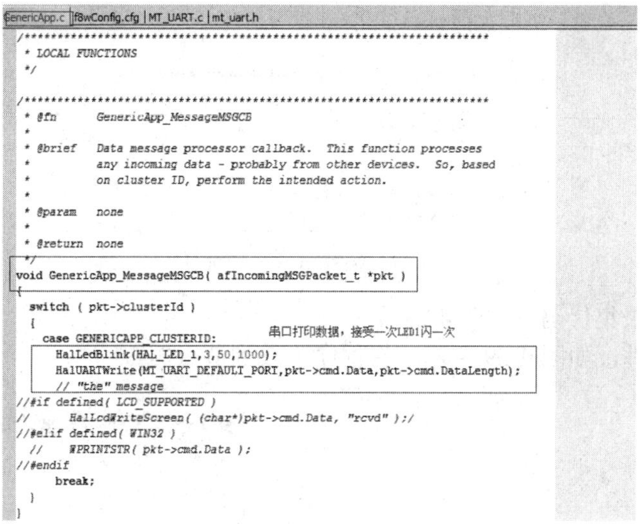

图 4-24　加入数据转发

2）第 2 题参考

（1）打开工程。

（2）设置信道和 PANID。

（3）设置事件并定时，如图 4-25 和图 4-26 所示。

图 4-25　GenericApp.c 设置

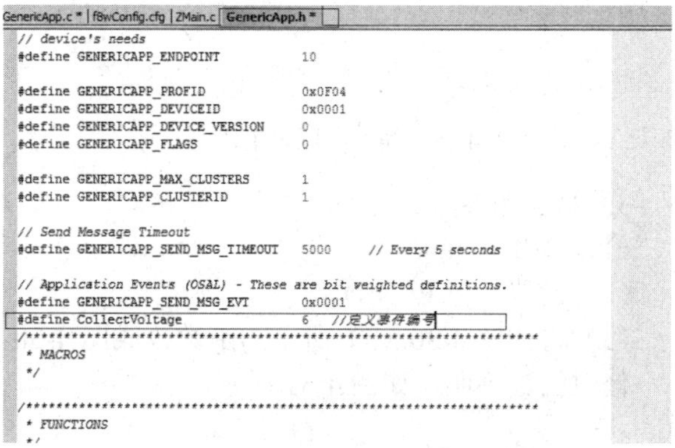

图 4-26 GenericApp.h 设置

（4）编写电压采集事件，如图 4-27 所示。

```
GenericApp.c *  f8wConfig.cfg | ZMain.c | GenericApp.h *
UINT16 GenericApp_ProcessEvent( byte task_id, UINT16 events )
{
  afIncomingMSGPacket_t *MSGpkt;
  (void)task_id;  // Intentionally unreferenced parameter

  if ( events & SYS_EVENT_MSG )
  {
    MSGpkt = (afIncomingMSGPacket_t *)osal_msg_receive( GenericApp_TaskID );
    while ( MSGpkt )
    {
      switch ( MSGpkt->hdr.event )
      {
        case KEY_CHANGE:
          GenericApp_HandleKeys( ((keyChange_t *)MSGpkt)->state, ((keyChange_t *)MSGpkt)->ke
          break;

        case AF_INCOMING_MSG_CMD:
          GenericApp_MessageMSGCB( MSGpkt );
          break;

        case ZDO_STATE_CHANGE:

          break;

        default:
          break;
      }

      // Release the memory
      osal_msg_deallocate( (uint8 *)MSGpkt );

      // Next
      MSGpkt = (afIncomingMSGPacket_t *)osal_msg_receive( GenericApp_TaskID );
    }

    // return unprocessed events
    return (events ^ SYS_EVENT_MSG);
  }

  if(events & CollectVoltage)
  {
    return  (events & CollectVoltage);
  }
```

图 4-27 编写电压采集事件

（5）编写电压采集代码，如图 4-28 所示。
（6）添加头文件，如图 4-29 所示。将程序下载到节点。

```
if(events & CollectVoltage)
{
  uint8 value;  //存储电位计值

  APCFG |= 0x80;
  P0SEL |= 0x80;
  P0DIR &= ~0x80;
  P0INP |= 0x80;
  HAL_DELAY(); HAL_DELAY();
  value=HalAdcRead(0x07,HAL_ADC_RESOLUTION_8);  //P0_7采集  8位的精度
  HalLcdWriteString( "VoltageBuzzer", HAL_LCD_LINE_3 );
  HalLcdWriteStringValue("DianWeiji:",value,16,HAL_LCD_LINE_4);
  if(value>0x60)  //电压值大于0x60则在相应口输出高低电平
  {
    HalLedSet(HAL_LED_2,HAL_LED_MODE_ON);  //用LED2代替蜂鸣器
    P1SEL &=0x80;
    P1DIR |= 0x80;
    P1INP |= 0x80;
    P1_7=1;  //从P1_7管脚输出高电平给继电器让蜂鸣器响  ENP18_12
  }
  else
  {
    HalLedSet(HAL_LED_2,HAL_LED_MODE_OFF);
    P1SEL &=0x80;
    P1DIR |= 0x80;
    P1INP |= 0x80;
    P1_7=0;
  }

  osal_start_timerEx(GenericApp_TaskID,CollectVoltage,1000);
  return  (events & CollectVoltage);
```

图 4-28 编写电压采集代码

图 4-29 添加头文件

3）第 3 题参考
（1）打开 switch。
（2）设置信道 PANID。
（3）将如图 4-30（a）所示的函数改成图 4-30（b）中的函数。
修改函数声明，如图 4-31 所示。

```
GenericApp.c * | f8wConfig.cfg | ZMain.c
}

/*********************************************************************
 * @fn      GenericApp_SendTheMessage
 *
 * @brief   Send "the" message.
 *
 * @param   none
 *
 * @return  none
 */
void GenericApp_SendTheMessage( void )
{
  char theMessageData[] = "Hello World";

  if ( AF_DataRequest( &GenericApp_DstAddr, &GenericApp_epDesc,
                       GENERICAPP_CLUSTERID,
                       (byte)osal_strlen( theMessageData ) + 1,
                       (byte *)&theMessageData,
                       &GenericApp_TransID,
                       AF_DISCV_ROUTE, AF_DEFAULT_RADIUS ) == afStatus_SUCCESS )
  {
    // Successfully requested to be sent.
  }
  else
  {
    // Error occurred in request to send.
  }
}

/*********************************************************************
```

（a）

```
GenericApp.c * | f8wConfig.cfg | ZMain.c
/*********************************************************************
 * @fn      GenericApp_SendTheMessage
 *
 * @brief   Send "the" message.
 *
 * @param   none
 *
 * @return  none
 */
uint8 GenericApp_SendTheMessage( uint16 CID ,uint16 len,uint8 *buf )
{
  //char theMessageData[] = "Hello World";

  if ( AF_DataRequest( &GenericApp_DstAddr, &GenericApp_epDesc,
                       CID,
                       len,
                       buf,
                       &GenericApp_TransID,
                       AF_DISCV_ROUTE, AF_DEFAULT_RADIUS ) == afStatus_SUCCESS )
  {
    return 1;
    // Successfully requested to be sent.
  }
  else
  {
    return 0;
    // Error occurred in request to send.
  }
}

/*********************************************************************
*********************************************************************/
```

（b）

图 4-30　修改函数

```
GenericApp.c * | f8wConfig.cfg | ZMain.c

byte GenericApp_TransID;  // This is the unique message ID (counter)

afAddrType_t GenericApp_DstAddr;

/*********************************************************************
 * LOCAL FUNCTIONS
 */
void GenericApp_ProcessZDOMsgs( zdoIncomingMsg_t *inMsg );
void GenericApp_HandleKeys( byte shift, byte keys );
void GenericApp_MessageMSGCB( afIncomingMSGPacket_t *pckt );
//void GenericApp_SendTheMessage( void );
uint8 GenericApp_SendTheMessage( uint16 CID ,uint16 len ,uint8 *buf )
/*********************************************************************
 * NETWORK LAYER CALLBACKS
 */
```

图 4-31　修改函数声明

设置发送模式，如图 4-32 所示。

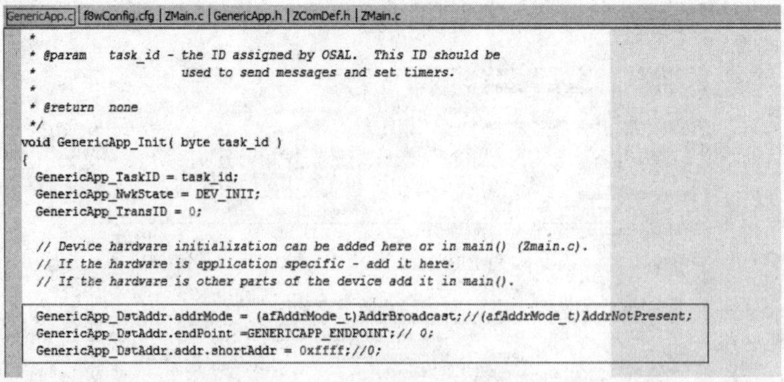

```
GenericApp.c | f8wConfig.cfg | ZMain.c | GenericApp.h | ZComDef.h | ZMain.c

 *
 * @param    task_id - the ID assigned by OSAL.  This ID should be
 *                      used to send messages and set timers.
 *
 * @return   none
 */
void GenericApp_Init( byte task_id )
{
  GenericApp_TaskID = task_id;
  GenericApp_NwkState = DEV_INIT;
  GenericApp_TransID = 0;

  // Device hardware initialization can be added here or in main() (Zmain.c).
  // If the hardware is application specific - add it here.
  // If the hardware is other parts of the device add it in main().

  GenericApp_DstAddr.addrMode = (afAddrMode_t)AddrBroadcast;//(afAddrMode_t)AddrNotPresent;
  GenericApp_DstAddr.endPoint =GENERICAPP_ENDPOINT;// 0;
  GenericApp_DstAddr.addr.shortAddr = 0xffff;//0;
```

(a)

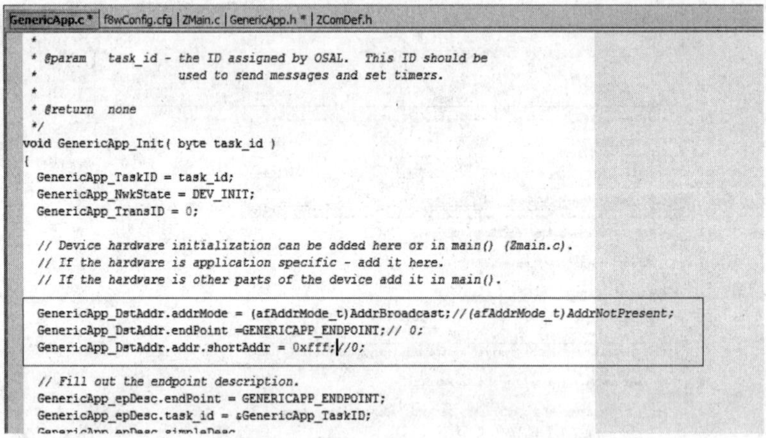

```
GenericApp.c * | f8wConfig.cfg | ZMain.c | GenericApp.h * | ZComDef.h

 *
 * @param    task_id - the ID assigned by OSAL.  This ID should be
 *                      used to send messages and set timers.
 *
 * @return   none
 */
void GenericApp_Init( byte task_id )
{
  GenericApp_TaskID = task_id;
  GenericApp_NwkState = DEV_INIT;
  GenericApp_TransID = 0;

  // Device hardware initialization can be added here or in main() (Zmain.c).
  // If the hardware is application specific - add it here.
  // If the hardware is other parts of the device add it in main().

  GenericApp_DstAddr.addrMode = (afAddrMode_t)AddrBroadcast;//(afAddrMode_t)AddrNotPresent;
  GenericApp_DstAddr.endPoint =GENERICAPP_ENDPOINT;// 0;
  GenericApp_DstAddr.addr.shortAddr = 0xffff;//0;

  // Fill out the endpoint description.
  GenericApp_epDesc.endPoint = GENERICAPP_ENDPOINT;
  GenericApp_epDesc.task_id = &GenericApp_TaskID;
  GenericApp_epDesc.simpleDesc
```

(b)

图 4-32　设置发送模式

（4）定义两个簇 ID，如图 4-33 所示。

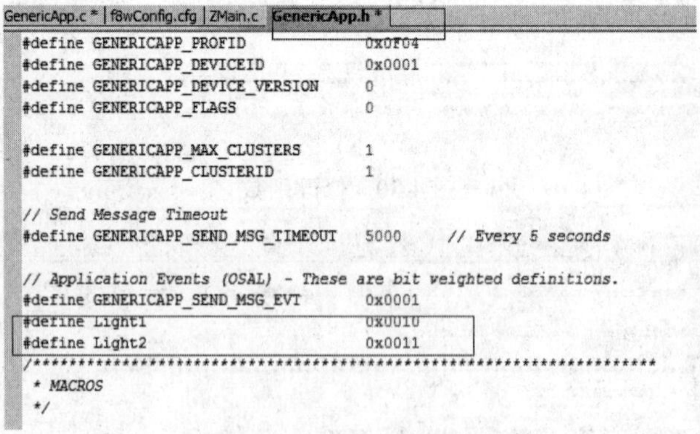

```
GenericApp.c * | f8wConfig.cfg | ZMain.c | GenericApp.h *

#define GENERICAPP_PROFID              0x0F04
#define GENERICAPP_DEVICEID            0x0001
#define GENERICAPP_DEVICE_VERSION      0
#define GENERICAPP_FLAGS               0

#define GENERICAPP_MAX_CLUSTERS        1
#define GENERICAPP_CLUSTERID           1

// Send Message Timeout
#define GENERICAPP_SEND_MSG_TIMEOUT    5000    // Every 5 seconds

// Application Events (OSAL) - These are bit weighted definitions.
#define GENERICAPP_SEND_MSG_EVT        0x0001
#define Light1                         0x0010
#define Light2                         0x0011
/*********************************************************************
 * MACROS
 */
```

图 4-33　定义两个簇 ID

（5）编写发送的数据和发送代码，如图 4-34 所示。

（6）打开 router1。

（7）设置信道 PANID。

（8）定义簇 ID，如图 4-35 所示。

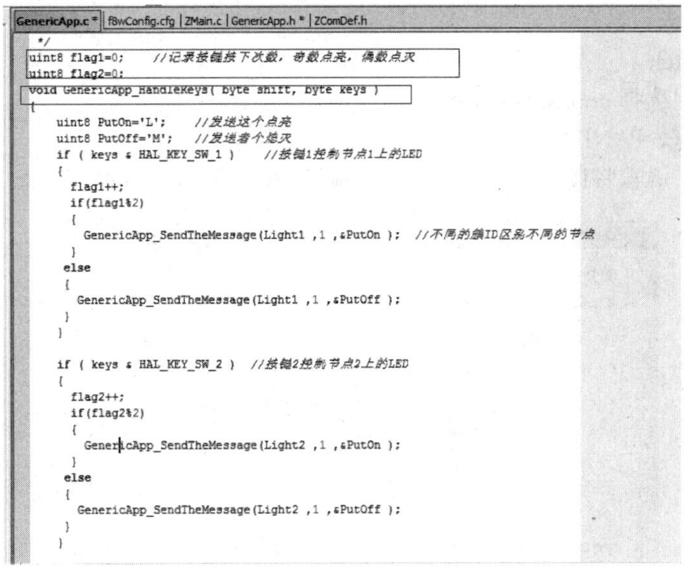

图 4-34　编写发送的数据和发送代码

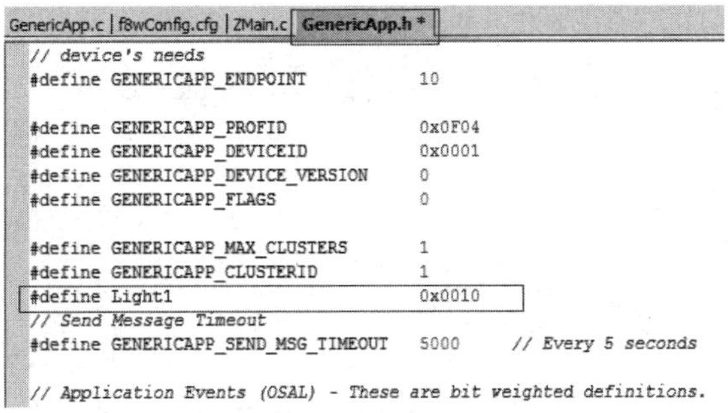

图 4-35　定义簇 ID

（9）判断数据并处理数据，如图 4-36 所示。

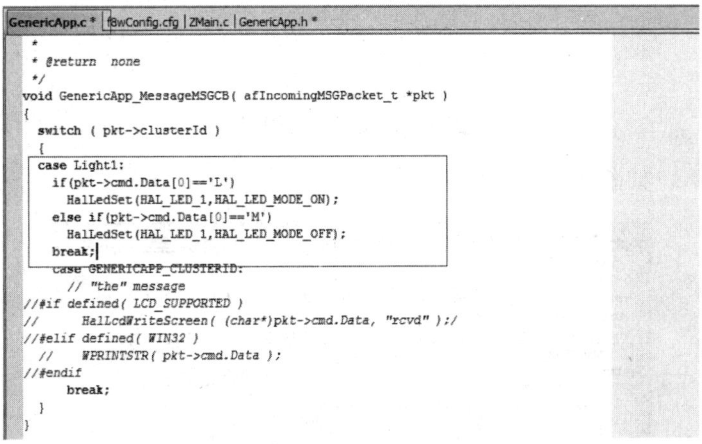

图 4-36　判断数据并处理数据

（10）打开 route2，重复步骤（7）～（9）将步骤（8）中的簇 ID 改成如下所示的代码。

```
#define Light2    0x0011;
```

将程序下载到节点。

4）第 4 题参考

（1）打开 switch。

（2）工作空间选择 coordinatorEB。

（3）设置信道、PANID。

（4）修改发送函数将图 4-37（a）改成图 4-37（b）所示的内容。

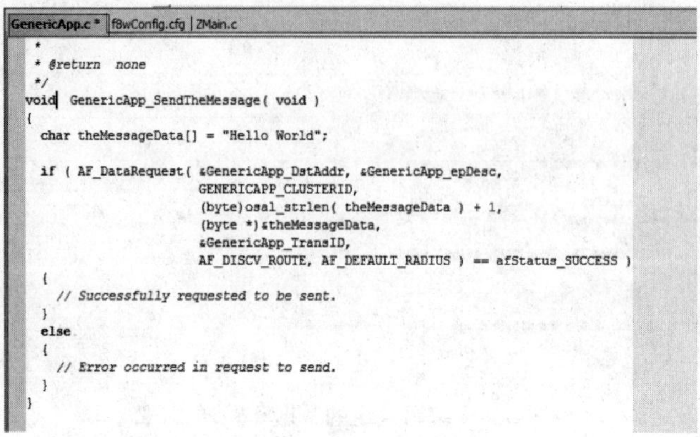

```
GenericApp.c * | f8wConfig.cfg | ZMain.c
 *
 * @return  none
 */
void GenericApp_SendTheMessage( void )
{
  char theMessageData[] = "Hello World";

  if ( AF_DataRequest( &GenericApp_DstAddr, &GenericApp_epDesc,
                       GENERICAPP_CLUSTERID,
                       (byte)osal_strlen( theMessageData ) + 1,
                       (byte *)&theMessageData,
                       &GenericApp_TransID,
                       AF_DISCV_ROUTE, AF_DEFAULT_RADIUS ) == afStatus_SUCCESS )
  {
    // Successfully requested to be sent.
  }
  else
  {
    // Error occurred in request to send.
  }
}
```

（a）

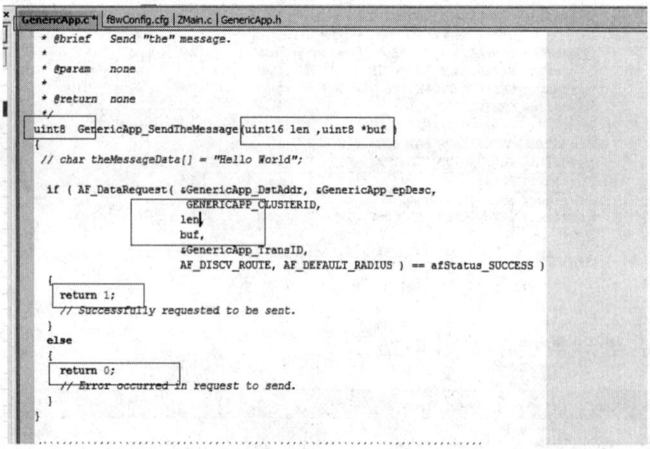

```
GenericApp.c * | f8wConfig.cfg | ZMain.c | GenericApp.h
 * @brief   Send "the" message.
 *
 * @param   none
 *
 * @return  none
 */
uint8  GenericApp_SendTheMessage(uint16 len ,uint8 *buf )
{
 // char theMessageData[] = "Hello World";

  if ( AF_DataRequest( &GenericApp_DstAddr, &GenericApp_epDesc,
                       GENERICAPP_CLUSTERID,
                      len,
                      buf,
                      &GenericApp_TransID,
                      AF_DISCV_ROUTE, AF_DEFAULT_RADIUS ) == afStatus_SUCCESS )
  {
    return 1;
    // Successfully requested to be sent.
  }
  else
  {
    return 0;
    // Error occurred in request to send.
  }
}
```

（b）

图 4-37　修改发送函数

修改函数声明，如图 4-38 所示。

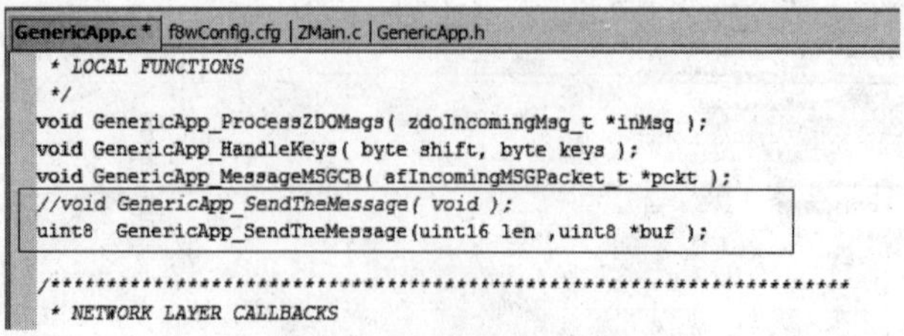

```
GenericApp.c * | f8wConfig.cfg | ZMain.c | GenericApp.h
 * LOCAL FUNCTIONS
 */
void GenericApp_ProcessZDOMsgs( zdoIncomingMsg_t *inMsg );
void GenericApp_HandleKeys( byte shift, byte keys );
void GenericApp_MessageMSGCB( afIncomingMSGPacket_t *pckt );
//void GenericApp_SendTheMessage( void );
uint8  GenericApp_SendTheMessage(uint16 len ,uint8 *buf );

/*********************************************************************
 * NETWORK LAYER CALLBACKS
```

图 4-38　修改函数声明

修改发送模式，如图 4-39 所示。

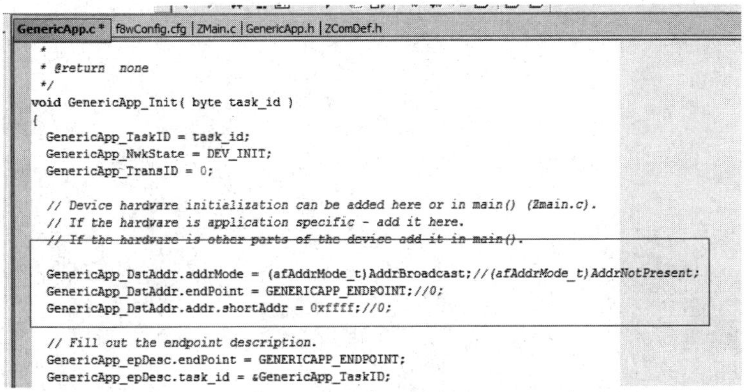

图 4-39　修改发送模式

（5）编写发送代码，如图 4-40 所示。

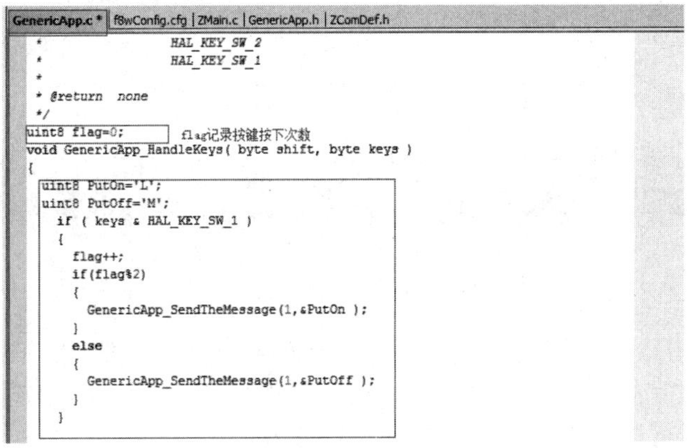

图 4-40　编写发送代码

（6）打开 router。

（7）工作空间选则 RouterEB。

（8）设置信道、PANID。

（9）判断数据并处理，结果如图 4-41 所示。将程序下载到节点。

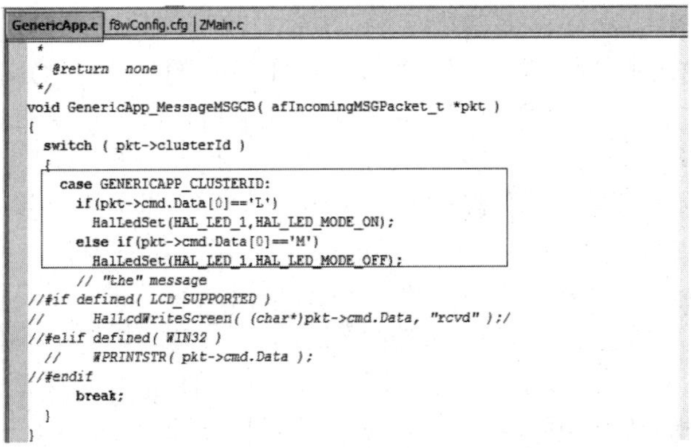

图 4-41　数据处理结果

第5章
无线组网参数设置

5.1 Task ID、PAN ID、Cluster ID 的功能与区别

1）Task ID

Task ID 是任务 ID，是 OS 负责分配的，对一个事件做一个唯一的编码，在每一个任务的初始化函数中，必须完成的功能是要得到设置任务的任务 ID。Task ID 相当于一个任务的标识，这样才能区分运行过程中不同任务中的不同事件。ID 是给该任务取了个名字，就像人名字可以区分不同的人一样，是一个代号。人名可以重复，重复了有时候叫起来就容易混淆；所以在程序中为了避免这种混淆，就强制性地规定任务 ID 不能重复。

2）PAN ID

PAN ID 的出现一般是在确定信道以后。PAN ID 的全称是 Personal Area Network ID，网络 ID（即网络标识符），是针对一个或多个应用网络，而应用网络一般是 mesh（网状）或者 cluster tree（树状）两种拓扑结构之一。所有节点的 PAN ID 是唯一的，一个网络只有一个 PAN ID，它是由 PAN 协调器生成的，PAN ID 是可选配置项，用来控制 ZigBee 路由器和终端节点要加入哪个网络。文件 f8wConfg.cfg 中的 ZDO_CONFIG_PAN_ID 参数可以设置为一个 0～0x3FFF 之间的值。协调器使用这个值，作为它要启动的网络的 PAN ID。而对于路由器节点和终端节点来说只要加入一个已经用这个参数配置了 PAN ID 的网络。如果要关闭这个功能，只要将这个参数设置为 0xFFFF。要更进一步控制加入过程，需要修改 ZDApp.c 文件中的 ZDO_NetworkDiscoveryConfirmCB 函数。当然，如果 ZDAPP_CONFIG_PAN_ID 被定义为 0xFFFF，那么协调器将根据自身的 IEEE 地址建立一个随机的 PAN ID（0～0x3FFF），经过试验发现，这个随机的 PAN ID 并非完全随机，它是有规律的，与 IEEE 地址有一定的关系：要么就是 IEEE 地址的低 16 位，要么就是一个与 IEEE 地址低 16 位非常相似的值。如 IEEE 地址为 0x8877665544332211，PAN ID 很有可能就是 2211，或相似的值；IEEE 地址为 0x8877665544337777，PAN ID 很有可能就是 3777，或其他相似的值。

3）Cluster ID

Cluster ID 是一个簇对外的 ID，就是一个星形网络的 ID。先来了解一下 Cluster，Cluster 一个或更多属性的集合，也称为簇，Cluster 是逻辑设备之间的事务关系，按照 06 协议栈的规定，Cluster ID 与流出或者流入设备的数据是相关联，Cluster ID 在特定的剖面中是独一无二的。通过一个输出 Cluster ID 和输入 Cluster ID 的匹配（设定在同一个剖面中），才能实现绑定。假定在一个自动调温装置中，在一个带有输出 Cluster ID 的设备和一个带有输入 Cluster ID 的设备之间，绑定发生在温度这个层面，绑定表包含 8 位带源地址和目的地址的温度标识符。简言之，Task 用于给事件初始化应用建立的任务 ID 号，Cluster ID 用来对信息的分类。Cluster ID 和 Cluster 一一对应，不同的 Cluster 用不同的 Cluster ID。

5.2　ZigBee 参数设置

1）ZigBee 设备的地址

ZigBee 设备的地址有两种。一种是 64 位 IEEE 地址（长地址），即 MAC 地址；另一种是 16 位网络地址（短地址）。64 位地址是全球唯一的地址，ZigBee 设备将在它的生命周期中一直拥有这个地址。64 位 IEEE 地址通常由制造商或者设备被安装时设置，这些地址由 IEEE 来维护和分配。16 位网络地址是当设备加入网络后分配的。它在网络中是唯一的，用来在网络中鉴别设备和发送数据，当然了不同的网络 16 位短地址可能相同的。 也可以这样理解 PAN ID 和 16 位短地址的关系，一个班有一个班级名称（PAN ID），班级里面的人都拥有一个唯一的学号（16 位地址）。

2）修改并加入指定 ID 号的网络

以 TI Z-Stack 为例来说，在工程的 tool 文件夹下有一个 f8wconfig.cfg 文件，它的第 59 行内容是 -DZDAPP_CONFIG_PAN_ID=0xFFFF，将这个 0xFFFF 改为期望的 ID 即可，0xFFFF 代表可以加入任何一个网络，其他的 PANID 则只能加入 ID 号一样的网络。

3）ZigBee 透明传输

ZigBee 透明传输，不管传的是什么，所采用的设备只是起一个通道作用，把要传输的内容完好地传到对方，而不用关心下层协议的传输，比如你要寄信，只需要写地址交给邮局就行了，然后对方就能收到你的信，但是中途经过多少车站、火车、邮递员，你根本不知道，所以对于你来说邮递的过程是透明的。

4）修改 ZigBee 网络拓扑

可以在协议栈的 nwk_globals.c 和 nwk_globals.h 文件里面修改。

5）设置点播、组播、广播

需要区分要点播、组播和广播的形式，每一个节点都可以选择不同的发送方式，但不要人为地认为定义了点播就不能发组播。

可以通过在程序的 Profile 文件夹下的 AF.h 文件设置下面的类型：

```
typedef enum
{
  afAddrNotPresent = AddrNotPresent,
  afAddr16Bit      = Addr16Bit,
  afAddr64Bit      = Addr64Bit,
  afAddrGroup      = AddrGroup,
  afAddrBroadcast  = AddrBroadcast
```

```
} afAddrMode_t;
```
该类型是一个枚举类型，对应的方式如下：

当 addrMode= Addr16Bit 时，对应点播方式；

当 addrMode= AddrGroup 时，对应组播方式；

当 addrMode= AddrBroadcast 时，对应广播方式。

详细请看 3.3.5 节内容。

5.3　ZigBee 帧结构及参数设置

在 ZigBee 技术中，每一个协议层都增加了各自的帧头和帧尾，在 PAN 网络结构中定义了 4 种帧结构。

信标帧——主协调器用来发送信标的帧；

数据帧——用于所有数据传输的帧；

确认帧/应答帧——用于确认成功接收的帧；

MAC 命令帧——用于处理所有 MAC 层对等实体间的控制传输。

ZigBee 的 MAC 层直接使用了 IEEE 802.15.4 的 MAC 层。

1）信标帧

信标帧由主协调器的 MAC 层生成，并向网络中的所有从设备发送，以保证各从设备与主协调器同步，使网络运行的成本最低，即采用信标网络通信，可减少从设备的功耗，保证正常的通信。帧结构如图 5-1 所示。图中的 GTS;Guaranteed Time Slot 保存时隙。

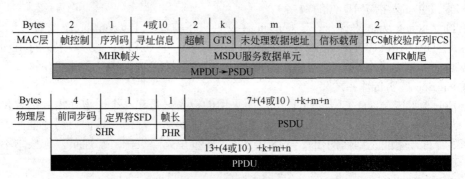

图 5-1　信标帧结构

MHR 是 MAC 层帧头；MSDU 是 MAC 层服务数据单元，表示 MAC 层载荷；MFR 是 MAC 层帧尾。其中，MSDU 包括超帧格式、未处理事务地址格式及地址列表能及信标载荷；MHR 包括 MAC 帧的控制字段、信标序列码（BSN）以及寻址信息；MFR 中包含 16 位帧校验序列（FCS）。这三部分共同构成了 MAC 层协议数据单元（MPDU）。

MAC 层协议数据单元（MPDU）被发送到物理层（PHY）时，它便成为了物理层服务数据单元（PSDU）。如果在 PSDU 前面加上物理层帧头（PHR）和同步帧头（SHR）便可构成物理层协议数据单元（PPDU）。其中，SHR 包括前同步帧序列和帧起始定界符（SFD）；PHR 包含有 PSDU 长度的信息。使用前同步码序列的目的是使从设备与主协调器达到符号同步。SHR、PHR、PSDU 共同构成了物理层的信标包（PPDU）。

通过上述过程，最终在 PHY 层就形成了网络信标帧。

2）数据帧

数据帧由应用层发起，在 ZigBee 设备之间进行数据传输时，传输的数据由应用层生成，经过逐层数据处理后发送给 MAC 层，形成 MAC 层服务数据单元（MSDU）。通过添加 MAC 层帧头 MHR 和帧尾 MFR，形成完整的 MAC 数据帧 MPDU。

MAC 的数据帧作为物理层载荷（PSDU）发送到物理层。在 PSDU 前面，加上同步帧头（SHR）和物理层帧头（PHR）。同信标帧一样，前同步码序列和数据 SFD 能够使接收设备与发送设备达到符号同步。SHR、PHR、PSDU 共同构成了物理层的数据包（PPDU）。

帧结构如图 5-2 所示。

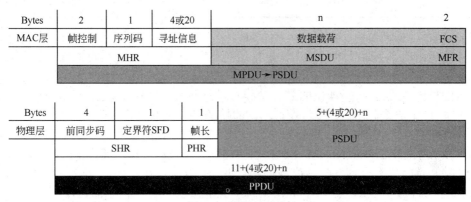

图 5-2　数据帧结构

3）确认帧/应答帧

在通信接收设备中，为保证通信的可靠性，通常要求接收设备在接收到正确的帧信息后，向发送设备返回一个确认信息。以向发送设备表示已经正确地接收到相应的信息。接收设备将接收到的信息经 PHY 层和 MAC 层后，由 MAC 层经纠错解码后，恢复发送端的数据，如没有检查出数据的错误，则由 MAC 层生成一个确认帧，发送回发送端。帧结构如图 5-3 所示。

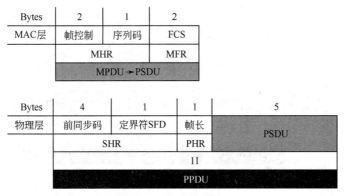

图 5-3　确认帧结构

MAC 层的确认帧由一个 MHR 和一个 MFR 构成，MHR 和 MFR 共同构成了 MAC 层的确认帧（MPDU）。MPDU 作为物理层确认帧载荷（PSDU）发送到物理层，在 PSDU 前面加上 SHR 和 PHR。SHR、PHR、PSDU 共同构成了物理层的确认包（PPDU）。

4）MAC 命令帧

MAC 命令帧由 MAC 子层发起。在 ZigBee 网络中，为了对设备的工作状态进行控制，同网络中的其他设备进行通信，控制命令由应用层产生，在 MAC 层根据命令的类型，生成的 MAC 层命令帧。

MAC 子层数据包由 MAC 子层帧头（MHR，MAC Header）、MAC 子层载荷和 MAC 子层帧尾（MFR，MAC Footer）组成，见表 5-1。

表 5-1   MAC 层数据包格式

2 字节	1 字节	0/2 字节	0/2/8 字节	0/2 字节	0/2/8 字节	可变	2 字节
帧控制	序列号	目的 PAN 标示符	目的地址	源 PAN 标示符	源地址	帧载荷	FCS
MHR(MAC 层帧头)						MAC 载荷	MFR

（1）MAC 子层帧头由 2 字节的帧控制域、一字节的帧列号域和最多 20 字节的地址域组成。帧控制域指明了 MAC 帧的类型、地址域的格式以及是否需要接收方确认等控制信息；帧序号域包含了发送方对帧的顺序编号，用于匹配确认帧，实现 MAC 子层的可靠传输；地址域采用的寻址方式可以是 64 位的 IEEE MAC 地址或者 8 位的 ZigBee 网络地址。

（2）MAC 子层载荷，其长度可变，不同的帧类型包含不同的信息，如 MAC 子层业务数据单元（MSDU，MAC Service Data Unit）；但整个 MAC 帧的长度应该小于 127 字节，其内容取决于帧类型。IEEE 802.15.4 的 MAC 子层定义了 4 种帧类型，即广播（信标）帧、数据帧、确认帧和 MAC 命令帧。只有广播帧和数据帧包含了高层控制命令或者数据，确认帧和 MAC 命令帧则用于 ZigBee 设备间与 MAC 子层功能实体间控制信息的收发。

（3）MAC 子层帧尾含有采用 16 位 CRC 算法计算出来的帧校验序列（Frame Check Sequence，FCS），用于接收方判断该数据包是否正确，从而决定是否采用 ARQ 进行差错恢复。广播帧和确认帧不需要接收方的确认；数据帧和 MAC 命令帧的帧头包含帧控制域，指示收到的帧是否需要确认，如果需要确认，并且已经通过了 CRC 校验，接收方将立即发送确认帧，若发送方在一定时间内收不到确认帧，将自动重传该帧，这就是 MAC 子层可靠传输的基本过程。

帧结构如图 5-4 所示。

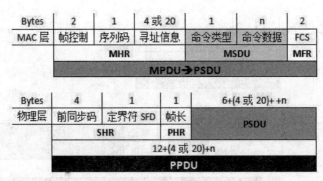

图 5-4   命令帧结构

包含命令类型字段和命令数据的 MSDU 称为命令载荷。同其他帧一样，在 MSDU 前面，加上帧头 MHR，在其结尾后面，加上帧尾 MFR。MHR、MSDU、MFR 共同构成了 MAC 层命令帧（MPDU）。

MPDU 作为物理层载荷发送到物理层，在 PSDU 前加上 SHR 和 PHR。SHR、PHR、PSDU 共同构成了物理层命令包（PPDU）。

第6章
无线组网技术应用软件

6.1 下载 SmartRF 程序

1）安装软件

下载完 SmartRF 后，在相应的文件夹内找到安装软件，如图 6-1 所示。

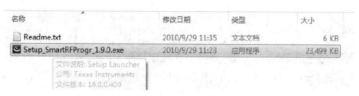

图 6-1　安装软件

软件的安装过程如图 6-2 所示，安装完成后，会自动生成快捷图标，如图 6-3 所示。

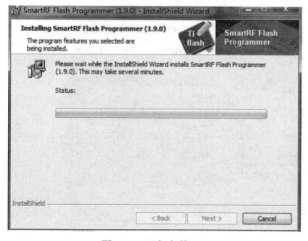

图 6-2　正在安装

图 6-3　快捷图标

2）打开软件

双击"快捷图标"，打开软件，如图 6-4 所示。

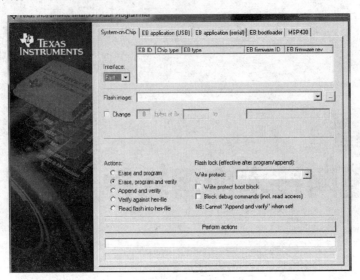

图 6-4　打开软件

3）接入仿真器

接入仿真器需要安装驱动软件，如图 6-5 和图 6-6 所示。

Windows7 系统会自动完成驱动安装，而 Windows XP 系统则需要用户手动安装。驱动程序安装成功后，在设备管理器中可以查看到已安装的设备，如图 6-7 所示。

  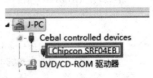

图 6-5　系统自动安装驱动软件　　　图 6-6　驱动安装完成　　　图 6-7　查看设备管理器

在 SmartRF 中，可以看到软件已识别出了仿真器，如图 6-8 所示。

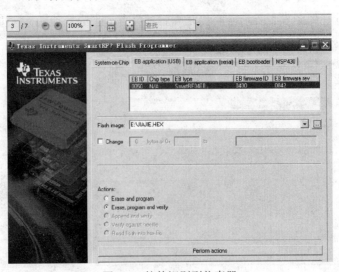

图 6-8　软件识别到仿真器

4）连接仿真器

将仿真器的 USB 口连接计算机，另一头接目标板，如图 6-9 所示。

图 6-9　连接仿真器

当计算机识别到仿真器，则会出现相应提示，如图 6-10 所示，然后，可以选择需下载的文件，如图 6-11 所示；下载过程如图 6-12 和图 6-13 所示。

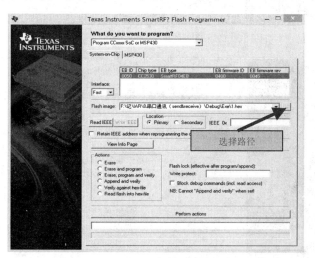

图 6-10　软件识别目标板

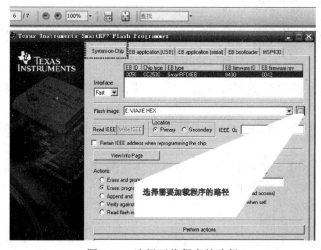

图 6-11　选择下载程序的路径

程序下载完成后，目标板复位即可正常运行了。

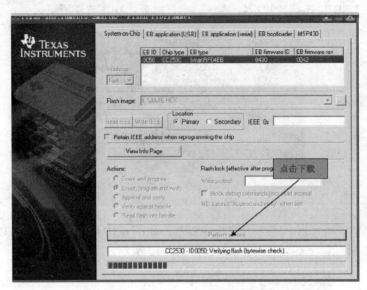

图 6-12　下载程序

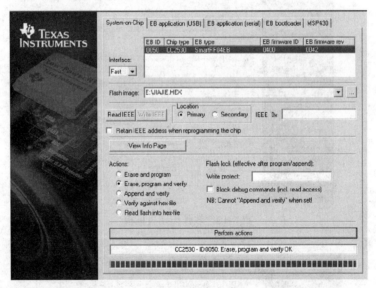

图 6-13　下载成功

IEEE 的原始地址是无法修改的，secondary 可以通过 SmartRF Flash Programmer 来修改，修改方法如下所示。

（1）可用 SmartRF Flash Programmer 里面的 Erase，在修改 IEEE 地址前，先擦除一下就可以了。

（2）在程序里把 IEEE 地址初始化，然后从 NV 读出地址并将其注释掉。HalFalshRead 函数可以读取 Secondary Mac 地址。

```
zmain_ext_addr()
{
// if ((SUCCESS != osal_nv_item_init(ZCD_NV_EXTADDR, Z_EXTADDR_LEN, NULL))
```

```
if ((SUCCESS != osal_nv_item_init(ZCD_NV_EXTADDR, Z_EXTADDR_LEN, NULL))  ||
          (SUCCESS   !=   osal_nv_read(ZCD_NV_EXTADDR,   0,   Z_EXTADDR_LEN,
aExtendedAddress)) || (osal_memcmp(aExtendedAddress, nullAddr, Z_EXTADDR_LEN)))
    {
      // Attempt to read the extended address from the location on the lock bits page
      // where the programming tools know to reserve it.
            HalFlashRead(HAL_FLASH_IEEE_PAGE, HAL_FLASH_IEEE_OSET,
aExtendedAddress, Z_EXTADDR_LEN);
```

6.2　空中抓包 Packet_Sniffer 软件

6.2.1　软件介绍

SmartRF™数据包嗅探器是一个应用软件,用于显示和存储通过射频硬件节点侦听而捕获的射频数据包。支持多种射频协议。数据包嗅探器对数据包进行过滤和解码,最后用一种简洁的方法显示出来。过滤包含几种选项,以二进制文件格式储存。

安装 Packet Sniffer 时与 SmartRF® Studio 分开,而且必须在 Texas Instruments 网站下载。

安装完成后,支持信令协议的所有快捷键被显示在 Start menu 窗口下。

注意:选择 IEEE802.15.4/ZigBee (CC2420)协议后,启动 Packet Sniffer 软件。该软件比较独特,最突出的不同点是:数据包只储存在 RAM 缓存区里。欲了解 Packet Sniffer CC2420 的更多细节,请参阅 CC2420 的用户手册。

1)硬件平台

Packet_Sniffer 可以用在多种硬件平台上,可以使用以下的硬件:

- CC2430DB;
- SmartRF04EB + (CC2430EM, CC2530EM, CC1110EM or CC2510EM);
- SmartRF05EB + (CC2430EM, CC1110EM, CC2510EM, CC2520EM or CC2530);
- CC2531 USB Dongle;
- CC Debugger + SmartRFCCxx10TB。

电路板需要通过 USB 与计算机相连。

CC2531 适配器必须预先通过特殊的固件进行编程,以便与数据包嗅探器联合使用。安装好数据包嗅探器后,编程产生的 hex 文件可以在目录中找到 <installationdirectory> \General\Firmware\sniffer_fw_cc2531.hex。固件可以通过 SmartRF Flash Programmer 进行编程。要对 CC2531 适配器上的固件进行编程,转接器须借助转接头(图 6-14)连接到 SmartRF05EB 或 CC 转接器。具体细节可查看用户手册中关于如何使用闪存编程器的内容。

2)协议

启动 packet_sniffer 时,可支持的协议就显示在启动窗口下。表 6-1 列出了可支持协议下的软件连接和捕捉设备。

图 6-14　CC Debugger 与 SmartRFCCxx10TB 转接器

表 6-1　支持的协议

Protocol	Version	Capture device	Can be used to capture packets from
ZigBee	2003	CC2420EM + CC2400EB	CC2420
	2007/PRO 2006 2003	CC2430DB CC2430EM　+　SmartRF04EB/SmartRF05EB CC2431EM　+　SmartRF04EB/SmartRF05EB CC2530EM　+　SmartRF04EB/SmartRF05EB CC2520EM + SmartRF05EB CC2531 USB Dongle	CC2420 CC2430 CC2431 CC2520 CC2530 CC2531
RF4CE	1.0	CC2430DB CC2430EM　+　SmartRF04EB/SmartRF05EB CC2431EM　+　SmartRF04EB/SmartRF05EB CC2530EM　+　SmartRF04EB/SmartRF05EB CC2520EM + SmartRF05EB CC2531 USB Dongle	CC2420 CC2430 CC2431 CC2520 CC2530 CC2531
SimpliciTI	1.1.0 1.0.6 1.0.4 1.0.0	CC2430DB CC2430EM　+　SmartRF04EB/SmartRF05EB CC2431EM　+　SmartRF04EB/SmartRF05EB CC2530EM　+　SmartRF04EB/SmartRF05EB CC2520EM + SmartRF05EB CC2531 USB Dongle	CC2420 CC2430 CC2431 CC2520 CC2530 CC2531
		CC1110EM + SmartRF04EB/SmartRF05EB * CC1111 USB Dongle* CC Debugger + SmartRFCC1110TB*	CC1100 CC1101 CC1100E CC1110 CC1111 CC1150 CC430
		CC2510EM + SmartRF04EB/SmartRF05EB CC2511 USB Dongle CC Debugger + SmartRFCC2510TB	CC2500 CC2510 CC2511 CC2550
Generic	Any	CC2430DB CC2430EM　+　SmartRF04EB/SmartRF05EB CC2431EM　+　SmartRF04EB/SmartRF05EB CC2530EM　+　SmartRF04EB/SmartRF05EB CC2520EM + SmartRF05EB CC2531 USB Dongle	CC2420 CC2430 CC2431 CC2480 CC2520 CC2530 CC2531
		CC1110EM + SmartRF04EB/SmartRF05EB * CC1111 USB Dongle* CC Debugger + SmartRFCC1110TB*	CC1100 CC1101 CC1100E CC1110 CC1111 CC1150 CC430
		CC2510EM + SmartRF04EB/SmartRF05EB CC2511 USB Dongle CC Debugger + SmartRFCC2510TB	CC2500 CC2510 CC2550

3）数据流程

在计算机一侧的数据包将存储在磁盘缓冲里。可以存储数据包的总量取决于数据包的大小和硬盘的大小。当数据包要显示在图形用户界面（GUI）中时，在操作过程中的数据包将被缓存在内存缓冲区，以提高存取效率。

如图 6-15 所示为 Packet_Sniffer 的数据流程。

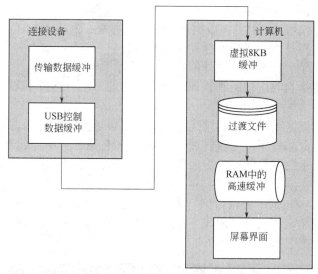

图 6-15　Packet_Sniffer 的数据流程

4）软件

当嗅探器已启动，如果需要，SoC 上需要运行嗅探器的固件将被检查和自动加载。这在左下角的状态栏可以看到。

USB 控制器有同样的要求，但用户将被要求更新，若用户拒绝该更新，则嗅探器可能不正常工作。

可支持的操作系统包括 Windows 2000/Pro 和 Windows XP/Pro。

6.2.2　用户界面

1）启动窗口

启动 Packet_Sniffer 时会显示一个启动窗口（图 6-16），用户可根据需要选择不同的协议和硬件配置。

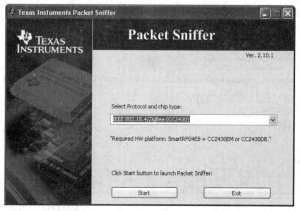

图 6-16　Packet Sniffer 启动窗口

　　启动数据包嗅探器，需要选择协议和芯片组合类型。然后单击 Start 按钮。如果一个数据包嗅探器进程已启动，而启动窗口关闭，嗅探进程会一直保持活跃。如果不需要，须关闭嗅探器显示。

　　2）Packet_Sniffer 窗口

　　Packet_Sniffer 的主窗口分为顶部和底部两个区域。顶部为数据包列表，显示解码后的数据包的每个域。底部包含 6 个标签。

　　（1）设置：选择使用的评估板，数据包缓存区的容量（默认 20MB），还有抓包的信道。

　　（2）域选择：选择要显示在数据包列表中的域。

　　（3）详细信息：显示数据包的额外信息　（如原始数据）。

　　（4）地址表：包括当前进程所有认识的节点。地址可以自动或手动登记，也可以更改或删除。

　　（5）显示筛选：根据用户定义的筛选条件对数据包进行筛选。列表给出可以用于定义筛选条件的所有域。在此列表下，可以将域与 AND 和 OR 运算符结合起来定义筛选条件。

　　（6）时间轴：显示数据包的一长串序列，长度大约是数据包列表的 20 倍，按源地址或目的地址排序。

　　以 IEEE 802.15.4/ZigBee 协议为例。状态栏显示抓取数据包（未筛选的）的总数，出错数据包数目（校验和错误和缓存区溢出）以及筛选功能的状态。如果筛选器开启，会显示符合当前筛选条件的数据包数目。如图 6-17 所示。

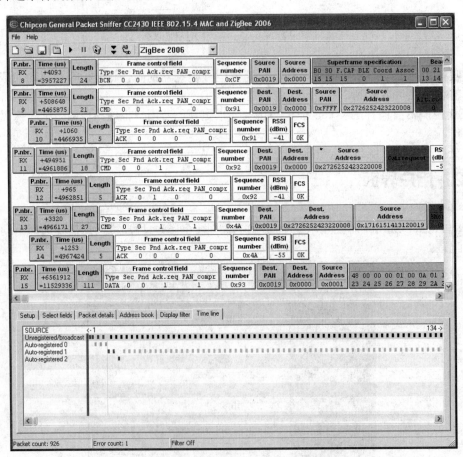

图 6-17　IEEE8022.15.4/ZigBee 协议下的 Packet_Sniffer

菜单及工具栏

菜单	按钮	快捷键	描述
File ´ Reset t...			清除数据包缓存器和列表
File ´ Open data...			从文件中打开数据包
File ´ Save data...			保存数据包到文件中
			* 显示窗口底部的标签
		F5	开始 Packet Sniffer (不清除数据包缓存)
		F6	暂停 Packet Sniffer
			* 嗅探器正运行状态下删除抓获的所有数据包
			自动滚动　开/关
Help ´ About the			窗口显示数据包按正常字体或小字体得控制开关
PSD file format			用于保存数据的文件格式的帮助
Help´ User Manual			
Help´ Rev. History			用 PDF 浏览器打开此文件
			版本历史 (漏洞修复，新功能等)

关闭该应用程序可以双击左上角，或单击右上角的×。
标有星号(*)的项目保存在注册表进程间。

3）设置

设置标签通过选择以下内容来配置 Packet_Sniffer。

① 选择相连的设备。

② 数据包 RAM 缓存区的大小以兆字节为单位。注意：输入缓存区容量的新值后，单击 "选择" 按钮来激活新的缓存区容量。

③ 对于基于 IEEE 802.15.4 的协议（例如 ZigBee, RF4CE, SimpliciTI），还需要选择使用的信道（0x0B – 0x1A, 2405～2480 MHz）。

④ 时钟调整，使连接设备上的时钟速率与运行网络应用程序的硬件一致（使 Sniffer 设备的时钟与网络设备的同步）。

例如，确保时间标识为微秒级来获得准确的数字（默认）。测量一个已知的时间间隔（如 IEEE 802.15.4 协议的一些信标之间的时间间隔），除以实际价值所需的值，并进入这一领域的这个浮点因素。用期望值除以实测值，将浮点型结果输入到此栏中。

在设置选项卡上的内容都必须在数据包嗅探器启动（通过单击工具栏中的按钮，或按 F5 键）之前完成。

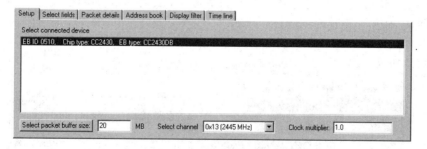

图 6-18　设置面板

在设置面板（图 6-18）中输入的设置保存到 Windows 的进程注册表中。

如果评估板是 CC Debugger，芯片是 CC1110 或 CC2510，设置面板会额外显示一个选项。

必须选择 Sniffer 通信接口界面。

默认值是 USART0，适用于 CC Debugger 与 SmartRFCCxx10TB 电路板联合工作，如图 6-19 所示。

图 6-19　USART 设置

USART1 用于其他与 CC1110EM 或 CC2510EM 联合工作的情况。

4）选择字段

图 6-20 所示的选项卡可以用来选择要显示的字段和要隐藏在数据包列表中的字段。此功能特别适用于低分辨率屏幕（分辨率小于 1024 像素×768 像素）。字段被分成几个以颜色区分的类别。

时间标识可以按毫秒或微妙来表示。有效载荷数据可以显示为十六进制字节或纯文本。在纯文本格式下，所有非打印字符将被替换成"*"。

选择域列表框可以选择预定义的域。它也可以选择"所有"或"无"。

每个帧的显示会伴随其 LQI（链接质量指标，范围为 0x00～0xFF）或 RSSI（实际射频接收信号强度指示的近似值，以 dBm 为单位）。该 LQI 参数源自 IEEE 802.15.4/ZigBee 协议说明书。确切的定义将取决于所使用的协议。

如图 6-19 所示为 802.15.4/ZigBee 协议下的字段设置。

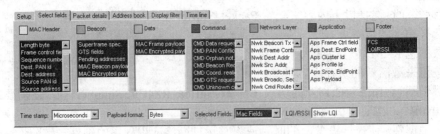

图 6-20　选择字段面板

提示：

扩展选择用于对控制器进行操作：

① 选择字段范围的方法有以下两种。

② 单击并拖动要选择的字段。

③ 选择第一字段，按 Shift 键的同时选择最后一个字段。

④ 选择或删除某一字段时可在按 Ctrl 键的同时单击要选择的字段。

5）数据包细节

双击数据包列表的的一个数据包，会显示其具体细节，如图 6-21 所示。这个例子是 IEEE 802.15.4 协议下的。

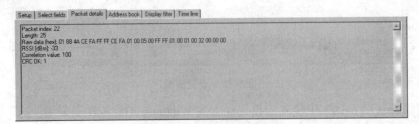

图 6-21　数据包细节面板

数据包索引显示抓获的每个数据包的索引，从第一个数据包（索引 1）开始。

读取与 Sniffer 相连的设备的 RSSI 值乘以一个给定的偏移值来获得一个以 dBm 为单位的近似值。相关值等于从设备直接获得的值。

6）通信录

通信录包含所有最近访问的已知节点的地址。通过选择"自动登记"（默认开启），数据包嗅探器将自动登记所有地址并添加到通信录里。如图 6-22 所示为 IEEE 802.15.4/ZigBee 协议下的通信录面板。

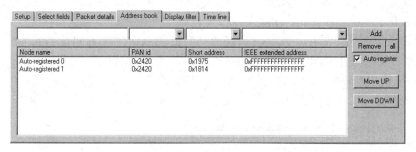

图 6-22　通信录面板

加入/更换节点，单击"添加"按钮，或在一个顶级字段按 Enter 键。删除节点，可以单击"删除"按钮，或在地址列表中选中一个要删除的节点，按 Del 键。节点可以上/下移节点，使用最右边的按钮，或 ALT+ U 和 ALT + D 组合键。对于某些协议，需要对通信录的字段手动编辑，以解决地址冲突

下面给出 IEEE 802.15.4 协议下需要手动编辑的情况。

① 存在 PAN ID 冲突。

② 一个设备离开网络，另一个设备被分配一个已经使用过的短地址（扩展地址被取代）。

③ 连接相应命令被删除。

提示：按一下步骤可以对节点名称进行快速编辑。

① 在地址列表里选择快速自动注册选项；

② 按 Enter 键将数据复制到节点名称字段中；

③ 输入新的名称；

④ 按 Enter 键取代旧的登记并返回到地址列表；

⑤ 通过下移箭头，下移一行；

⑥ 回到第②步。

7）显示筛选器

显示筛选器标签如图 6-23 所示。该筛选器可以筛选窗口下定义的所有字段。提供的模板可以灵活的定义筛选条件。该模板显示每个字段的简称。如果字段有子域，所有子域的定义将显示在右面的括号里。由于有的字段可能与其他字段相关联，也会被显示在模板中。

选中某个字段后，通过点击 First 或 And 按钮，模板变成单行筛选条件。First 按钮负责删除所有现存的条件，并设置当前模板为首要条件。And 按钮将当前模板添加到现有的条件，对条件中的所有内容进行 AND 运算。当模板已被移动到单行筛选条件窗口时，必须对它进行修改，以得到所需字段的实际值，该值标有"×"。如果子字段条件只需要评估第一个子字段值，子字段的值不用括号括起来。

例 1：控制帧字段的模板为

FCF=（Type=x, Sec=x, Pnd=x, Ack_req=x, Intra_PAN=x）

如果只需要检验 Type 子字段，条件可以按下面的方式进行简化。

`FCF=BCN`

注意：这种方法仅适用于子字段定义的第一字段。

不需要填写 FCF 中所有字段的值。如果筛选条件只要求检查一些子字段，只需要填写这些子字段的值即可，如图 6-23 所示。

例 2：基于以上的例子，但这次包括检查 Type 和 Ack_req 的值，条件表达如下：

`FCF=(Type=BCN, Ack_req=1)`

当所有需要评估的条件用 AND 运算符定义，通过单击 Add 按钮（或按 Enter 键），条件转移到多行 Filter 条件窗口。在这个窗口可以添加几个筛选条件，"垂直"方向的所有条件按"或"运算进行评估。总结：水平方向是"与"的关系，垂直方向是"或"的关系。

要想从多行筛选条件中删除一行，选中该行并单击 Remove 按钮。删除所有行单击 All 按钮。
Apply filter 按钮用来激活筛选，数据包窗口会按照筛选条件重新显示符合条件的帧。Turn off filter 按钮用来关闭筛选器，数据包窗口重绘，显示所有的数据包。

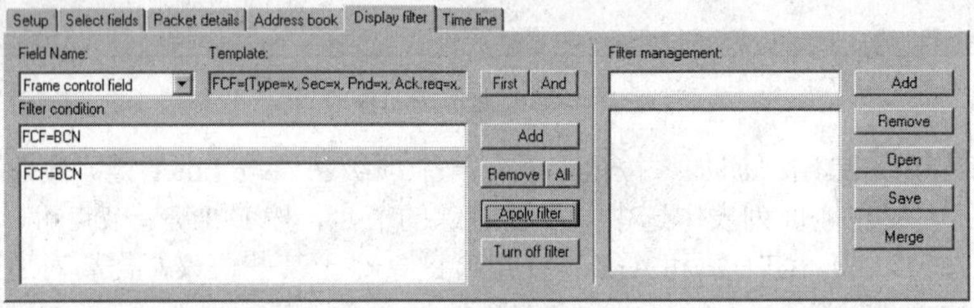

图 6-23　筛选器面板

在筛选器面板的右侧有一个筛选管理器 Filter management 包含一些已定义的筛选器数据库。数据库可以保存为文件，且可以从文件里打开。文件格式是纯文本的，可以手动更新。

以下就是一个筛选器数据库文件例子。文件名称用[ ] 括起来，接下来的几行显示筛选条件。此例中，筛选条件是 Dest. Address =0x2430 OR 0x1749。

```
[address]
DAD=0x2430
DAD=0x1749
```

要增加一个筛选器定义到数据库，要使用 Add 按钮，首先在按钮左侧输入筛选器名称。输入名称且 Add 按钮被按下，此时的筛选条件（筛选条件的多行窗口）就被添加到数据库里。该筛选器的名称出现在筛选器列表中（窗口位于筛选条件的正下方）。要删除某个筛选器，选中目标单击 Remove 按钮即可。

通过单击 Open 按钮可以从文件中读取筛选器数据库；通过单击 Save 按钮将一个筛选器数据库保存到文件中去。在不检测现有筛选器的情况下，要从文件中添加筛选条件，需要单击 Merge 按钮。这样会打开文件直接将筛选条件添加到现有的筛选器数据库中。如果给定的筛选器名称已经存在与数据库中，会在名称后面添加数字来更改名字。

要使用数据库中的筛选器，双击筛选器名称，筛选条件会出现在窗口左侧的筛选列表里。

注意：当数据包被过滤掉，时间字段上的时间间隔仍按为未筛选显示，而不是按当前显示的数据包来显示时间间隔。

8）时间轴

时间轴显示所有抓获的数据包的时间信息，水平方向按抓获时间先后排序，垂直方向按源或目的地址排序。从时间轴中选择一个数据包将立即反映在数据包列表中，反之亦然，从而为抓获大量数据包情况下浏览提高了效率。

双击时间轴面板（图 6-24）的左侧区域，源地址西安市与目的地址显示来回切换。选择数据包可以通过单击鼠标左键来实现。

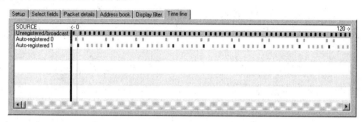

图 6-24　时间轴面板

按下鼠标右键不放，拖动鼠标即可滚动时间轴。

6.2.3　保存数据包的文件格式

如图 6-25 所示为保存为 PSD 文件的数据包格式。

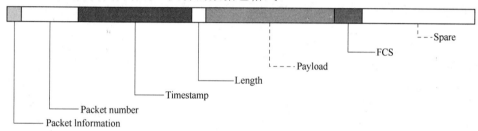

图 6-25　PSD 文件中的数据包格式

1）数据包信息（packet information）

byte[0]。

2）数据包数目（packet number）

byte[1～4]。

不用。

3）时间轴（Timestamp）

byte[5～12]共 64 位，要按毫秒计算时间，需要将该值除以用于驱动主芯片的时钟速率（如 CC2430EM 为 32，CCxx10 为 26，SmartRF05EB + CC2520EM 为 24）。第一个数据包的时间轴用作其他数据包的参考值。意思就是在数据包嗅探器中数据包的时间就是 0。

4）长度（Length）

byte[13]长度包含或不包含 FCS 域，取决于 byte[0]的数据包信息。

5）有效载荷（payload）

当 Bit0=1,n=Length-2。

byte[12+Length]、是 RSSI 的指示值。

6）FCS

帧校验已被射频芯片相关参数所取代。

这些参数包含了链路质量指示，CRC OK 检验和使用相关性。

若想了解更多详情，请参考相应芯片的数据手册。

7）剩余（spare）

备用字节的数量取决于数据包嗅探器用于保存数据报的字节数。字节数取决于协议，可以在帮助菜单下的数据包格式描述查看得到。

6.2.4 CC2510 及 CC1110 嗅探器

CC2510 和 CC1110 用于 SimpliciTI 和 Generic 协议，可应用的硬件平台由 SmartRF04EB 板、SmartRF05EB 板并配合 CC2510EM 或 CC1110EM 模块组成。

这些无线设备支持可编程的 RF 编程器，且编程需要设置一个称为 Radio Settings 的设置面板。

1）无线设置

无线设置按文本格式给出。通过 SmartRF® Studio 可以新建此文件。通过 SmartRF® Studio 计算便于获得正确的寄存器设置。安装 SmartRF™ packet sniffer 后，应用插件子目录中的默认文件便可以使用了，如图 6-26 所示。

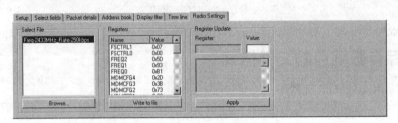

图 6-26　无线设置

如图 6-27 所示为该文件的格式。

```
#Name    |Addr. |Val.|Description
#--------+------+----+-------------------------------------------------
PKTLEN   |0xDF02|0xFD|Packet length.
PKTCTRL1 |0xDF03|0x04|Packet automation control.
PKTCTRL0 |0xDF04|0x05|Packet automation control.
FSCTRL1  |0xDF07|0x07|Frequency synthesizer control. FREQ2|0xDF09|0x1C|
Frequency control word, high byte. FREQ1  |0xDF0A|0x80|Frequency control word, middle
byte.
FREQ0    |0xDF0B|0x00|Frequency control word, low byte. MDMCFG4 |0xDF0C|0x2D|Modem
configuration.
MDMCFG3  |0xDF0D|0x3B|Modem configuration.
MDMCFG2 |0xDF0E|0x73|Modem configuration. MDMCFG1 |0xDF0F|0x22|Modem configuration.
MDMCFG0  |0xDF10|0xF8|Modem configuration.
DEVIATN  |0xDF11|0x00|Modem deviation setting (when FSK modulation is enabled).
MCSM1    |0xDF13|0x0C|Main Radio Control State Machine configuration.
MCSM0    |0xDF14|0x10|Main Radio Control State Machine configuration.
FOCCFG  |0xDF15|0x1D|Frequency Offset Compensation Configuration. BSCFG
|0xDF16| 0x1C|Bit synchronization Configuration.
AGCCTRL2 |0xDF17|0xC7|AGC control.
AGCCTRL1 |0xDF18|0x00|AGC control. AGCCTRL0 |0xDF19|0xB2|AGC control.
FREND1   |0xDF1A|0x56|Front end RX configuration.
FREND0   |0xDF1B|0x10|Front end RX configuration.
FSCAL3   |0xDF1C|0xA9|Frequency synthesizer calibration.
FSCAL2   |0xDF1D|0x0A|Frequency synthesizer calibration.
FSCAL1   |0xDF1E|0x00|Frequency synthesizer calibration. FSCAL0  |0xDF1F|0x11|
Frequency synthesizer calibration. PA_TABLE0|0xDF2E|0xFF|PA Output Power Setting.
```

图 6-27　插件的子目录的默认文件

在图 6-26 无线设置中，单击 Select file 框中文件后，Registers 框会显示寄存器的值。

要更改寄存器的值，可双击该寄存器的名称。寄存器名称显示在 Register Update 框。值可以在 Value 领域改变。单击 Apply 按钮即使用新值，改动可以在 Register 框看得到。新值可以通过单击 Write to file 按钮写入到文件里。

2）SmartRF® Studio 的输出寄存器设置

SmartRF® Studio 及使用手册可以从 Texas Instruments 网站下载。参考 SmartRF® Studio 用户手册，可以了解更多的细节。

当选择了正确的设备，Normal view 标签中会显示一个优先寄存器列表。 选择优先寄存器设置后可以任意设置寄存器值，从菜单选择 "File/Export CCxxxx code…" 来启动代码输出，这样会打开如图 6-28 所示的窗口。

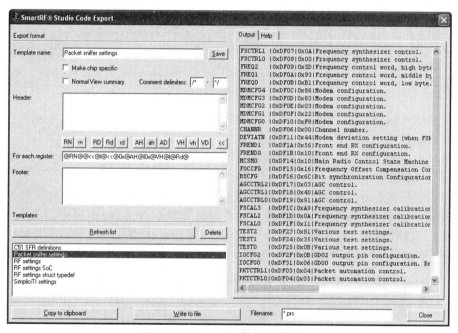

图 6-28　SmartRF Studio 代码输出

选择 Packet sniffer settings，具有正确格式的寄存器设置将会在右侧的 Output 标签中出现。单击 Write to file 按钮将设置保存到文件里。

3）帮助

数据包嗅探器用所谓的 "工具提示" 来提供帮助。把光标移到某一区域 （一个按钮或一个文本域）停留大约半秒，离光标很近的下方会弹出一个黄色的文本框，如图 6-29 所示，根据提示信息即可得到相应的帮助。

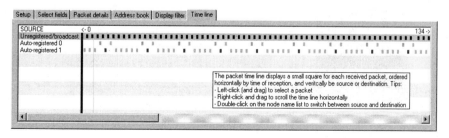

图 6-29　带工具提示的时间轴面板

6.2.5　嗅探器故障排除

本节包含一些故障排除的提示，用于数据包嗅探器不按预期运行的情况。按步骤执行，直到问题解决。

1）检测不到测试板（测试板没有出现在设置标签下的列表框中）

（1）使用 smartRF04EB + CC2530EM

① 确保 USB 线连接正确，且有安装 CC2530EM。

② 检查 I_OUT 和 I_IN 之间的跳线。

③ 检查 P3 上的跳线（参考 CC2530DK 用户手册）。

④ 按 Reset 键。

（2）使用 2530DB

① 确保 USB 线连接正确，且电源开关打到 USB 位置。

② 检查 P3 上的跳线接 1~2 引脚。

③ 检查 P5 上安装所有二叉跳线。

④ 按 Reset 键。

（3）单击"开始"按钮后，嗅探器立即停止（开始按钮不变成灰色）

① 重插与 SmartRF04EB 或 CC2530DB 相连的 USB 线。

② 按 Reset 键。

③ 断开评估板上的所有电源，安装数据包嗅探器的最新版本。

④ 重启计算机。

2）单击"开始"按钮，收到提示信息："无法运行 Sniffer，请更新 USB 固件"

检查是否使用的是 USB 控制器的最新版本。使用 Texas Instruments 中的 SmartRF Flash Programmer 可以看得到。如图 6-30 所示为 Flash Programmer 的一个例子。EB firmware rev 栏显示版本号为 0037。Flash Programmer 可以从德州仪器公司的网站 www.Ti.com 下载。

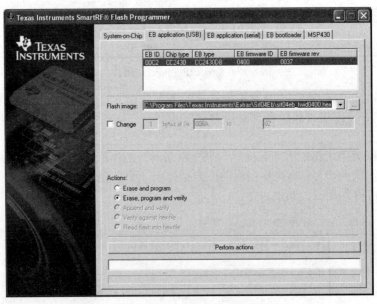

图 6-30　Flash Programmer

3）程序无反应

按相连测试板（EB）的 Reset 键。

4）数据包解码不正确

① 数据包 FCS 失败很可能是解码错误 （FCS = ERR）。

② 检查数据包格式是否正确 （与数据包细节标签下的原始数据比较每个子域）。

5）无传输时数据包嗅探器里出现怪异的数据包

CC2530 接收数据包会尝试到射频噪声级。有时它会对仅从噪声中解码出来的数据包进行解码，然后显示出来。要避免这种情况，启用 FCS 过滤。

6）单击"开始"按钮后，数据包嗅探器仍保持在"闲置"状态，不能接收数据包

① 检查设置面板的信道选择是否正确。

② 检查跳线设置。如果是 SmartRF04EB 板与 CC2430EM 模块结合使用，根据芯片本检查跳线是否正确。

7）运行 Packet_Sniffer 时报错

在运行应用程序时如果出现有关 **msvcp80.dll** 文件丢失的错误信息， 或出现如图 6-31 所示的错误提示，这时可能需要安装微软公司的其他程序包。

图 6-31　错误提示

该程序包包含了基于 Visual C++开发的应用程序需要的其他运行组件。要想解决这个问题，从以下网站下载文件 vcredist_x86.exe，然后安装并运行。

http://www.microsoft.com/Downloads/details.aspx?FamilyID=32bc1bee-a3f9-4c13-9c99-220b62a191ee&displaylang=en

附录
CC2530 寄存器

附录1 CC2530 特殊功能寄存器（SFR）

附表 1-1   CC2530 特殊功能寄存器（SFR）

寄存器名称	地　　址	模　　块	描　　述
ADCCON1	0xB4	ADC	ADC control 1
ADCCON2	0xB5	ADC	ADC control 2
ADCCON3	0xB6	ADC	ADC control 3
ADCL	0xBA	ADC	ADC 低位数据
ADCH	0xBB	ADC	ADC 高位数据
RNDL	0xBC	ADC	随机数发生器低位数据
RNDH	0xBD	ADC	随机数发生器高位数据
ENCDI	0xB1	AES 高级加密标准	加密/解密入数据
ENCDO	0xB2	AES	加密/解密输出数据
ENCCS	0xB3	AES	加密/解密控制和状态
*P0	0x80	CPU	端口 0
*SP	0x81	CPU	堆栈指针
*DPL0	0x82	CPU	数据指针 0 低字节
*DPH0	0x83	CPU	数据指针 0 高字节
*DPL1	0x84	CPU	数据指针 1 低字节
*DPH1	0x85	CPU	数据指针 1 高字节
*PCON	0x87	CPU	电源模式控制
*TCON	0x88	CPU	中断标志位
*P1	0x90	CPU	端口 1
*DPS	0x92	CPU	数据指针选择

续表

寄存器名称	地　　址	模　　块	描　　述
*S0CON	0x98	CPU	中断标志位 2
*IEN2	0x9A	CPU	中断使能 2
*S1CON	0x9B	CPU	中断标志位 3
*P2	0xA0	CPU	端口 2
*IEN0	0xA8	CPU	中断使能 0
*IP0	0xA9	CPU	中断优先 0
*IEN1	0xB8	CPU	中断使能 1
*IP1	0xB9	CPU	中断优先 1
*IRCON	0xC0	CPU	中断标志位 4
*PSW	0xD0	CPU	程序状态字
*ACC	0xE0	CPU	累加器
*IRCON2	0xE8	CPU	中断标志位 5
*B	0xF0	CPU	B 基址寄存器
DMAIRQ	0xD1	DMA 存储器直接访问	DMA 中断标志
DMA1CFGL	0xD2	DMA	DMA 通道 1~4 配置低位地址
DMA1CFGH	0xD3	DMA	DMA 通道 1~4 配置高位地址
DMA0CFGL	0xD4	DMA	DMA 通道 0 配置低位地址
DMA0CFGH	0xD5	DMA	DMA 通道 0 配置高位地址
DMAARM	0xD6	DMA	DMA 通道有保护
DMAREQ	0xD7	DMA	DMA 通道开始请求和状态
—	0xAA	—	保留
—	0x8E	—	保留
—	0x99	—	保留
—	0xB0	—	保留
—	0xB7	—	保留
—	0xC8	—	保留
P0IFG	0x89	IO 控制	端口 0 中断状态标志
P1IFG	0x8A	IO 控制	端口 1 中断状态标志
P2IFG	0x8B	IO 控制	端口 2 中断状态标志
PICTL	0x8C	IO 控制	端口引脚中断屏蔽和触发沿
P0IEN	0xAB	IO 控制	端口 0 中断屏蔽
P1IEN	0x8D	IO 控制	端口 1 中断屏蔽
P2IEN	0xAC	IO 控制	端口 2 中断屏蔽
P0INP	0x8F	IO 控制	端口 0 输入模式
PERCFG	0xF1	IO 控制	外围 I/O 控制
APCFG	0xF2	IO 控制	模拟外围 I/O 配置
P0SEL	0xF3	IO 控制	端口 0 功能选择
P1SEL	0xF4	IO 控制	端口 1 功能选择
P2SEL	0xF5	IO 控制	端口 2 功能选择

寄存器名称	地　址	模　块	描　述
P1INP	0xF6	IO 控制	端口 1 输入模式
P2INP	0xF7	IO 控制	端口 2 输入模式
P0DIR	0xFD	IO 控制	端口 0 方向
P1DIR	0xFE	IO 控制	端口 1 方向
P2DIR	0xFF	IO 控制	端口 2 方向
PMUX	0xAE	IO 控制	低功耗信号多路复用器
MEMCTR	0xC7	MEMORY 存储器	存储器系统控制
FMAP	0x9F	MEMORY	闪存并行映射
RFIRQF1	0x91	RF 射频	RF 中断标志 MSB
RFD	0xD9	RF	RF 数据
RFST	0xE1	RF	RF 选通命令
RFIRQF0	0xE9	RF	RF 中断标志 LSB
RFERRF	0xBF	RF	RF 误差中断标志
ST0	0x95	ST	睡眠定时器 0
ST1	0x96	ST 睡眠定时器	睡眠定时器 1
ST2	0x97	ST	睡眠定时器 2
STLOAD	0xAD	ST	睡眠定时器负荷状态
SLEEPCMD	0xBE	PMC 电源管理控制	睡眠模式控制命令
SLEEPSTA	0x9D	PMC	睡眠模式控制状态
CLKCONCMD	0xC6	PMC	时钟控制命令
CLKCONSTA	0x9E	PMC	时钟控制状态
T1CC0L	0xDA	Timer 1	定时器 1 通道 0 捕获/比较的低位数据
T1CC0H	0xDB	Timer 1	定时器 1 通道 0 捕获/比较的高位数据
T1CC1L	0xDC	Timer 1	定时器 1 通道 1 捕获/比较的低位数据
T1CC1H	0xDD	Timer 1	定时器 1 通道 1 捕获/比较的高位数据
T1CC2L	0xDE	Timer 1	定时器 1 通道 2 捕获/比较的低位数据
T1CC2H	0xDF	Timer 1	定时器 1 通道 2 捕获/比较的高位数据
T1CNTL	0xE2	Timer 1	定时器 1 计数的低字节
T1CNTH	0xE3	Timer 1	定时器 1 计数的高字节
T1CTL	0xE4	Timer 1	定时器 1 控制和状态
T1CCTL0	0xE5	Timer 1	定时器 1 通道 0 捕获/比较控制
T1CCTL1	0xE6	Timer 1	定时器 1 通道 1 捕获/比较控制
T1CCTL2	0xE7	Timer 1	定时器 1 通道 2 捕获/比较控制
T1STAT	0xAF	Timer 1	定时器 1 状态
T2CTRL	0x94	Timer 2	定时器 2 控制
T2EVTCFG	0x9C	Timer 2	定时器 2 事件配置
T2IRQF	0xA1	Timer 2	定时器 2 中断标志
T2M0	0xA2	Timer 2	定时器 2 复用寄存器 0
T2M1	0xA3	Timer 2	定时器 2 复用寄存器 1

续表

寄存器名称	地　　址	模　　块	描　　述
T2MOVF0	0xA4	Timer 2	定时器 2 复用溢出寄存器 0
T2MOVF1	0xA5	Timer 2	定时器 2 复用溢出寄存器 1
T2MOVF2	0xA6	Timer 2	定时器 2 复用溢出寄存器 2
T2IRQM	0xA7	Timer 2	定时器 2 中断屏蔽
T2MSEL	0xC3	Timer 2	定时器 2 复用选择
T3CNT	0xCA	Timer 3	定时器 3 计数器
T3CTL	0xCB	Timer 3	定时器 3 控制器
T3CCTL0	0xCC	Timer 3	定时器 3 通道 0 比较控制
T3CC0	0xCD	Timer 3	定时器 3 通道 0 比较数据值
T3CCTL1	0xCE	Timer 3	定时器 3 通道 1 比较控制
T3CC1	0xCF	Timer 3	定时器 3 通道 1 比较数据值
T4CNT	0xEA	Timer 4	定时器 4 计数器
T4CTL	0xEB	Timer 4	定时器 4 控制器
T4CCTL0	0xEC	Timer 4	定时器 4 通道 0 比较控制
T4CC0	0xED	Timer 4	定时器 4 通道 0 比较数据值
T4CCTL1	0xEE	Timer 4	定时器 4 通道 1 比较控制
T4CC1	0xEF	Timer 4	定时器 4 通道 1 比较数据值
TIMIF	0xD8	TMINT 定时器中断	定时器 1/3/4 联合中断屏蔽/标志
U0CSR	0x86	USART 0 通用同步/异步串行收发器	USART 0 控制和状态
U0DBUF	0xC1	USART 0	USART 0 接收/发送数据缓存
U0BAUD	0xC2	USART 0	USART 0 波特率控制
U0UCR	0xC4	USART 0	USART 0 异步控制
U0GCR	0xC5	USART 0	USART 0 通用控制
U1CSR	0xF8	USART 1	USART 1 控制和状态
U1DBUF	0xF9	USART 1	USART 1 接收/发送数据缓存
U1BAUD	0xFA	USART 1	USART 1 波特率控制
U1UCR	0xFB	USART 1	USART 1 异步控制
U1GCR	0xFC	USART 1	USART 1 通用控制
WDCTL	0xC9	WDT 看门狗定时器	看门狗定时器控制

注：标记"*"的寄存器为内部寄存器，符合 8051 所包含的标准的特殊功能寄存器相同标准。

附录 2　常见 CC2530 寄存器详解表

1）访问模式（附表 2-1）

附表 2-1　访问模式

符　号	访 问 模 式
R/W	可读写
R	只读
R0	读 0
R1	读 1
W	只写
W0	写 0
W1	写 1
H0	硬件清除
H1	硬件设置

2）端口寄存器（附表 2-2）

附表 2-2　端口寄存器（P0、P1、P2）

端口	Bit 位	名称	初始化	读/写	描　述
P0	7:0	P0[7:0]	0XFF	R/W	端口 0，通用 I/O 端口，可以位寻址
P1	7:0	P1[7:0]	0XFF	R/W	端口 1，通用 I/O 端口，可以位寻址
P2	7:5	---	000	R0	未使用
	4:0	P2[4:0]	0x1F	R/W	端口 2，通用 I/O 端口，可以位寻址

3）方向寄存器（附表 2-3）

附表 2-3　方向寄存器（P0DIR、P1DIR、P2DIR）

端口	Bit 位	名称	初始化	读/写	描述
P0DIR	7:0	DIRP0_[7:0]	0x00	R/W	P0.7--P0.0 的方向（0 为输入，1 为输出)
P1DIR	7:0	DIRP1_[7:0]	0x00	R/W	P1.7--P1.0 的方向（0 为输入，1 为输出)
P2DIR	7:6	PRIP0[1:0]	00	R/W	端口 0 外设优先级控制，当 PERCFG 分配给一些外设相同引脚的时候，这些位将确定优先级。优先级从前到后如下所示 00：USART 0，USART 1，Timer 1 01：USART 1，USART 0，Timer 1 10：Timer 1 channels 0-1，USART 1，USART 0，Timer 1 channels 2-3 11：Timer 1 channels 2-3，USART 0，USART 1，Timer 1 channels 0-1
	5	---	0	R0	未使用
	4:0	DIRP2_[4:0]	00000	R/W	P2.4~P2.0 的方向（0 为输入，1 为输出)

4）外设控制寄存器（附表 2-4）

附表 2-4　外设控制寄存器（PERCFG）

端口	Bit 位	名称	初始化	读/写	描　述
PERCFG	7	---	0	R0	未使用
	6	T1CFG	0	R/W	计时器 1 的 I/O 位置： 0：选择到位置 1（Alt.1） 1：选择到位置 2（Alt.2）

续表

端口	Bit 位	名称	初始化	读/写	描 述
PERCFG	5	T3CFG	0	R/W	计时器 3 的 I/O 位置： 0：选择到位置 1（Alt.1） 1：选择到位置 2（Alt.2）
	4	T4CFG	0	R/W	计时器 4 的 I/O 位置： 0：选择到位置 1（Alt.1） 1：选择到位置 2（Alt.2）
	3:2	---	00	R/W	未使用
	1	U1CFG	0	R/W	USART 1 的 I/O 位置： 0：选择到位置 1（Alt.1） 1：选择到位置 2（Alt.2）
	0	U0CFG	0	R/W	USART 0 的 I/O 位置： 0：选择到位置 1（Alt.1） 1：选择到位置 2（Alt.2）

5）模拟外围 I/O 配置（附表 2-5）

附表 2-5 模拟外围 I/O 配置（ADC 输入配置）（APCFG）

端口	Bit 位	名称	初始化	读/写	描 述
APCFG	7:0	APCFG[7:0]	0x00	R/W	模拟外围 I/O 配置（ADC 输入配置），APCFG[7:0]选择 P0.7~P0.0 作为模拟输入口 0：模拟输入（ADC 输入）禁止 1：模拟输入（ACD 输入）使能

6）功能选择寄存器（附表 2-6）

附表 2-6 功能选择寄存器（P0SEL、P1SEL、P2SEL）

端口	Bit 位	名称	初始化	读/写	描 述
P0SEL	7:0	SELP0_[7:0]	0x00	R/W	P0.7~P0.0 的功能选择 （0 为通用 I/O，1 为外设功能）
P1SEL	7:0	SELP1_[7:0]	0x00	R/W	P1.7~P1.0 的功能选择 （0 为通用 I/O，1 为外设功能）
P2SEL	7	---	0	R0	未使用
	6	PRI3P1	0	R/W	端口 1 外设优先级控制，当 PERCFG 分配 USART0 和 USART1 相同引脚的时候，这些位将确定优先级 0：USART 0 优先 1：USART 1 优先
	5	PRI2P1	0	R/W	端口 1 外设优先级控制，当 PERCFG 分配 USART1 和 TIMER3 相同引脚的时候，这些位将确定优先级 0：USART 1 优先 1：TIMER 3 优先
	4	PRI1P1	0	R/W	端口 1 外设优先级控制，当 PERCFG 分配 TIMER1 和 TIMER4 相同引脚的时候，这些位将确定优先级 0：TIMER 1 优先 1：TIMER 4 优先

续表

端口	Bit 位	名称	初始化	读/写	描 述
P2SEL	3	PRI0P1	0	R/W	端口 1 外设优先级控制，当 PERCFG 分配 USART0 和 TIMER1 相同引脚的时候，这些位将确定优先级 0：USART 0 优先 1：TIMER 1 优先
	2:0	SELP2_[2:0]	000	R/W	P2.2～P2.0 的功能选择 （0 为通用 I/O，1 为外设功能）

7）输入模式寄存器（附表 2-7）

附表 2-7　输入模式寄存器（P0INP、P1INP、P2INP）

端口	Bit 位	名称	初始化	读/写	描 述
P0INP	7:0	MDP0_[7:0]	0x00	R/W	P0.7～P0.0 的输入模式 0：上拉/下拉（具体看 PDUP0 设置） 1：三态
P1INP	7:2	MDP1_[7:2]	000000	R/W	P1.7～P1.2 的输入模式 0：上拉/下拉（具体看 PDUP1 设置） 1：三态
	1:0	---	00	R0	未使用
P2INP	7	PDUP2	0	R/W	端口 2 上拉/下拉选择，对所有端口 2 引脚设置为上拉/下拉输入 0：上拉 1：下拉
	6	PDUP1	0	R/W	端口 1 上拉/下拉选择，对所有端口 1 引脚设置为上拉/下拉输入 0：上拉 1：下拉
	5	PDUP0	0	R/W	端口 0 上拉/下拉选择，对所有端口 0 引脚设置为上拉/下拉输入 0：上拉 1：下拉
	4:0	MDP2_[4:0]	00000	R/W	P2.4～P2.0 的输入模式 0：上拉/下拉（具体看 PDUP2 设置） 1：三态

8）中断状态标志寄存器（附表 2-8）

附表 2-8　中断状态标志寄存器（P0IFG、P1IFG、P2IFG）

端口	Bit 位	名称	初始化	读/写	描 述
P0IFG	7:0	P0IF[7:0]	0x00	R/W0	端口 0，位 7 至位 0 输入中断状态标志。当某引脚上有中断请求未决信号时，其相应标志为设1。
P1IFG	7:0	P1IF[7:0]	0x00	R/W0	端口 1，位 7 至位 0 输入中断状态标志。当某引脚上有中断请求未决信号时，其相应标志为设1。
P2IFG	7:5	---	000	R0	未使用
	4:0	P2IF[4:0]	0x00	R/W0	端口 2，位 4 至位 0 输入中断状态标志。当某引脚上有中断请求未决信号时，其相应标志为设1。

9）端口中断控制（附表 2-9）

附表 2-9　端口中断控制（PICTL）（上升沿或下降沿）

端口	Bit 位	名称	初始化	读/写	描　　述
PICTL	7	PADSC	0	R/W	强制引脚在输出模式。选择输出驱动能力，由 DVDD 引脚提供 0：最小驱动能力 1：最大驱动能力
	6:4	---	000	R0	未使用
	3	P2ICON	0	R/W	端口2，引脚4至0输入模式下的中断配置，该位为端口2的4-0脚的输入选择中断请求条件 0：输入的上升沿引起中断 1：输入的下降沿引起中断
	2	P1ICONH	0	R/W	端口1，引脚7至4输入模式下的中断配置，该位为端口1的7-4脚的输入选择中断请求条件 0：输入的上升沿引起中断 1：输入的下降沿引起中断
	1	P1ICONL	0	R/W	端口1，引脚3至0输入模式下的中断配置，该位为端口1的3-0脚的输入选择中断请求条件 0：输入的上升沿引起中断 1：输入的下降沿引起中断
	0	P0ICON	0	R/W	端口0，引脚7至0输入模式下的中断配置，该位为端口0的7-0脚的输入选择中断请求条件 0：输入的上升沿引起中断 1：输入的下降沿引起中断

10）中断屏蔽寄存器（附表 2-10）

附表 2-10　中断屏蔽寄存器（P0IEN、P1IEN、P2IEN）

端口	Bit 位	名称	初始化	读/写	描　　述
P0IEN	7:0	P0_[7:0]IEN	0x00	R/W	端口0，位7至位0中断使能 0：中断禁止 1：中断使能
P1IEN	7:0	P1_[7:0]IEN	0x00	R/W	端口1，位7至位0中断使能 0：中断禁止 1：中断使能
P2IEN	7:6	---	00	R0	未使用
	5	DPIEN	0	R/W	USB D+ 中断使能
	4:0	P2_[4:0]IEN	00000	R/W	端口2，位4至位0中断使能 0：中断禁止 1：中断使能

参 考 文 献

[1] 金纯、罗秋祖.ZigBee 技术基础及案例分析.北京：国防工业出版社，2008.

[2] 王小强，欧阳骏.ZigBee 无线传感器网络设计与实现.北京：化学工业出版社，2012.

[3] 高守玮，吴灿阳.基于 CC2430/31 的无线传感器网络解决方案.北京：北京航空航天大学出版社，2009.

[4] 李文仲，段朝玉.ZigBee2007/PRO 协议栈实验与实践.北京：北京航空航天大学出版社，2009.

[5] （美）法拉哈尼.ZigBee 无线网络与收发器 . 沈建华（译）.北京：北京航空航天大学出版社，2013.

[6] 李外云.CC2530 与无线传感器网络操作系统 TinyOS 应用实践.北京：北京航空航天大学出版社，2013.

[7] 姜仲,刘丹.ZigBee 技术与实训教程:基于 CC2530 的无线传感网技术.北京：清华大学出版社，2014.

[8] 青岛东合信息技术有限公司.Zigbee 开发技术及实践. 西安:西安电子科技大学出版社，2014.

[9] 李鸥，张效义.TinyOS 实用编程:面向无线传感网节点软件开发. 北京：机械工业出版社，2013.